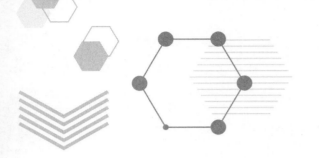

鸡常见病症状鉴别诊治

罗胜军　孙铭飞　主编

中国农业出版社
农村读物出版社
北京

图书在版编目（CIP）数据

鸡常见病症状鉴别诊治／罗胜军，孙铭飞主编. —
北京：中国农业出版社，2022.12
ISBN 978 - 7 - 109 - 30283 - 9

Ⅰ.①鸡… Ⅱ.①罗… ②孙… Ⅲ.①鸡病—诊疗
Ⅳ.①S858.31

中国版本图书馆 CIP 数据核字（2022）第 228321 号

中国农业出版社出版
地址：北京市朝阳区麦子店街 18 号楼
邮编：100125
责任编辑：张艳晶
版式设计：杨　婧　责任校对：吴丽婷
印刷：北京通州皇家印刷厂
版次：2022 年 12 月第 1 版
印次：2022 年 12 月北京第 1 次印刷
发行：新华书店北京发行所
开本：787mm×1092mm　1/16
印张：12.25　插页：6
字数：310 千字
定价：98.00 元

►► 编写人员

主　编：罗胜军　广东省农业科学院动物卫生研究所

孙铭飞　广东省农业科学院动物卫生研究所

副主编：郭昌明　吉林大学动物医学学院

吕殿红　广东省农业科学院动物卫生研究所

王　刚　广东省农业科学院动物卫生研究所

温肖会　广东省农业科学院动物卫生研究所

贾春玲　广东省农业科学院动物卫生研究所

周秀蓉　广东省农业科学院动物卫生研究所

徐慧娟　中国科学院广州生物医药与健康研究院

参　编：戚南山　广东省农业科学院动物卫生研究所

王晓虎　广东省农业科学院动物卫生研究所

向　蓉　广东省农业科学院动物卫生研究所

陈志虹　广东省农业科学院动物卫生研究所

唐兴刚　广东省农业科学院动物卫生研究所

廖申权　广东省农业科学院动物卫生研究所

李　娟　广东省农业科学院动物卫生研究所

郭伟干　广东省农业科学院动物卫生研究所

魏光伟　广东省农业科学院动物卫生研究所

高小鹏　佛山科技学院

翟　颀　广东省农业科学院动物卫生研究所

养鸡业在我国历史悠久，在农业生产中占有重要的地位。自改革开放以来，规模化、集约化养鸡得到了飞速的发展，养殖户不断增多，不但提高了农民的经济收入，同时对改善人民生活和增强体质起到了很大的作用。但是，由于外来品种的引入、集约化程度不断提高、市场流通更加频繁、饲养方式的改变等因素，使鸡病的防治成了突出的问题。此外，近年来，一些鸡病出现了非典型性症状和温和型，并且混合感染十分严重，给鸡病的诊断带来了很大的困难。为便于兽医在临床诊断时分析病情，作者根据多年的临床经验将鸡病按临床表现分类，并将一些有类似症状的疾病进行了鉴别，这样就如同查词典一样易于对照分析，并能迅速做出比较正确的诊断。鉴于此，我们编写了《鸡常见病症状鉴别诊治》。

本书中将常见的、危害较大的鸡病分为八大类，对90多种疾病的诊断与防治方法进行了介绍。书中选取了140余张图片，直观地反映了一些鸡病的临床表现和肉眼可见的病理变化，并对相似疾病的流行病学、临床表现、病理变化进行了鉴别。力求在目前的诊断水平下，尽早做出正确诊断或方向性的诊断，减少疾病造成的损失，提高对疾病的预防和控制水平。

在本书的编写过程中，除了总结以往的临床诊疗经验外，还参阅了大量的有关鸡病的资料和文献。由于作者的编写水平有限，书中难免有疏漏之处，敬请广大读者批评指正。

编　者

1

鸡病的临床检查

　　鸡病的临床诊断是通过对病鸡进行临床检查、病理剖检、实验室检查及特殊检查来查明病因、确定病性，为制订和实施防治措施提供依据。

　　鸡病的临床检查包括流行病学调查、鸡群观察和个体病鸡的检查三个方面。由于鸡病的复杂性和症状类同性，一般来说，通过临床检查只能做出初步诊断，要确诊必须依靠实验室检查。但有的疾病具有特征性病变，也可通过临床检查进行确诊。

1.1　流行病学调查

　　流行病学调查是疾病诊断，特别是传染病诊断非常重要的一个环节和手段。如果能根据流行病学特点做出诊断，或提供重要线索，可大大缩短疾病诊断的时间，并能提高诊断的准确性。

　　流行病学调查包括了解发病情况、既往病史与周边情况、饲养管理状况三个方面。

1.1.1　了解发病情况

　　主要询问发病的时间、发病的日龄、发病的症状、发病的数量、疾病的传播速度、用药及免疫等情况。

　　了解发病的时间，可为排除、确诊某些疾病提供线索。如鸡痘主要发生在 7—10 月；气候剧变时，淋巴细胞白血病、支原体病、传染性支气管炎、传染性喉气管炎发病增多；夏季气温高、通风不良时，鸡易中暑。

　　了解发病的日龄，有助于缩小疾病的范围。有些疾病各种日龄均可发生，如慢性呼吸道病、鸡新城疫、传染性支气管炎等；有些疾病只发生于仔鸡，如鸡白痢，其发病率和死亡率较高的阶段是 15 日龄前，青年鸡和成年鸡为隐性带菌者；球虫病主要发生于 15～60 日龄，环境温度高、湿度大、卫生条件差是发生该病的重要外因；传染性法氏囊病主要侵害 15～45 日龄雏鸡；马立克氏病主要发生于 60～120 日龄雏鸡；淋巴细胞白血病主要侵害产蛋后的鸡；雏鸡很少发生传染性喉气管炎；传染性鼻炎常见于 2～3 月龄鸡；脑脊髓炎主要发生于 7～18 日龄鸡；脑软化症常见于 2 月龄以内鸡；减蛋综合征主要发生于开产至产蛋高峰期的蛋鸡。

　　根据病程、发病率、死亡率、发病区域等因素可初步判定疾病的种类。如果在饲养条件不同的鸡舍或养鸡场均发病，则可能是传染病，可排除慢性传染病或营养代谢病；若疾病仅在一个鸡舍或养鸡场发生，应考虑非传染病的可能；如果一个鸡舍或养鸡场内的少数鸡发病后，在短时间内传遍整个鸡舍、养鸡场或相邻鸡舍、养鸡场，应考虑其传播方式是空气传播。发病较慢，病鸡消瘦，应考虑是慢性病，如结核病、马立克氏病或营养代谢病。

了解用药情况，也可排除某些疾病，缩小可疑疾病的范围。如用药后病情减轻或未出现新病例，提示用药正确。患细菌性疾病或寄生虫病时，如选用敏感药物，可起到防病治病的作用。如果长期使用某一种药物，有些病原体易产生耐药性，用药效果不一定理想。有些病毒病，虽然没有较好的药物，但通过抗生素的应用，可控制继发感染，也可能减轻症状，但不能防止新病例的出现。

了解平时防疫措施落实情况。了解防疫制度及贯彻落实情况；有无严格的消毒措施；对病鸡预防接种过什么疫苗，什么时间预防接种的及接种途径；是否进行过药物预防和定期驱虫等，由此来综合判断病因。

1.1.2　既往病史与周边情况

了解养鸡场或养鸡专业户的鸡群过去发生过什么重大疫情，有无类似疾病发生，其经过及结果如何等情况，借以分析本次发病与过去疾病的关系。如过去发生过禽霍乱、鸡传染性喉气管炎，而又未对鸡舍进行彻底消毒，鸡也未进行预防接种，可考虑是旧病复发。

调查附近养鸡场的疫情情况。如果附近场、户的鸡有气源性传染病，如鸡新城疫、鸡传染性支气管炎、禽流感、鸡痘等病流行时，可能迅速波及本场。

对从引进种蛋、种鸡的地区进行流行病学情况调查。鸡品种的来源、孵化场的自然状况，可以提供有关本地区所发生疾病的诊断线索。有许多疾病是经蛋和种鸡传递的，如新进带菌、带病毒的种鸡与本地鸡混群饲养，常引起一些传染病的暴发。

1.1.3　饲养管理状况

饲养管理情况主要了解饲养密度是否过大，通风是否良好，温度、湿度和光照是否适宜，饲料是否全价、有无变质发霉等，根据这些情况来找病因。

了解产蛋鸡的产蛋量与肉用鸡的体重等情况，可作为有无疫病的参考。如产蛋率下降，可考虑鸡新城疫、鸡传染性喉气管炎、传染性支气管炎、禽脑脊髓炎、败血支原体感染、传染性鼻炎、减蛋综合征及温和性禽流感等。鉴别这些疾病，须结合临床症状、剖检变化和实验室化验等来综合判定。

1.2　全群状态的观察

在鸡舍内一角或运动场外直接观察，开始时要静静地窥视全群状态，以防惊扰鸡群。主要观察鸡群的各种异常现象，为进一步诊断提供线索。

1.2.1　鸡群状态

注意观察鸡群对外界的反应、精神状态、营养程度，以及鸡群的大小、均匀度等。健康鸡听觉灵敏，白天视力敏锐，周围稍有惊扰便迅速反应，公鸡鸣声响亮。

1.2.2 采食和饮水情况

根据每天喂给饲料的记录，注意饲料的种类及质量、饲养制度及饲喂方式等因素，就能准确地掌握摄食增减的情况。如舍内温度高，鸡的采食量减少；鸡舍温度偏低，采食量增加。而一般鸡患病时，采食量会减少，但饮水量一般是有所增加的。

1.2.3 看呼吸、听咳嗽

在正常情况下，鸡每分钟的呼吸次数为 22～30 次。计算鸡的呼吸次数，主要是观察泄殖腔下侧的下腹部，这是因为鸡无横膈膜，呼吸动作主要靠腹肌运动而完成。观察鸡的呼吸次数时，要特别注意有无咳嗽、喷嚏、张嘴出气等现象。如果鸡张嘴伸脖呼吸，多见于鸡痘（黏膜型）、鸡传染性喉气管炎、鸡传染性支气管炎、鸡传染性鼻炎、鸡败血支原体感染、鸡新城疫（非典型性）、禽热射病等。

1.2.4 运动和行为姿态

检查鸡有无扭头曲颈或伴有站立不稳及运转后退、两肢麻痹劈叉、仰头蹲伏观星状、趾爪蜷缩不能站立、站立行走似企鹅状、两腿交叉站立或行走等。雏鸡头、颈和腿部震颤、伏地打滚，为禽脑脊髓炎的特征。瘫腿常见于关节疾患。神经型马立克氏病，常见劈叉姿势。若鸡集聚在一起，可能是鸡舍温度过低；若雏鸡集聚在一起时，可能发生鸡白痢、副伤寒或球虫病等。

1.2.5 羽毛、冠、肉髯

成年健康鸡的羽毛整洁、光滑、发亮、排列匀称。刚出壳的雏鸡被毛为稍黄的纤细绒毛。患病鸡会出现被毛无光、蓬乱、污秽、逆立、提前或推迟换羽；羽毛变脆、断裂、脱落、稀少或脱色，羽轴边缘卷起，羽虱，羽毛囊炎等现象。

健康公鸡的冠较母鸡冠大而厚，冠直立、颜色鲜红、肥润，组织柔软光滑。肉髯左右大小相称，丰满鲜红。

鸡被皮颜色的改变是病态的一种标志，通常鸡患病时，其冠和肉髯会出现以下几种颜色变化：

（1）冠、肉髯发白，见于内脏的器官、大血管出血，或受到寄生虫的侵袭（如蛔虫、绦虫），也见于慢性病（如鸡卡氏住白细胞虫病、结核病、鸡传染性贫血病、淋巴细胞白血病等）、微量元素等营养缺乏症。

（2）冠、肉髯发绀，常见于急性热性疾病，如鸡新城疫、禽流感、鸡伤寒、急性禽霍乱和螺旋体病，以及鸡盲肠肝炎，也见于呼吸系统的传染病（鸡传染性喉气管炎、鸡毒支原体病、慢性禽霍乱）和中毒病。

（3）冠、肉髯黄染，见于成红细胞白血病、螺旋体病和某些原虫病（如鸡住白细胞虫病）。

（4）冠、肉髯萎缩，常见于慢性疾病，初产的鸡突然鸡冠萎缩多数是患淋巴细胞白血病或其他肿瘤性疾病。

（5）冠、肉髯上有水疱、脓疱、结痂，为鸡痘的特征。火鸡痘常见于头皮瘤痘疹。

（6）冠、肉髯上有粉末状结痂，见于黄癣、毛癣等真菌病。

（7）肉髯肿大、肥厚，见于慢性禽霍乱、鸡传染性鼻炎和黄脂瘤病等。

（8）鸡头肿大，常发生于鸡传染性鼻炎和禽流感。

1.2.6　粪便

粪便的异常变化，往往是疾病的预兆。刚出壳尚未采食的幼雏，排出的胎粪为白色和深绿色稀薄液体。成年鸡正常粪便呈圆形、条状，多为棕绿色，表面附有白色的尿酸盐。

鸡患急性传染病（如鸡新城疫、禽流感、禽霍乱、禽伤寒等）时，由于食欲减少或拒食，而饮水量增加，加之肠黏膜发炎，肠蠕动加快，分泌液增加，所以排出黄白色、黄绿色的恶臭稀粪便，常附有黏液，有时甚至混有血液。

雏鸡白痢时，病鸡排出白色糊状或石灰样的稀粪，粘在泄殖腔周围的羽毛上，有时结成团块，把泄殖腔紧紧堵塞。这种情况主要发生在3周龄以内的雏鸡，可造成大批雏鸡死亡，这是本病的特征。

鸡感染球虫时，可引起肠炎，出现血便。雏鸡多感染盲肠球虫，排出棕红色稀粪，甚至纯粹血便。2.5～7月龄的鸡主要感染小肠球虫，排黑褐色稀便。感染球虫的鸡，通过粪便检查可找到卵囊。

雏鸡患传染性法氏囊病时，排出水样含有尿酸盐的稀便，结合病理剖检变化可确诊此病。另外，雏鸡在患马立克氏病、淋巴细胞白血病、曲霉菌病时，也常伴有下痢症状。

鸡患有蛔虫、绦虫等肠道寄生虫病时，不但出现下痢，有时还有带血黏液，在粪便中可找到排出的虫体、节片及虫卵。

鸡患副伤寒、禽大肠杆菌病时，会出现下痢，泄殖腔周围常粘有糊状粪便。饲喂劣质饲料及化学药品中毒时，同样可引起鸡下痢。

1.3　个体病鸡的检查

在患病的鸡群中，可挑选几只病鸡进行详细的个体检查。检查方法可按消化、呼吸、神经等系统，各器官逐个进行检查。

1.3.1　头部检查

（1）喙　有的鸡上喙或下喙特别长，呈交叉状，这多半是由遗传引起。幼鸡患软骨病时，喙发软，容易弯曲出现交叉。

（2）鼻腔　鼻腔分泌物是鼻道疾病最显著的症候。一般鼻分泌物最初为透明水样，后变成黏性混浊鼻液。鼻分泌物增多见于传染性鼻炎、禽霍乱、禽流感、败血性支原体感染等疾病。此外，鸡患新城疫、传染性支气管炎、传染性喉气管炎、维生素 A 缺乏症时，亦可见鼻分泌物增多。

（3）眶下窦　常见的临床症状是眶下窦肿胀。病初，窦内有黏液性渗出物，多数病愈后自行消失。不过有些病例渗出物变为干酪样，造成眶下窦持久性肿胀。许多呼吸道疾病都伴有不同程度的窦炎。

（4）眼睛　注意观察结膜的色泽、出血点和水肿，角膜完整性和透明度等。眼结膜发炎、水肿，以及结膜、虹膜等炎症，见于禽传染性结膜炎、鸡痘、禽曲霉菌病、禽慢性副伤寒、禽大肠杆菌病、禽脑脊髓炎等。鸡患马立克氏病时，虹膜色素消失，瞳孔边缘不整齐。鸡患维生素 A 缺乏症时，角膜干燥、混浊或者软化。

（5）外耳孔　外耳孔若被饲料阻塞，可提示鸡舍卫生条件太差。在此条件下饲喂，可使鸡逐渐衰弱、消瘦，产蛋率下降。

（6）口腔　撬开鸡口腔，观察舌、硬腭的完整性、颜色及黏膜状态。口腔黏液过多，见于许多呼吸道疾病和急性败血症。黏液过多并带有食物，多见于患嗉囊嵌塞或垂嗉的病例。在口腔，特别是口咽的后部，如果发现白喉样病变，见于鸡痘；口腔上皮细胞角质化，见于维生素 A 缺乏症。

（7）喉头和气管　用手把鸡口腔打开，可观察到喉头和气管的变化。喉头水肿、黏膜有出血点、分泌出黏稠的分泌物等，是鸡新城疫的特征。鸡痘也偶尔在喉头部见到白喉样的干酪样栓子。喉头干燥、贫血，有白色假膜、易撕掉等变化，见于各种维生素缺乏症。检查气管时，应细心通过皮肤触摸气管环。当有炎症时，紧压气管则呈现疼痛性咳嗽动作，鸡表现甩头、张口吸气。

1.3.2　嗉囊检查

嗉囊位于食管颈段和胸段交界处，在锁骨前端形成一个膨大盲囊，呈球形，弹性很强。鸡的嗉囊比较发达。检查嗉囊常采用视诊和触诊的方法。

（1）软嗉　软嗉的特征是体积膨大，触诊有波动。患某些传染病、中毒病时，触诊发软。如将鸡的头部倒垂，同时按压嗉囊，可由口腔流出液体，并有酸败味。

（2）硬嗉　缺乏运动、饮水不足、饲喂单一干料常发生硬嗉。按压时呈面团状。

（3）垂嗉　垂嗉常伴有肌肉缺乏弹性，嗉囊逐渐增大，内容物发酵有酸味。鸡垂嗉常因饲喂大量粗饲料而引起。

1.3.3　胸部检查

注意检查胸骨的完整性和胸肌状态，有时要检查胸廓是否疼痛和肋骨有无突起。检查营养状态时，可触摸检查胸骨两侧肌肉的丰满程度。肉用鸡常见到胸下囊肿，这是由龙骨部位表皮受到刺激或压迫而出现的囊状组织增生。

1.3.4　腹部检查

检查腹部常用视诊和触诊方法。腹围增大，常见于腹水、坠蛋性腹膜炎、肝脏疾病和淋巴白血病。

1.3.5　泄殖腔检查

检查时用拇指和食指翻开泄殖腔，观察黏膜色泽、完整性及其状态。若泄殖腔黏膜有充血、出血和坏死病变，常见于鸡新城疫。

1.3.6 腿和关节检查

检查腿的完整性，韧带和关节的连接状态，骨骼的形状等。这些部位常见的症状和相应的疾病是：趾关节、跗关节、肘关节发生关节囊炎时，关节部位肿胀，具有波动感，有的还含有脓汁。滑膜支原体、金黄色葡萄球菌、沙门氏菌属病原体都可以引起本病。

腿腱肿胀、断裂，多见于鸡呼肠孤病毒感染，需要通过病毒分离鉴定才能确诊。趾爪前端逐渐变黑、干燥，有时脱落，多是由葡萄球菌引起的。

2

鸡的病理剖检

病理剖检是鸡病现场诊断极为重要的一种诊断方法。如新城疫、雏鸡白痢、传染性法氏囊病等，呈现出特征性病理变化，通过剖检常可以迅速做出正确的诊断。

2.1　病理剖检的方法和术式

鸡的病理剖检的顺序应先观察尸体外表，注意其营养状况、羽毛、可视黏膜的情况，而后用水或消毒药水将羽毛浸湿，再剥皮、开膛、取出内脏，按剖检顺序逐项进行系统观察，包括皮肤、肌肉、鼻腔、气管、肺、食管、胃、肠、盲肠、盲肠扁桃体、心脏、卵巢、输卵管、肾、法氏囊、脑、外周神经、胸腔和腹腔。剖检时，要做好记录，检查完要找出其主要的特征性病理变化和一般非特征性病理变化，做出分析和比较。

（1）剥皮　用力掰开两腿，直至髋关节脱位，将两翅和两腿摊开，或将头、两翅固定在解剖板上。沿颈、胸、腹中线剪开皮肤，再从腹下部横向剪开腹部，并延至两腿皮肤。由剪开处向两侧分离皮肤。剥开皮肤后，可看到颈部的气管、食道、嗉囊、胸腺、迷走神经，以及胸肌、腹肌、腿肌等。根据剖检需要，可剥离部分皮肤。

（2）剖开胸、腹腔　在胸骨突下缘横向剪开腹腔，沿切口分别剪断两侧肋骨。掀起胸骨，便可打开胸腔，再沿腹中线到泄殖腔附近剪开腹腔。

（3）内脏器官的取出　第一步，把肝脏与其他器官连接的韧带剪断，再将脾脏、胆囊随同肝脏一同摘出。第二步，把食管与腺胃交界处剪断，将腺胃、肌胃和肠管一同取出体腔（直肠可以不剪断）。第三步，剪开卵巢系膜，将输卵管与泄殖腔连接处剪断，把卵巢和输卵管取出。雄鸡剪断睾丸系膜，取出睾丸。第四步，用器械柄钝性剥离肾脏，从脊椎骨深凹处取出。第五步，剪断心脏的动脉、静脉，取出心脏。第六步，用刀柄钝性剥离肺脏，将肺脏从肋骨间摘出。第七步，剪开喙角，打开口腔，把喉头与气管一同摘出；再将食管、嗉囊一同摘出。第八步，把直肠拉出腹腔，露出位于泄殖腔背面的法氏囊，剪开与泄殖腔连接处，法氏囊便可摘出。

（4）剪开鼻腔　从两鼻孔上方横向剪断上喙部，断面露出鼻腔和鼻甲骨。轻压鼻部，可检查鼻腔有无内容物。

（5）剪开眶下窦　剪开眼下和嘴角上的皮肤，看到的空腔就是眶下窦。

（6）脑的取出　将头部皮肤剥去，用骨剪剪开顶骨缘。从颧骨上缘、枕骨后缘，揭开头盖骨，露出大脑和小脑。切断脑底部神经，大脑便可取出。

（7）外部神经的暴露　迷走神经在颈椎的两侧，沿食管两旁可以找到。坐骨神经位于大腿两侧，剪去内收肌即可露出。腰荐神经丛，将脊柱两侧的肾脏摘除，便能显露出来。臂神经，将鸡背朝上，剪开肩胛和脊柱之间的皮肤，剥离肌肉，即可看到。

2.2 剖检时的注意事项

（1）在剖检时，要了解病死鸡的来源、病史、症状、治疗经过及防疫情况。

（2）剖检前，准备好要用的器具及消毒药，穿戴好工作服和手套。

（3）剖检后，将所有用过的衣物和器具及时洗净消毒。剖检者的手洗净后用酒精擦干，有条件时应洗澡更衣。

（4）剖检的时间越早越好，死后时间过长，不利于观察病变。

（5）检查前准备好容器和固定液，以便随时放置剖检中采取的病料。

（6）需送检的病料，应及时放入塑料袋内或广口瓶中。剖检后的尸体和包装用品一并深埋或焚烧。

（7）剖检室应保持清洁整齐，用后及时清洗消毒。出入剖检室注意消毒，无关人员禁止进入。

2.3 剖检病变与提示的疾病

2.3.1 皮下组织

（1）皮下出血　见于某些传染病，如禽霍乱、禽流感、鸡败血性大肠杆菌病、鸡包涵体肝炎、鸡传染性贫血等。

（2）皮下水肿　主要发生在胸、腹部及两腿之间的皮下，见于鸡硒-维生素 E 缺乏症等。

（3）皮下化脓或坏死　见于由金黄色葡萄球菌、链球菌或大肠杆菌引起的胸骨囊肿。

2.3.2 肌肉

（1）肌肉出血　点状出血，见于鸡卡氏住白细胞虫病；胸肌和腿肌的条状出血，见于鸡传染性法氏囊病、维生素 K 缺乏症，在鸡传染性贫血、禽霍乱、黄曲霉毒素中毒等病中也可见到。

（2）肌肉坏死　见于鸡的维生素 E 缺乏症，由金黄色葡萄球菌、链球菌等感染性炎症引起的坏死，由厌氧梭菌感染引起的腐败变质，由注射油乳剂疫苗不当所致的局部肌肉坏死。

（3）肌肉苍白　常见于内出血，如鸡卡氏住白细胞虫病、鸡脂肪肝综合征、鸡白痢、鸡弯曲杆菌病、硒-维生素 E 缺乏症、磺胺类药物中毒、肝脏破裂等。

（4）肌肉表面有尿酸盐结晶　见于痛风。

（5）肌肉出现肿瘤　见于鸡马立克氏病。

（6）肌肉表面出现霉菌斑块　见于鸡曲霉菌病。

（7）肌肉干燥无黏性　见于失水或缺水，如鸡传染性支气管炎、痛风等。

2.3.3 鼻腔及眶下窦

（1）鼻腔肿胀、有渗出物　见于鸡传染性鼻炎、雏鸡波氏杆菌病、维生素 A 缺乏症等。

（2）眶下窦肿胀　见于鸡慢性呼吸道病、鸡败血支原体感染。

2.3.4 口腔、食管、嗉囊

（1）舌头边缘有白斑　见于蛋鸡的霉菌毒素中毒。

（2）口腔、咽喉部的黏膜上有白喉型假膜　见于鸡痘。

（3）口腔、食管、嗉囊上有白色假膜和溃疡　见于蠕虫、酵母菌、念珠菌、组织滴虫或某些霉菌引起的感染等。

（4）口腔、咽和食管有小的白色脓疮，且可蔓延至嗉囊，脓疮的直径可达 2mm　见于鸡维生素 A 缺乏症。

（5）食管下段黏膜有出血斑　见于鸡呋喃丹中毒。

（6）食管内的寄生虫　多为火鸡捻转毛细线虫、环形毛细线虫、嗉囊筒线虫。

（7）嗉囊内积满黏液　见于鸡新城疫。

（8）嗉囊内积满煤焦油样的液体　见于鸡肌胃糜烂。

（9）嗉囊内充满食物　见于鸡嗉囊异物阻塞。

（10）嗉囊内充满黄色液体　见于喹乙醇中毒。

（11）嗉囊内充满酸臭的内容物　见于鸡的嗉囊秘结。

（12）嗉囊内容物有刺鼻的蒜臭味　见于鸡的有机磷中毒。

2.3.5 喉头、气管、支气管

（1）喉头、气管出血　见于鸡新城疫、禽流感。

（2）喉头、气管有血色黏液或淡黄色干酪样附着物　见于鸡传染性喉气管炎。

（3）喉头、气管有黏液性渗出物　见于鸡新城疫、禽流感、雏鸡曲霉菌病、鸡败血支原体感染、养殖环境中氨气过浓、鸡住白细胞虫病等。

（4）喉头、气管、支气管内的寄生虫　如鸡比翼吸虫（寄生于气管、支气管内），火鸡支气管杯口线虫（寄生于气管、支气管内）。

（5）喉头、气管黏膜上有干酪样坏死斑点　见于黏膜型鸡痘。

（6）气管、支气管环充血、出血　见于鸡新城疫、鸡传染性支气管炎。

（7）支气管内有渗出液或淡黄色干酪样凝固栓子　见于鸡传染性支气管炎。

2.3.6 胸腺

（1）胸腺肿大、出血　见于禽霍乱、鸡败血性大肠杆菌病等。

（2）胸腺肿大、坏死　见于鸡住白细胞虫病。

（3）胸腺出现玉米粒大小的肿胀　见于鸡结核病。

（4）胸腺形成肿瘤　见于禽淋巴性白血病。

（5）胸腺萎缩　见于鸡马立克氏病、鸡传染性贫血、肉鸡传染性生长障碍综合征、鸡蛋白质缺乏症、鸡慢性黄曲霉毒素中毒。

2.3.7 甲状旁腺

甲状旁腺肿大 见于笼养鸡产蛋疲劳综合征、雏鸡佝偻病、成年鸡骨软症及产蛋鸡骨质疏松症。

2.3.8 腹腔

(1) 腹腔内腹水过多 见于肉鸡腹水综合征、鸡大肠杆菌病、肝硬化、黄曲霉毒素中毒、鸡副伤寒、卵巢腺癌等。

(2) 腹腔内有血液或凝血块 见于急性肝破裂，如脂肪肝综合征、鸡副伤寒、成年鸡的鸡白痢、鸡弯曲杆菌肝炎、卡氏住白细胞虫病等。

(3) 腹腔内有淡黄色或纤维素性、干酪样、胶冻样渗出物 见于大肠杆菌或沙门氏菌引起的产蛋母鸡的卵黄性腹膜炎、鸡败血支原体感染、肉鸡腹水综合征等。

(4) 蛋鸡输卵管积液 (囊肿) 见于传染性支气管炎病毒、沙眼衣原体感染，禽流感病毒、产蛋下降综合征病毒感染引起的后遗症，大肠杆菌病，以及激素分泌紊乱等。

(5) 腹腔器官表面有石灰样物质沉着 见于痛风。

(6) 腹腔器官表面有许多菜花样增生物或大小不等的结节 见于鸡马立克氏病、鸡淋巴细胞白血病、卵巢腺癌、成年鸡结核病、鸡的大肠杆菌性肉芽肿等。

2.3.9 胸腔

(1) 胸腔积液 见于鸡的敌鼠钠盐中毒。

(2) 胸腔有血凝块 见于鸡住白细胞虫病。

2.3.10 气囊

(1) 气囊混浊、囊壁增厚、有纤维素性渗出物 见于鸡败血支原体感染、大肠杆菌病、鸡副伤寒、鸡新城疫、禽流感、鸡传染性支气管炎、鸡传染性鼻炎、衣原体病、链球菌病、隐孢子虫病等。

(2) 气囊上有白色小点 见于鸡气囊螨感染。

2.3.11 肝脏

(1) 肝脏肿大，表面有圆形或不规则的粟粒大至黄豆大小的坏死灶 见于鸡组织滴虫病。

(2) 肝脏肿大，表面有放射状 (星状) 坏死灶 见于鸡弯曲杆菌性肝炎。

(3) 肝脏肿大，表面有广泛密集的点状灰白色坏死灶 见于急性禽霍乱。

(4) 肝脏肿大，表面有散在的灰白色或灰黄色坏死灶 见于急性鸡白痢、鸡伤寒、鸡副伤寒、链球菌病、大肠杆菌病、衣原体病、李氏杆菌病。

(5) 肝脏肿大，表面有大小不等的肿瘤结节 见于鸡马立克氏病、鸡淋巴细胞白血病、禽网状内皮组织增殖症。

（6）肝脏肿大，表面有灰白色斑纹　见于青年鸡和成年鸡急性鸡白痢、鸡伤寒等。

（7）肝脏肿大，有斑状出血　见于鸡包涵体肝炎、磺胺类药物中毒、雏鸡应激综合征等。

（8）肝脏肿大并出现肉芽肿　见于鸡大肠杆菌性肉芽肿。

（9）肝脏肿大，表面有纤维素性物质覆盖（肝周炎）　见于鸡大肠杆菌病、支原体病、肉鸡腹水综合征。

（10）肝脏肿大，呈青铜色或墨绿色　见于鸡副伤寒、大肠杆菌病、葡萄球菌病、链球菌病。

（11）肝脏肿大，硬化，呈土黄色，表面粗糙不平　见于鸡慢性黄曲霉毒素中毒。

（12）肝脏肿大，呈淡黄色或土黄色，质地柔软易碎　见于鸡脂肪肝综合征、维生素E缺乏症、鸡传染性贫血、鸡住白细胞虫病、鸡传染性法氏囊病。

（13）肝脏肿大，可延伸至泄殖腔处且质地柔软易碎　见于鸡白血病（大肝大脾病）。

（14）肝脏肿大，肝被膜下形成血肿　常由肝破裂引起，见于鸡脂肪肝综合征。

（15）肝脏萎缩，硬化　见于肉鸡腹水综合征的晚期、成年鸡慢性黄曲霉毒素中毒。

（16）肝脏有多量灰白色或淡黄色结节，切面呈干酪样　见于成年鸡结核病。

2.3.12　胆囊及胆管

（1）胆囊、胆管内有寄生虫　见于散养鸡的次睾吸虫病。

（2）胆囊充盈、肿大　见于鸡的急性传染病，如禽霍乱、鸡白痢、鸡住白细胞虫病、某些药物中毒等。

（3）胆囊缩小，胆汁少、色淡或胆囊黏膜水肿　见于鸡慢性消耗性疾病，如鸡马立克氏病、鸡严重的绦虫病、蛔虫病、吸虫病、蛋白质营养缺乏症等。

（4）胆汁浓，呈墨绿色　见于急性传染病死亡的病例，如急性禽霍乱、禽流感、鸡大肠杆菌性败血症等。

（5）胆囊空虚，无胆汁　见于肉鸡猝死综合征。

2.3.13　脾脏

（1）脾脏肿大、有原来的几倍甚至十几倍大　见于鸡白血病（大肝大脾病）。

（2）脾脏肿大、有散在的灰白色点状坏死灶　见于鸡白痢、鸡伤寒、鸡副伤寒、禽霍乱、禽衣原体病、禽流感、禽葡萄球菌病、鸡住白细胞虫病等。

（3）脾脏肿大、表面有大小不等的肿瘤结节　见于鸡马立克氏病、鸡淋巴细胞白血病、禽网状内皮组织增殖症。

（4）脾脏有灰白色或淡黄色结节，切面呈干酪样　见于成年鸡结核病。

（5）脾脏肿大、表面有灰白色斑驳　见于鸡马立克氏病、鸡淋巴细胞白血病、禽网状内皮组织增殖症、鸡白痢、鸡副伤寒、鸡伤寒、鸡大肠杆菌性败血症、鸡李氏杆菌病、鸡螺旋体病、鸡弯曲杆菌病等。

2.3.14　腺胃

（1）球状肿大　腺胃肿胀得比肌胃还大，如果腺胃乳头并不肿大，则见于饲料中纤维素缺乏，或是饲喂了大量的劣质鱼粉；如果腺胃乳头肿大，见于鸡传染性腺胃炎。

（2）腺胃乳头或黏膜出血　见于鸡新城疫、禽流感、喹乙醇中毒、急性禽霍乱、鸡传染性贫血。

（3）腺胃乳头水肿、出血　见于鸡马立克氏病、鸡旋形华首线虫病、雏鸡维生素 E 缺乏症、禽脑脊髓炎。

（4）腺胃膨大、胃壁增厚、切面呈煮肉样　见于鸡内脏型马立克氏病、胃肠型传染性支气管炎。

（5）腺胃内有寄生虫　见于散养鸡旋形华首线虫病、钩状唇口线虫病。

（6）腺胃与肌胃交界处形成出血带或出血点　见于鸡传染性法氏囊病、禽流感、禽螺旋体病。

2.3.15　肌胃

（1）肌胃穿孔　多因肌胃内存在铁钉或异物，在肌胃收缩时异物穿透肌胃壁所致，这种病鸡场常伴有鸡腹膜炎。

（2）肌胃糜烂、角质膜变黑脱落　多见于饲喂变质鱼粉、霉变饲料或胆汁返流，也见于鸡的硫酸铜中毒。

（3）肌胃角质膜易脱落、角质层下有出血斑点或溃疡　见于鸡新城疫、鸡住白细胞虫病、禽流感、禽李氏杆菌病及某些中毒病。

（4）肌胃肌肉变性并有白色结节　见于鸡白痢。

（5）肌胃肌肉肿瘤样变　见于鸡内脏型马立克氏病。

（6）肌胃内有寄生虫　见于鸡斧钩华首线虫病、鸡蛔虫病。

（7）肌胃内空虚、角质膜呈绿色　见于鸡的慢性疾病，多由胆汁返流所致。

（8）肌胃、腺胃黏膜坏死　见于鸡赤霉菌毒素中毒。

2.3.16　胰腺

（1）胰腺肿大，有灰白色坏死灶　见于禽单核白细胞增多症。

（2）胰腺肿大，有出血性小结节　见于鸡住白细胞虫病。

（3）胰腺肿大、出血，滤泡增大　见于急性败血性传染病，如急性禽霍乱、鸡新城疫、禽流感、鸡白痢、鸡伤寒、鸡副伤寒、禽脑脊髓炎、大肠杆菌性败血症、敌鼠钠中毒等。

（4）胰腺出现肿瘤或肉芽肿　见于鸡马立克氏病，鸡大肠杆菌、沙门氏菌引起的肉芽肿。

（5）胰腺萎缩、苍白而坚硬，腺管阻塞　见于肉鸡传染性生长障碍综合征（矮小综合征），胰腺萎缩呈棉线状，见于鸡的慢性霉败饲料中毒，胰腺萎缩、腺细胞内有空泡形成，并有透明小体，见于鸡硒和维生素 E 缺乏症。

（6）胰腺液化　见于七彩山鸡的胰腺炎。

2.3.17　肠道

（1）出血性肠炎　小肠的上 1/3 肠壁肿胀，上有白斑或出血点，黏膜表面有血液，多见于由巨型艾美耳球虫引起的小肠球虫病；小肠后半部肿胀，肠腔内充满红色黏液，多见于由毒害艾美耳球虫引起的小肠球虫病；盲肠肿胀，充满新鲜血液或血凝块，病鸡排出鲜血样粪便，多见于盲肠球虫病。此外，鸡新城疫、禽流感、氟乙酰胺中毒、冠状病毒性肠炎也可见到类似的变化。

（2）坏死性肠炎　表现为肠道变色、肿胀，黏膜出血、有炎性渗出物（在回肠处变化最明显），小肠肠管增粗，肠道黏膜坏死或肠黏膜上覆盖一层灰白色假膜，多见于鸡产气荚膜梭菌感染。

（3）溃疡性肠炎　急性病例为十二指肠出血，肠壁上有小点出血；慢性病例从肠壁的浆膜和黏膜面上都能看到一种边缘出血的黄色小溃疡灶或呈圆形、凸起的较大溃疡，此种溃疡边缘常无出血，或由于溃疡的相互融合而形成一种大的坏死性斑块，多见于鸡棒状杆菌病。

（4）十二指肠前段有芝麻粒大的出血点　见于鸡副伤寒、鸡新城疫。

（5）寄生于十二指肠和空肠内的寄生虫　多为鸡的蛔虫、节片戴文绦虫、赖利绦虫、有伞毛细线虫。

（6）寄生于盲肠内的寄生虫　多为鸡的异次线虫、组织滴虫、鸟类圆线虫。

（7）寄生于直肠内的寄生蠕虫　多为前殖吸虫。

（8）肠道黏膜坏死　见于慢性鸡白痢、鸡伤寒、鸡副伤寒、大肠杆菌病、维生素 E 缺乏症等。

（9）小肠某段肠管呈现出血发紫，且肠腔内有血性黏液或暗红色血凝块　见于鸡肠系膜疝、肠扭转。

（10）小肠肠管膨大、阻塞　见于鸡的肠梗阻（常由饲料中的粗纤维和严重的蛔虫感染引起）。

（11）肠壁上有大小不等的肿瘤状结节　见于鸡马立克氏病、鸡淋巴细胞白血病、禽网状内皮组织增殖病、鸡棘沟赖利绦虫病。

（12）肠壁上有出血、小结节　见于鸡住白细胞虫病。

（13）盲肠肿大，内含有黄色干酪样凝固渗出物　见于鸡组织滴虫病（盲肠肝炎）。

（14）盲肠不肿大，内含有干酪样凝性栓塞　见于慢性鸡白痢、鸡伤寒、鸡副伤寒、恢复期的盲肠球虫病。

（15）直肠有条纹状出血　多见于鸡新城疫。

（16）直肠背侧有肿瘤　见于鸡淋巴肉瘤病。

（17）肠浆膜上有珍珠样结节　见于鸡结核病。

2.3.18　盲肠扁桃体

（1）盲肠扁桃体肿大、出血　见于鸡新城疫、鸡传染性法氏囊病、鸡伤寒、鸡大肠杆菌病、禽流感、球虫病、喹乙醇中毒。

（2）盲肠扁桃体肿大、出血、坏死　见于鸡住白细胞虫病。

2.3.19　法氏囊

（1）法氏囊黏膜肿大、出血　见于鸡传染性法氏囊病、鸡隐孢子虫病、禽流感、严重的绦虫病。

（2）法氏囊形成肿瘤　见于禽淋巴性白血病、鸡马立克氏病。

（3）法氏囊内有干酪样物质　见于恢复期的鸡传染性法氏囊病、鸡隐孢子虫病，也见于其他引起法氏囊炎症的疾病。

（4）法氏囊萎缩　见于鸡包涵体肝炎、鸡传染性贫血、鸡马立克氏病、肉鸡传染性生长障碍综合征、鸡黄曲霉毒素慢性中毒及一些细菌内毒素引起的法氏囊萎缩，也见于鸡正常的生理性退化、萎缩。

（5）法氏囊内有寄生虫　多见于前殖吸虫病、隐孢子虫病。

2.3.20　生殖器官（卵巢、输卵管或睾丸、阴茎）

（1）卵巢形体显著增大，呈煮肉样菜花状肿瘤　见于鸡的卵巢腺癌、鸡内脏型马立克氏病等。

（2）卵泡形态不完整、皱缩、变性　见于成年母鸡的鸡白痢、鸡伤寒、鸡副伤寒、大肠杆菌病、传染性支气管炎、慢性禽霍乱。

（3）卵泡充血、出血或血肿　见于鸡新城疫、禽流感等。

（4）输卵管内有凝固性坏死物质　见于产蛋母鸡的卵黄性腹膜炎、鸡伤寒、鸡副伤寒。

（5）输卵管内有絮状凝固蛋白　见于低致病性禽流感。

（6）输卵管内有寄生虫　见于鸡的前殖吸虫病。

（7）输卵管翻出泄殖腔外　见于产蛋母鸡的输卵管脱垂。

（8）左侧输卵管细小　见于肾型传染性支气管炎。

（9）输卵管积液（囊肿）　见于传染性支气管炎、沙眼衣原体感染、禽流感、减蛋综合征的后遗症、大肠杆菌病、激素分泌紊乱等。

（10）输卵管炎　见于大肠杆菌、沙门氏菌等引起的感染。

（11）公鸡一侧睾丸显著肿大、切面呈均匀的灰白色　见于鸡内脏型马立克氏病。

（12）公鸡一侧或两侧睾丸肿大或萎缩、睾丸组织有多个坏死灶　见于公鸡的鸡白痢。

（13）睾丸萎缩、变性　见于公鸡的维生素 E 缺乏症。

（14）阴茎脱垂、红肿、糜烂或有坏死小结节或结痂　见于公鸡的阴茎外伤感染。

2.3.21　肾脏

（1）肾脏显著肿大，呈灰白色或有肿瘤结节　见于鸡马立克氏病、禽白血病、鸡大肠杆菌性肉芽肿。

（2）肾脏肿大、淤血　见于鸡伤寒、鸡副伤寒、链球菌病、鸡住白细胞虫病、鸡螺旋体病、禽流感、脂肪肝肾出血综合征、食盐中毒。

（3）肾脏肿大且表面有尿酸盐沉着，呈"花斑肾"　见于鸡肾型传染性支气管炎、鸡传染性法氏囊病、磺胺类药物中毒、铅中毒、内脏型痛风、高钙日粮、维生素 A 缺乏症、饮水不足等。

（4）肾脏有霉菌结节　见于鸡的霉菌感染。

（5）肾脏苍白　见于雏鸡副伤寒、鸡住白细胞虫病、严重的绦虫病、吸虫病、球虫病，也见于各种原因引起的内脏出血等。

2.3.22　输尿管

输尿管有尿酸盐沉积（或结石）　见于鸡内脏型痛风、鸡肾型传染性支气管炎、鸡传染性法氏囊病、磺胺类药物中毒、维生素 A 缺乏症、钙磷比例失调等。

2.3.23　心包和心脏

（1）心包膜有纤维素性渗出　见于鸡大肠杆菌病、鸡败血支原体感染、衣原体病。

（2）心包膜有尿酸盐沉积　见于鸡内脏型痛风。

（3）心包积液或含有纤维蛋白　见于鸡大肠杆菌病、鸡败血支原体感染、禽霍乱、鸡白痢、鸡副伤寒、肉雏鸡硒/维生素 E 缺乏症、禽流感、鸡李氏杆菌病、衣原体病、鸡住白细胞虫病、食盐中毒、氟乙酰胺中毒、磷化锌中毒。

（4）心肌有灰白色坏死或有小结节或肉芽肿　见于鸡白痢、鸡伤寒、鸡副伤寒、鸡大肠杆菌病、鸡李氏杆菌病、鸡马立克氏病、鸡住白细胞虫病。

（5）心冠状沟脂肪出血或心内膜有出血斑点　见于禽霍乱、禽流感、鸡伤寒、败血型雏鸡白痢、鸡大肠杆菌性败血症、食盐中毒、磺胺类药物中毒、棉籽饼中毒、氟乙酰胺中毒。

（6）心肌缩小、心冠状沟脂肪呈现透明样外观　见于慢性传染病、严重寄生虫病或严重的营养不良，如鸡结核病、鸡马立克氏病、淋巴性白血病、慢性鸡伤寒、鸡副伤寒、严重的蛔虫病和绦虫病。

（7）心内膜炎　见于鸡葡萄球菌病。

（8）右心衰竭　见于肉鸡腹水综合征。

（9）心脏圆而大　见于火鸡圆心病。

（10）房室间瓣膜增生　见于鸡砷中毒。

（11）心脏表面有白色尿酸盐沉积　见于鸡内脏型痛风。

2.3.24　肺脏

（1）肺脏有黄色粟粒大至豌豆大的结节　见于雏鸡曲霉菌病、成年鸡结核病。

（2）肺脏表面有灰黑色或淡绿色霉斑　见于青年鸡或成年鸡曲霉菌病。

（3）肺脏淤血、水肿　见于禽霍乱、鸡链球菌病、雏鸡败血性鸡白痢、鸡传染性法氏囊病、鸡大肠杆菌性败血症、鸡住白细胞虫病、棉籽饼中毒。

（4）肺脏出现肉芽肿　见于肺炎型雏鸡白痢、雏鸡大肠杆菌病、鸡气囊螨感染。

（5）肺脏出现肿瘤结节　见于鸡内脏型马立克氏病。

（6）肺脏有出血凝块　见于鸡住白细胞虫病。

2.3.25　外周神经

（1）坐骨神经、臂神经的体积显著肿大（多为一侧性）　见于鸡马立克氏病、维生素

B_2 缺乏症等。

（2）迷走神经支配嗉囊的分支受损　见于鸡嗉囊下垂。

（3）颈神经受损　见于肉毒梭菌毒素中毒、颈椎侧凸出等。

2.3.26　骨骼和关节

（1）后脑颅骨变薄、变软　见于鸡维生素 E 缺乏症、雏鸡的佝偻病。

（2）胸骨（龙骨）呈现"S"状弯曲　见于雏鸡佝偻病、严重的绦虫病。

（3）跖骨软、易弯曲　见于雏鸡佝偻病、成年鸡骨软症。

（4）跖骨较硬、易折断　见于饲喂含氟的磷酸氢钙引起的鸡氟中毒。

（5）关节肿胀，有炎性渗出物　见于葡萄球菌、链球菌、大肠杆菌、沙门氏菌、巴氏杆菌等引起的鸡的感染。

（6）关节内有尿酸盐结晶　见于鸡关节型痛风。

（7）腱滑脱　见于鸡锰缺乏症。

（8）肌腱出血、断裂　见于鸡传染性病毒性关节炎。

（9）骨髓发黑　见于葡萄球菌、大肠杆菌、腺病毒等感染引起的骨髓炎。

（10）骨髓结核　见于鸡结核病。

（11）骨髓白化　见于禽白血病。

（12）骨髓变黄　见于鸡包涵体肝炎。

2.3.27　脑

（1）小脑软化、肿胀，有出血点或坏死灶　见于鸡硒和维生素 E 缺乏症。

（2）脑水肿　见于禽脑脊髓炎。

（3）脑及脑膜有淡黄色结节或坏死灶　见于鸡霉菌性脑炎。

（4）大脑呈树枝状充血或有出血点、脑实质水肿或坏死　见于雏鸡脑炎型大肠杆菌或沙门氏菌感染。

（5）脑膜充血、水肿或点状出血　见于禽流感、鸡中暑、酚类消毒剂中毒等。

3 鸡病症状鉴别诊断思路

鸡发生疾病时，同一疾病在不同的阶段可表现不同的症状，许多疾病在临床上又表现某些相同的症状，特别是同一症状由不同疾病引起，临床诊断更为困难和复杂，因此临床诊断必须综合所有资料进行分析。症状鉴别诊断，就是以临床上主要症状为线索，将引起该症状的相关疾病联系起来，形成诊断树，再根据伴随的综合症状逐一区分，做出诊断。

3.1 呼吸障碍

鸡呼吸系统症状有呼吸困难、流涕、咳嗽、喷嚏等。

3.1.1 病因分类

（1）病毒病 包括鸡新城疫、鸡瘟、鸡传染性喉气管炎、鸡传染性支气管炎。

（2）细菌病 包括禽霍乱、肺型鸡白痢、鸡传染性鼻炎、鸡弧菌病、鸡链球菌病、禽结核病、禽伪结核病、禽绿脓杆菌病、鸡肺炎克雷伯氏菌病、鸡变形杆菌病。

（3）支原体病 鸡败血支原体感染。

（4）真菌病 禽曲霉菌病。

（5）原虫病 包括鸡住白细胞虫病、禽隐孢子虫病。

（6）蠕虫病 禽肺线虫病。

（7）中毒病 包括禽食盐中毒、禽棉籽饼中毒、禽亚硝酸盐中毒、禽青霉素类药物中毒、禽高锰酸钾中毒、禽福尔马林中毒、禽酚类消毒剂中毒、禽有机磷农药中毒、鸡氨气中毒、禽煤气中毒。

（8）应激病 包括肉鸡腹水综合征、禽中暑病。

3.1.2 鉴别诊断

见图 3-1。

3.2 腹泻

腹泻是指鸡多次不断地排出水样、黏糊样或血性稀便。

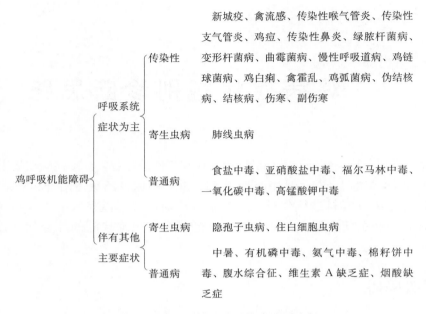

图 3-1　鸡呼吸障碍相关疾病鉴别诊断

3.2.1　病因分类

（1）病毒病　包括鸡新城疫、传染性法氏囊病、鸡包涵体肝炎、鸡传染性矮小综合征、鸡肿头综合征。

（2）细菌病　包括禽霍乱、鸡白痢、鸡伤寒、禽副伤寒、禽败血性大肠杆菌病、禽溃疡性肠炎、禽弯杆菌病、鸡弧菌病、禽链球菌病、禽伪结核病、禽绿脓杆菌病、鸡肺炎克雷伯氏菌病、鸡变形杆菌病。

（3）真菌病　包括禽曲霉菌病、禽黄曲霉菌中毒、禽念珠菌病。

（4）鸡支原体、衣原体、螺旋体病　包括鸡传染性滑液膜炎、鸡输卵管囊肿病、禽疏螺旋体病。

（5）原虫病　包括鸡球虫病、禽组织滴虫病、禽弓形虫病、禽隐孢子虫病。

（6）蠕虫病　包括禽消化道吸虫病、禽输卵管吸虫病、禽肝吸虫病、禽绦虫病、禽胃线虫病、鸡蛔虫病、禽异刺线虫病、禽棘头虫病。

（7）营养代谢病　包括维生素 B_1 缺乏症、维生素 B_2 缺乏症、烟酸缺乏症、痛风。

（8）中毒病　包括食盐中毒、棉籽饼中毒、喹乙醇中毒、高锰酸钾中毒、福尔马林中毒、有机磷农药中毒。

（9）应激病　包括蛋鸡笼养疲劳综合征、鸡变应性胃肠糜烂病。

3.2.2　鉴别诊断

见图 3-2。

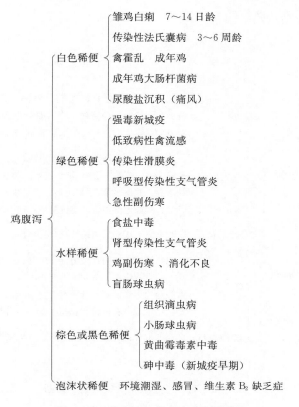

图 3-2　鸡腹泻相关疾病鉴别诊断

3.3　神经症状

　　鸡神经系统症状有精神状态的兴奋与抑制，姿势异常，视觉、听觉等感觉机能的异常等。

3.3.1　病因分类

　　（1）病毒病　包括鸡新城疫、鸡瘟、鸡马立克氏病、鸡传染性脑脊髓炎。

　　（2）细菌病　包括鸡肉毒梭菌毒素中毒病、鸡葡萄球菌病、鸡链球菌病、鸡绿脓杆菌病、鸡李氏杆菌病、鸡变形杆菌病。

　　（3）真菌病　包括鸡黄曲霉毒素中毒、鸡青曲霉毒素中毒、鸡麦角中毒。

　　（4）原虫病　包括鸡球虫病。

　　（5）营养代谢病　包括鸡维生素 E 缺乏症、鸡维生素 B_1 缺乏症、鸡维生素 B_2 缺乏症、鸡维生素 B_6 缺乏症、鸡维生素 B_{12} 缺乏症、鸡维生素 H 缺乏症、鸡硒缺乏与过多症。

　　（6）中毒病　包括鸡食盐中毒、鸡喹乙醇中毒、鸡呋喃类药物中毒、鸡抗菌增效剂中毒、鸡青霉素类药物中毒、鸡氨基糖苷类药物中毒、鸡多醚类抗生素药物中毒、鸡有机磷农药中毒、鸡有机氯农药中毒。

（7）应激病 包括鸡热射病。

3.3.2 鉴别诊断

见图 3-3。

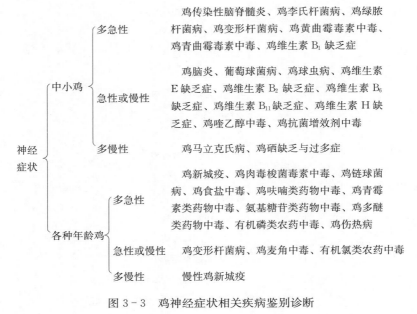

图 3-3 鸡神经症状相关疾病鉴别诊断

中小鸡
- 多急性：鸡传染性脑脊髓炎、鸡李氏杆菌病、鸡绿脓杆菌病、鸡变形杆菌病、鸡黄曲霉毒素中毒、鸡青曲霉毒素中毒、鸡维生素 B_1 缺乏症
- 急性或慢性：鸡脑炎、葡萄球菌病、鸡球虫病、鸡维生素 E 缺乏症、鸡维生素 B_2 缺乏症、鸡维生素 B_6 缺乏症、鸡维生素 B_{11} 缺乏症、鸡维生素 H 缺乏症、鸡喹乙醇中毒、鸡抗菌增效剂中毒
- 多慢性：鸡马立克氏病、鸡硒缺乏与过多症

各种年龄鸡
- 多急性：鸡新城疫、鸡肉毒梭菌毒素中毒、鸡链球菌病、鸡食盐中毒、鸡呋喃类药物中毒、鸡青霉素类药物中毒、氨基糖苷类药物中毒、鸡多醚类药物中毒、有机磷类农药中毒、鸡伤热病
- 急性或慢性：鸡变形杆菌病、鸡麦角中毒、有机氯类农药中毒
- 多慢性：慢性鸡新城疫

3.4 运动障碍和姿势异常

3.4.1 病因分类

（1）病毒病 包括鸡传染性法氏囊病、鸡马立克氏病、鸡传染性脑脊髓炎病、鸡病毒性关节炎、鸡传染性矮小综合征。

（2）细菌病 包括慢性鸡霍乱、关节型鸡大肠杆菌病、关节型鸡葡萄球菌病、鸡肠炎耶氏菌病、鸡绿脓杆菌病、鸡变形杆菌病。

（3）真菌病 包括鸡黄曲霉毒素中毒、鸡麦角中毒。

（4）支原体病、衣原体病、螺旋体病 包括鸡传染性滑液膜炎、鸡输卵管囊肿病、鸡疏螺旋体病。

（5）寄生虫 包括鸡输卵管吸虫病、鸡鳞足螨病。

（6）营养代谢病 包括鸡维生素 D 缺乏症、鸡维生素 E 缺乏症、鸡维生素 B_2 缺乏症、鸡维生素 B_3 缺乏症、鸡维生素 B_6 缺乏症、鸡维生素 B_{11} 缺乏症、鸡烟酸缺乏症、鸡维生素 H 缺乏症、鸡胆碱缺乏症、鸡钙缺乏症、鸡磷缺乏与过多症、鸡锰缺乏症、鸡硒缺乏症、鸡铜缺乏症、鸡锌缺乏症、鸡关节型痛风、鸡软骨症、鸡滑腱症。

（7）中毒病 包括鸡喹乙醇中毒。

（8）应激病 包括肉鸡妄长损伤症。

3.4.2 鉴别诊断

见图 3-4。

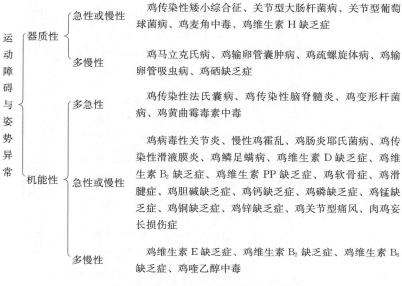

图 3-4 鸡运动障碍和姿势异常相关疾病鉴别诊断

3.5 鸡群临床检查和病理剖检的着眼点、异常变化及提示的可能疾病

见表 3-1。

表 3-1 鸡群检查及诊断要点

项目	异常变化	预示的主要疾病或病因
饮水	饮水量剧增	长期缺水、热应激、球虫病早期、饲料中食盐多、其他热性病
	饮水量明显减少	温度太低、濒死期、药物异味
粪便	红色粪便	球虫病、出血性肠炎
	白色黏性粪便	白痢、痛风、尿酸盐代谢障碍、传染性支气管炎
	硫黄样粪便	组织滴虫病（黑头病）
	黄绿色带黏液粪便	鸡新城疫、禽流感、禽出血性败血症、卡氏住白细胞虫病等
	水样稀薄粪便	饮水过多、饲料中镁离子过多、轮状病毒感染等
病程	突然死亡	禽出血性败血症、卡氏住白细胞虫病、中毒病等
	中午到午夜前死亡	中暑（热应激）
神经障碍、运动障碍、瘫痪	瘫痪	笼养鸡疲劳症、维生素 E 和硒缺乏、虫媒病毒病、新城疫
		濒死期

（续）

项目	异常变化	预示的主要疾病或病因
神经障碍、运动障碍、瘫痪	一脚朝前一脚朝后	马立克氏病
	1月龄内雏鸡瘫痪	传染性脑脊髓炎、新城疫
	扭颈、抬头望天	传染性脑脊髓炎、新城疫
	前冲后退、转圈运动	新城疫、维生素 E 和硒缺乏症、维生素 B_1 缺乏症
	颈麻痹、平铺地面	肉毒梭菌毒素中毒
	趾向内侧卷曲	维生素 B_2 缺乏症
	腿骨弯曲、运动障碍、关节肿大	维生素 D 缺乏症、钙磷缺乏症、病毒性关节炎、滑膜支原体病、葡萄球菌病、锰缺乏症、胆碱缺乏症
呼吸	张口呼吸、有怪叫声	新城疫、传染性喉气管炎、传染性支气管炎、传染性鼻炎
鸡冠	痘痂、痘斑	鸡痘、皮肤创伤
	苍白	卡氏住白细胞虫病、白血病、营养缺乏、球虫病、马立克氏病、肝破裂
	紫蓝色	败血症、中毒病、新城疫、禽流感、传染性喉气管炎、黑头病
	白色斑点或白块	冠癣
	萎缩	白血病、喹乙醇中毒、庆大霉素中毒
	肉髯水肿	慢性禽出血性败血症、传染性鼻炎、禽流感、绿脓杆菌病
	充血	中暑、传染性喉气管炎等
眼	虹膜褪色、瞳孔缩小	马立克氏病
	角膜晶状体混浊	传染性脑脊髓炎、马立克氏病等
	眼结膜肿胀，眼睑下有干酪样物	大肠杆菌病、慢性呼吸道病、传染性喉气管炎、沙门氏菌病、曲霉菌病、维生素 A 缺乏症等
	流泪、眼内有虫体	眼线虫病、眼吸虫病
	充血	中暑
	结膜苍白或黄染	鸡结核病、寄生虫病、淋巴细胞白血病
鼻	黏性或脓性分泌物	传染性鼻炎、慢性呼吸道病
嗉囊	积水、积气、积食、坚实	球虫病、毛滴虫病、异物阻塞、新城疫、中毒等
喙	角质软化	钙、磷或维生素 D 缺乏症
	畸形	营养缺乏或遗传性疾病
口腔	口腔黏膜坏死、有假膜	鸡痘、毛滴虫病、念珠菌病
	口腔内有带血黏液	卡氏住白细胞虫病、传染性喉气管炎、急性禽出血性败血症、新城疫
羽毛	纯种鸡长出异色羽毛	遗传病、维生素 D、叶酸、铜和铁等缺乏症
	羽毛边缘卷曲	维生素 B_2 缺乏症、锌缺乏症
脚	鳞片隆起、有白色痂片	螨病、趾瘤
	出血	创伤、啄癖、禽流感

项目	异常变化	预示的主要疾病或病因
胸骨	S状弯曲	维生素D缺乏症、钙和磷缺乏或比例不当
	囊肿	滑膜支原体病、地面不平引起的损伤等
腹部	腹部过厚	鸡过肥
	腹部膨大且下垂	鸡伤寒、腹水综合征等
	腹部蜷缩、干燥、发凉、失去弹性	结核病、寄生虫病等慢性疾病
	触摸时腹部有软硬不均的物体，体温很高且有痛感	卵黄性腹膜炎初期
腿和关节	膝关节肿大、骨质变软	饲料中钙、磷不足或缺乏维生素D，日晒不足
	趾关节肿大、凹凸不平、内容物为尿酸盐沉积	关节性痛风
	关节部位肿胀、有波动感、关节腔内有脓汁	滑膜支原体、金黄色葡萄球菌病等
受精率	受精率低	种蛋陈旧、剧烈震动、保存条件不当、老龄公鸡、公鸡跛行、公鸡营养缺乏、热应激、母鸡营养缺乏、鸡群感染某些传染病、近亲繁殖
蛋壳	畸形蛋	鸡新城疫、传染性支气管炎、减蛋综合征、初产鸡或老龄鸡
	软壳蛋、薄壳蛋	钙磷不足或比例不当、维生素D缺乏症、新城疫、传染性支气管炎、减蛋综合征、毛滴虫病、老龄鸡、大量使用某些药物、某些营养缺乏
	蛋壳粗糙	鸡新城疫、传染性支气管炎、钙过多、大量使用某些药物、老龄鸡
	异常白壳或黄壳	大量使用四环素及某些带黄色易沉淀的物质
	棕色壳、褪色变白壳	使用抗球虫药、泰乐加（主要成分：酒石酸泰乐菌素）等药物、鸡新城疫、传染性喉气管炎
	花斑壳	遗传因素、产蛋箱不洁净、霉菌感染
产蛋率	从产蛋开始一直偏低	遗传因素、体重超标、营养不良、受某些疾病的影响、传染性支气管炎等
	突然下降	减蛋综合征、鸡新城疫、高温环境、中毒、使用某些药物、受其他疾病的影响等
气室	气室松弛	蛋被粗暴处理、蛋白稀薄、陈旧蛋、某些传染病
	蛋白粉红色	饲料中棉籽饼分量太高、饮水中铁离子偏高、腐败菌侵袭
	蛋白稀薄	鸡新城疫、传染性支气管炎、使用磺胺类药物或某些驱虫药、腐败菌侵袭

（续）

项目	异常变化	预示的主要疾病或病因
气室	云雾状	贮存温度太低
	蛋白内有气泡	运输震动
	系带松弛或断脱	蛋陈旧、过分震动
	蛋黄稀薄	蛋陈旧、营养缺乏
	橙红色	棉籽饼或某些色素物质偏高
	灰白色	某些传染病的影响、饲料缺乏黄色素、维生素 A 和 B 族维生素缺乏等
	绿色	饲料中叶绿素酸钠过多
	异味	鱼粉或其他有异味的饲料、蛋的腐败
	血斑、肉斑	生殖道出血、维生素 A 缺乏、光照不适当、异常的声音、遗传因素
	乳酪样	贮存温度太低、饲料中棉籽饼太多
皮肤	紫蓝色斑块	维生素 E 和硒缺乏、葡萄球菌病、坏疽性皮炎、尸绿
	痘痂、痘斑	禽痘
	粗糙，眼角、嘴角有痂	泛酸缺乏、生物素缺乏、体外寄生虫
	皮肤出血	维生素 K 缺乏、卡氏住白细胞虫病、某些传染病、中毒病等
	皮下气肿	阉割、剧烈活动等引起气囊膜破裂
肌肉	过分苍白	贫血、内出血、卡氏住白细胞虫病、维生素 E 和硒缺乏症、脂肪肝等
	干燥无黏性	失水、缺水、肾型传染性支气管炎、痛风等
	有白色条纹	维生素 E 和硒缺乏症
	出血	传染性法氏囊病、卡氏住白细胞虫病、黄曲霉毒素中毒、维生素 K 缺乏症
	有白色大头针帽大小的白点	卡氏住白细胞虫病
	腐败	葡萄球菌病、厌气杆菌感染
四肢	骨髓黄色	包涵体肝炎、卡氏住白细胞虫病、磺胺类药物中毒、贫血
	骨质松软	钙、磷和维生素 D 等营养缺乏病
	脱腱	锰或胆碱缺乏
	关节炎	葡萄球菌病、大肠杆菌病、鸡败血支原体感染、病毒性关节炎、鸡白痢、营养缺乏等
	臂神经和坐骨神经肿胀	马立克氏病、维生素 B_2 缺乏症
	胸骨 S 状弯曲	佝偻病，维生素 D 缺乏症，钙、磷缺乏或比例不当等

（续）

项目	异常变化	预示的主要疾病或病因
腹腔	腹水过多	腹水症、肝硬化、黄曲霉毒素中毒、大肠杆菌病
	有血液或凝血块	内出血、卡氏住白细胞虫病、白血病、脂肪肝
	纤维素性或干酪样渗出物	大肠杆菌病、鸡败血支原体感染
	腹膜结节，伴有黄褐色腹水	结核病
	尿酸盐析出	痛风病
肝	肿大、有结节	马克氏病、白血病、寄生虫病、结核病
	肝肿大、有点状或斑状坏死	禽出血性败血症、白痢杆菌病、黑头病
	肿大、有假膜、有出血点、出血斑、血肿和坏死点等	大肠杆菌病、鸡败血支原体感染、弯曲杆菌性肝炎、脂肪肝综合征
	淤血、肿大、色暗红、切面流血液、肝硬化	急性伤寒、肉鸡腹水症、慢性黄曲霉毒素中毒、寄生虫病等
	细腻、黄褐色表面有出血斑	脂肪肝病
胆囊	肿大	鸡白痢、大肠杆菌病
脾	肿大、有结节	白血病、马立克氏病、结核病
	肿大、有坏死点	鸡白痢、大肠杆菌病
	萎缩	白血病、免疫抑制药物作用
肾脏	肿大、有结节状突起	白血病、马立克氏病、鸡白痢、维生素A缺乏症
	出血	卡氏住白细胞虫病、脂肪肝综合征、法氏囊病、包涵体性肝炎、中毒等
	尿酸盐沉积	传染性支气管炎、法氏囊病、磺胺类药物中毒、其他中毒病、痛风等
喉	充血、出血	新城疫、传染性喉气管炎、急性禽出血性败血症
	有环状干酪样附着物	传染性喉气管炎、慢性呼吸道病、禽念珠菌病
	假膜	禽痘、维生素A缺乏症
气管和支气管	充血、出血	传染性支气管炎、新城疫、禽流感等
	黏液增多	各种呼吸道感染
肺	有细小结节、呈肉样化	马立克氏病、白血病
	有黄色、黑色结节（切干酪样）	曲霉菌病、结核病、禽伤感
	黄白色小结节	白痢杆菌病
	充血、出血	卡氏住白细胞虫病、其他感染
气囊膜	混浊并有干酪样附着物	鸡败血支原体感染、大肠杆菌病、新城疫、曲霉菌病、慢性禽霍乱等
心	心肌有白色小结节	鸡白痢、马立克氏病、卡氏住白细胞虫病
	心肌有坏死条纹	禽流感等
	心冠状沟脂肪出血	禽出血性败血症、细菌性感染、中毒病等
	心包粘连、心包液混浊	大肠杆菌病、鸡败血支原体感染等

（续）

项目	异常变化	预示的主要疾病或病因
心	心包液及心肌上有尿酸盐沉积	痛风
	房室间瓣膜疣状增生	丹毒病
食管	黏膜坏死或有假膜	毛滴虫病、念珠菌病、维生素A缺乏症
腺胃	呈球状增厚、增大	马立克氏病、四棱线虫病、传染性腺胃炎（腺胃型传染性支气管炎）、网状内皮组织增殖病
	有小坏死结节	鸡白痢、马立克氏病、滴虫病
	出血	鸡新城疫、禽流感、传染性法氏囊病、马立克氏病
肌胃	白色结节	鸡白痢、马立克氏病、传染性脑脊髓炎
	溃疡、出血	新城疫、禽流感、传染性法氏囊病、喹乙醇或痢菌净中毒，饲料中鱼粉量过高或变质
小肠	黏膜充血、出血	新城疫、禽流感、卡氏住白细胞虫病、禽霍乱、中毒病、球虫病
	肠壁有小结节	鸡白痢、马立克氏病等
	出血、溃疡、坏死	溃疡性肠炎、坏死性肠炎、新城疫、禽流感、禽伤寒
	有假膜	鸭瘟、小鹅瘟等
	有寄生虫	线虫、绦虫感染等
盲肠	黏膜出血、肠腔有鲜血	球虫病
	出血、溃疡	黑头病（组织滴虫病）
泄殖腔	水肿、充血、出血、坏死	新城疫、禽流感、寄生虫感染、细菌感染
胰脏	坏死	新城疫、禽流感、包涵体性肝炎
法氏囊	肿大、出血、渗出物增多	新城疫、白痢病、法氏囊病、马立克氏病、卡氏住白细胞虫病
输尿管	尿酸盐沉积	新城疫、白痢病、法氏囊病、马立克氏病、卡氏住白细胞虫病
卵巢	有结节、肿大	马立克氏病、白血病
	充血、出血	鸡白痢、大肠杆菌病、禽出血性败血症、其他传染病
输卵管	左侧细小	传染性支气管炎
	充血、出血	滴虫病、白痢病、鸡败血支原体感染等
脑	脑膜充血、出血	中暑、细菌性感染、中毒
	小脑出血、脑回展平	维生素E和硒缺乏症

4

鸡的用药及免疫保健

4.1 药物与鸡的用药

4.1.1 药物的作用

药物的作用具有两重性，对鸡病既有抗病作用，同时又可能对机体产生有害或与治疗目的无关的不良反应。

（1）治疗作用 如使用抗生素、磺胺类药物，抗寄生虫药物等化学药物，对病鸡体内的细菌和寄生虫有直接抑制或杀灭作用。又如应用维生素或微量元素可以治疗鸡的某些营养缺乏症及代谢疾病。此外，也可使用某些药物进行对症治疗，如健胃、止泻、收敛等。

（2）不良作用 当用药过大或用药时间过长，或个体敏感性较高时，往往会产生超过鸡体耐受能力的严重损害作用，甚至死亡，这类药物对机体的损害作用称为毒性反应，如喹乙醇（鸡已禁止使用）、磺胺类药物都可能产生毒性反应。因此，应用药物时要认识药物的特性，准确掌握剂量、疗程及病禽的体况，尽量避免或减少毒性反应。

4.1.2 鸡的生理特点与用药关系

（1）鸡的嗅觉很灵敏，带有气味的药物混入饲料或饮水中影响鸡的饮食欲，如饮水或饲料中加入有恶性气味的含氯消毒剂，鸡会减食或拒绝饮水。相反，饲料中加入芳香添加剂，鸡能增食。

（2）鸡的口腔中味蕾少，食物在口腔中停留时间短，对食物的酸、甜、苦、辣、咸很不敏感。所以，一般苦味药不影响进食和饮水，如一些苦味制剂加到饲料中，鸡不会因其苦而减食；但苦味对鸡的消化不良、食欲不振无治疗作用，甜味也没有增食作用。

（3）鸡消化道呈弱酸性，所以青霉素、红霉素是可以口服的，不会被破坏，这种消化道环境也非常适合磺胺类和喹诺酮类药物的内服，内服后吸收快而且完全，还能延长药物的半衰期。但庆大霉素、卡那霉素等药物，不易被肠道吸收，因此，除肠道炎症外，一般不宜内服给药。

（4）鸡对粗纤维的消化能力差，含纤维多的药不适用于鸡；鸡的消化道很短，食物通过的时间非常快，一些难消化、难溶、难吸收的药物如中草药，必须先经过处理以便于胃肠道吸收后，才能给鸡食用。目前鸡内服中草药最好的剂型是口服液和冲剂。

（5）鸡的呼吸系统中，具有其他动物所没有的气囊，它能增加肺通气量，在吸气、呼气时增强肺的气体交换。鸡的肺不像哺乳动物的肺那样扩张和收缩，而是气体经过肺运行，并循肺内管道进出气囊。这种结构特点，可促进药物增大扩散面积，从而增加药物的吸收量，所以，喷雾法是适用于鸡的有效给药途径之一。

（6）鸡尿液的 pH 与家畜亦有明显的区别，因此，在使用磺胺类药物时，应考虑鸡尿液的 pH。当大群用药时，应注意药物的残留问题，为此，也要根据各种药物的特性，制订必要的停药时间。

4.1.3　鸡用药剂量的计算方法

（1）鸡的用药剂量按体重计算比较合理、准确。尤其是对注射剂非常重要。

（2）鸡的采食量与日龄、体重有密切关系，采食量的多少能反映出体重的基本情况。治疗中常用鸡的采食量多少来确定用药量。"PPM"药物计量法，就是以鸡的采食量来确定用药剂量的方法，如马杜拉霉素的混料用量是 5PPM，即鸡每日采食 1kg 料等于内服 5mg 的马杜拉霉素。

（3）多数兽药厂家采用饮水量来确定用药剂量，其根据是鸡的采食量与饮水量密切相关，对具体每只鸡来说，虽然夏天饮水多，冬天饮水少，但一年四季采食量与饮水量大体比例是 1∶2。因此，既然采食量可以确定用药剂量，那么通过饮水量也可以推算出用药剂量。

4.2　鸡用药的注意事项

4.2.1　雏鸡用药一般常识

雏鸡阶段由于肝脏中的微粒体结构不健全，所以药酶产生的较少，导致肝脏对药物的代谢解毒功能低下，极易引起药物中毒和对肝脏的损伤。所以雏鸡选用药物时要特别慎重。

（1）要选用毒性低的药，特别注重对肝肾的毒性低。

（2）选用不易产生耐药性或产生耐药性慢的药。

（3）首选药应为作用一般的常规药。

（4）选择针对性强的药，有条件者最好做药敏试验。

（5）禁用免疫抑制药，因为雏鸡阶段免疫密度很大。

（6）最好选用饮水给药。

（7）用药剂量忌过大。

根据雏鸡的生理特点，有些药物不能长期和大剂量应用，如氨基糖苷类内服后不易吸收，对肾脏的毒害较大，细菌产生耐药性快；四环素类药物对肝的损害较大，影响钙代谢，大量消耗体内的维生素 C；磺胺类对肾有损害作用，易产生耐药性，对免疫有一定程度的抑制作用。

4.2.2　产蛋鸡的用药常识

产蛋鸡和哺乳动物一样，用药应特别谨慎，有些药误用后会损害生殖器官或引起产蛋率下降，且很难恢复，如抗球虫药物苯甲氧喹啉、抗原虫药物乙胺嘧啶等，对鸡的生殖器官能产生不可逆性损伤。尼卡巴嗪、痢菌净、磺胺类药物能影响种蛋的孵化率。林可霉素、红霉素、链霉素、聚醚类离子载体抗生素、尼卡巴嗪、磺胺类和某些激素能引起产蛋下降。

4.2.3 抗球虫药使用注意问题

（1）抗球虫药连续应用 3～4 个疗程就可能产生耐药性，所以要采用轮流式用药。

（2）球虫药多数毒性较强，应随时预防药物中毒。

（3）肉鸡多应用杀球虫繁殖期中的第一代繁殖体药物，如聚醚类离子载体抗生素。

（4）因为球虫和致肠道菌属共生，所以用球虫药的同时要用抗菌药，磺胺类药物除外。

4.2.4 抗菌药物使用注意问题

抗生素为细菌性急性传染病的主要治疗药物，应严格掌握适应证，根据临床诊断弄清致病菌，选用适当的药物，有条件的最好做药敏试验，选择最敏感的药物用于防治。避免滥用抗生素，防止细菌产生耐药性。

4.2.5 抗菌药物的联合应用

抗生素的联合应用应结合临床诊断经验控制使用，有时可通过协同作用增进疗效。掌握好药物的作用峰期，注意药物的残留。

4.3 给药的方法和技术

根据药物的特性和给药鸡的病情及生理特性，选用不同的给药方法。掌握合理、正确的给药方法和技术，对于提高药物的吸收速度、利用程度、药效出现的时间及维持时间等都有重要作用。

4.3.1 群体给药法

（1）混于饲料 这是养鸡经常用的方法，适用于需要长期连续投服的药物、不溶于水的药物、加入饮水中使适口性变差或影响药效的药物。通常抗球虫药、促进生长药及控制某些传染病的抗菌药物混于饲料中给予。为了保证所有鸡都能吃到大致相等的药物数量，必须使药物和饲料混合均匀。给药时应注意药物与饲料添加物的相容性这一相互关系。

（2）溶于饮水 本法就是将药物溶解于水中，让鸡自由饮用，此法适用于短期投药，如 1d，紧急治疗投药，病鸡已不吃料，但还常饮水。为了避免药物在水中被破坏，要求在 2h 内饮完。

（3）用于体表 此法主要杀灭体外寄生虫或体外微生物，也可用于带鸡消毒。外用药常用喷雾、药浴、喷洒、熏蒸等方法。

4.3.2 个体给药法

（1）直接口服 将药物的片剂或胶囊直接投入鸡的食管上端，或用带有软塑料管的注射器把药物经口注入鸡的嗉囊内或食道膨大部。这种方法通常只用于个别治疗，适合于较小的鸡群或比较珍贵的种鸡。

（2）肌内或皮下注射　此法常应用于预防接种和治疗鸡的疾病。肌内注射法吸收较快，药物作用的出现也较稳定，一般是翼根内侧肌内注射较为安全。皮下注射常选用颈部皮下或腿内侧皮下。

（3）静脉注射　此法是将药液直接送入血液循环中，因而适用于急性严重病例，某些刺激性药物及高渗溶液必须用此法。其方法是将鸡仰卧，拉开一翅，在翅膀中部羽毛较少的凹陷处，找到翼根静脉和翼下静脉。

（4）嗉囊注射　此法是将药液注射进嗉囊的给药方法，此法操作简单，剂量准确，特别是需要注射有刺激性的药物，或者鸡开口困难时均可采用。

4.3.3　种蛋给药法

此种给药法常用于种蛋外壳的消毒、消灭某些可以通过蛋传播的病原微生物（如支原体、沙门氏菌等），甚至可进行预防接种（如马立克氏病）等。

（1）熏蒸法　将经过洗涤或喷雾消毒的种蛋放入罩内、室内或孵化器内，并内置药物，然后关闭室内门窗或孵化器的进出气孔，熏蒸半小时后方可进行孵化。

（2）照射法　常用紫外线照射消毒，将种蛋平放，紫外线光源离种蛋高 40cm，照射1min，然后将种蛋翻转，再照射 1min。

（3）浸泡法　将种蛋洗涤，然后将种蛋浸入一定浓度的药液中，浸泡 3～5min 即可。若要使药物吸入蛋内，杀灭某些垂直传播的病原微生物，常用真空法和变温法。

（4）注射法　可将药物通过蛋的气室注入蛋白内，还可将药物注入或滴入蛋壳膜的内层，如滴入维生素 B_1 等。

4.4　保健饲料添加剂及其应用

饲料添加剂是指向配合饲料中添加的各种微量有效成分。添加剂的作用是多方面的，如提高饲料的转化率、促进畜禽生长、防治疾病和增强机体的抵抗力、改善禽产品的质量等。

4.4.1　营养添加剂

主要成分是氨基酸、维生素、微量元素等营养物质。通常在鸡的饲料中添加的氨基酸是植物性饲料中最缺乏的必需氨基酸——蛋氨酸和赖氨酸，特别是蛋氨酸。维生素类主要是维生素 A、维生素 D、维生素 E、维生素 K、B 族维生素、氯化胆碱、叶酸、生物素。微量元素主要是铜、钴、锰、锌、铁、碘、钼等。

4.4.2　药物添加剂

（1）化学药物添加剂　主要有磺胺类药物，如喹二醇、氯化胆碱等，它们都有抗菌、消炎、驱虫及促进生长、提高饲料利用率等作用。这类药物大部分毒性较大，使用上应慎重。

（2）酶制剂　目前国内常用的酶制剂非常多，如胰酶、胃蛋白酶、淀粉酶、糖化酶、纤维素分解酶等，主要是利用各种转化酶对饲料营养物质进行降解作用，便于养分的消化、吸收和利用，以促进家禽生长和提高饲料利用率。

（3）镇静剂　鸡群在高温、噪声大、饲养密度大、断喙、防疫注射等环境下，都会处于应激状态，如果经常或长期处于这种状态，机体不能适应，将会导致死亡。在这种情况下，饲料中添加某些镇静药物，有利于抗应激作用。

4.4.3　微生物添加剂

这是一种活菌制剂，近年来国内的研究进展和产品比较多，其主要功能如下。

（1）拮抗外袭菌，减少疾病的发生。

（2）帮助提高饲料的转化、消化和吸收。

（3）提供营养因子，有的细菌可提供 18 种以上氨基酸。

（4）合成蛋白质和维生素，增加一些酶类的分泌。

（5）刺激动物机体的免疫功能。

这些产品无毒、无害、无副作用。

4.4.4　生理调控型添加剂

南京农业大学研制的 F89 生理调控型饲料添加剂是一种成本低、效果好、无副作用的新型高科技产品，其作用机理是刺激畜禽下丘脑的食欲中枢，增强神经递质活性和胃肠激素分泌，促进食欲，提高饲料摄食量，改善消化吸收功能，增强代谢水平，从而提高生长速度和饲料利用率，改善肉质。

4.4.5　防霉添加剂

饲料在收获、加工、运输、贮藏过程中，如果温度在 $15\sim40℃$、相对湿度在 75% 以上，而饲料的含水量高于临界含水量（鱼粉为 6%、谷类为 12.5%、饼粕为 12%）时，霉菌、酵母菌、细菌迅速繁殖，当达到一定数量后，饲料中的营养成分就被消耗破坏，甚至产生某些有毒物质。家禽如果长期饲喂这种发霉变质的饲料，就会发生霉菌毒素中毒，特别对雏鸡更敏感，可造成大批死亡。因此，在饲料贮藏、运输过程中做好防湿、防潮、防高温的同时，在饲料中添加防霉的添加剂是行之有效的措施。

防饲料发霉的添加剂有以下几类：染料类、重金属、制霉菌素和有机酸等。目前市场上供应的饲料防霉添加剂商品如下。

（1）丙酸及其盐类　本品能抑制微生物毒素的产生和阻止饲料贮存期间营养成分的损耗，提高畜禽生长率及饲料利用率，同时还具有防止饲料温度升高和饲料变质等特性。添加量一般为饲料的 0.1%。

（2）安亦妥　是一种吸附剂，混入饲料后不会被机体消化系统吸收，在机体内也不会起任何化学作用，只选择吸附霉。

（3）防霉剂　有脱氢乙酸钠、山梨酸、苯甲酸等。目前，普遍使用广谱药物或复合药剂抗霉，安全可靠，经济方便。

4.4.6　抗氧化添加剂

抗氧化添加剂是防止饲料中的蛋白质、油脂，以及脂溶性维生素中的维生素 A、维生素 D 等与空气接触，或其他理化因素引起的氧化、分解及变质。迄今为止，已知可作为抗氧化剂的化合物有 30 多种，如乙氧基喹啉、羟丁基甲苯醚、五倍子酸酯、丙基五倍子酸盐、抗坏血酸及其酯、生育酚衍生物等。

抗氧化剂一般只在饲料长途运输或长期贮存时使用，平时一般不用，因其对家禽的肠胃和消化功能有影响。

4.5　免疫系统的构成与免疫程序参考

4.5.1　非特异性免疫（先天性免疫）

由皮肤、黏膜、盲肠、扁桃体、脾脏、哈德氏腺、血液和组织液内的干扰素、补体系统等外周免疫器官组成。非特异性免疫是禽类生来就具有的对某种病原微生物的不感受性，也是先天性免疫，是由品系个体、年龄决定的，如鸡不感染炭疽，鸭瘟、猪瘟不引起兔子发病。

非特异性免疫的强弱不是一成不变的，当机体吸收 B 族维生素较高时，抗感染能力较强。

4.5.2　特异性免疫（后天性免疫）

禽类机体受某种抗原刺激而产生针对该种抗原的免疫力。

（1）天然免疫

a. 天然自动免疫：禽类自然感染某种传染病痊愈后或经受了某隐性传染后，获得该病的免疫力；例如，自然感染过新城疫野毒的鸡群，会获得一年以上甚至终身免疫。

b. 天然被动免疫：是雏禽通过卵黄从免疫母体被动获得抗体而具有的免疫力，又称为母源抗体，这种免疫效价随持续时间渐渐下降。例如，鸡新城疫母源抗体每 4d 效价下降一半，依此来确定最佳首免日龄。

（2）人工免疫

a. 人工自动免疫：禽类主要是通过接种某种疫苗后产生的免疫力，也是养鸡业当前预防传染病的主要措施。

b. 人工被动免疫：机体注射某种高免卵黄、血清后获得的免疫力。例如，传染性法氏囊病发生时，可用传染性法氏囊病卵黄抗体进行治疗。

构成特异性免疫系统的中枢器官主要有法氏囊、胸腺、骨髓等。在鸡胚和雏鸡的早龄阶段从卵黄中的血岛产生未分化的淋巴细胞，经法氏囊（BUR - SAL）成熟的称为 B 淋巴细胞，经胸腺（Thymus）成熟的称为 T 淋巴细胞。未分化的淋巴细胞经过法氏囊或胸腺的微化学环境后成熟，分别参与抗体的形成和细胞介导免疫。

法氏囊、胸腺使未分化的淋巴细胞成熟只发生在早龄阶段（11 周龄以前），一旦 B 淋巴细胞和 T 淋巴细胞被送到各组织器官后，就在其中繁殖，不再需要法氏囊和胸腺了。因此，在 11 周龄前法氏囊病可引起免疫抑制，日龄越小越严重。

（3）B 淋巴细胞和 T 淋巴细胞的作用　B 淋巴细胞经抗原刺激后分化成浆细胞，而后产生抗体。浆细胞主要在脾、盲肠扁桃体等淋巴组织中产生抗体。血浆中的抗体又称为循环抗体，可以用血清学试验测出。体液中的抗体又称为局部抗体，虽不能测出，但是防止传染源进入抗体很重要。局部抗体的产生是由弱毒苗接种部位产生的应答。肠道和呼吸道表面的局部抗体是防止传染性支气管炎和新城疫等病的第一道关卡。

与 B 淋巴细胞不同，T 淋巴细胞不产生抗体而产生淋巴因子。T 淋巴细胞通过其淋巴因子的化学作用，能增强巨噬细胞对病原的吞噬作用，称之为细胞介导免疫，在防卫中起先锋作用。

（4）疫苗使用应注意的问题

1）保存问题　冻干苗一般要求贮存在 2～8℃，可否低温冷冻保存，理论上讲是可以的，因为温度越低，病毒存活的时间越长，但是存在下述问题：一是装冻干苗的瓶塞是橡皮的，长期冷冻保存会变硬、冷缩，结果有可能让空气挤入冻干苗真空瓶内，使其失效。二是冻干苗是商品，如果要求保存在 0℃ 以下，势必在销售过程中几次出现疫苗一会儿 0℃ 以上，一会儿 0℃ 以下，这样可能破坏病毒的结构，呈结构性灭活作用，但国产冻干苗一般要求在 −15℃ 以下保存。灭活油苗常温保存即可，不能低温冷冻。

2）疫苗免疫接种途径及方法

a. 滴鼻、点眼：适用于新城疫Ⅱ系、Ⅳ系、克隆 30 疫苗，传染性支气管炎弱毒疫苗及传染性喉气管炎弱毒疫苗的接种。对于幼雏来说，这种方法可以避免或减少疫苗病毒被母源抗体中和，免疫效果较好。具体操作时，将 1 000 头份的疫苗稀释于 56～60mL 的生理盐水中，每只鸡的眼、鼻各滴 1 滴，免疫时应在饲料或水中添加多维电解质，减少应激的发生。

b. 翼膜刺种：此法适用于鸡痘疫苗，将 1 000 头份的疫苗稀释于 25mL 的生理盐水中，用接种针或水笔尖蘸取并刺种于鸡翅膀内侧无血管处的翼膜内，雏鸡刺种一针，较大的鸡刺种两针即可。

c. 皮下注射：此法广泛用于 1 日龄雏鸡颈部皮下接种，每只雏鸡注射 0.2mL。

d. 肌内注射：此法是将疫苗直接注射于肌肉内。一般的灭活菌及禽霍乱弱毒菌苗多用此法接种，较小的鸡每只注射 0.5mL，较大的鸡每只注射 1mL。注射时，以胸部肌肉及鸡大腿外侧肌肉为好。

e. 饮水法：用于数量多的鸡群，效果较好的疫苗有新城疫Ⅱ系及Ⅳ系苗，传染性支气管炎 H120 或 H52 疫苗，传染性法氏囊弱毒疫苗等。为使饮水法免疫达到一定效果，注意用饮水法的疫苗必须是高价的，免疫前可加免疫增效剂；饮水免疫前后 3d 不能饮水消毒；稀释疫苗的水必须不含任何使疫苗病毒或细菌灭活的物质，如氯、铁、锌、铜等离子，必要时用蒸馏水；饮水器具要充足，以保证所有鸡能在短时间内饮到足够的疫苗量，饮水器具要干净，不能用金属器具；服用疫苗前停止饮水 2～4h，要在限定时间内喝完；稀释疫苗的用水量要适当；饮水中加入 0.3% 的脱脂奶粉或山梨糖醇，饮水前要摇匀。

f. 气雾法：此法是用压缩空气通过气雾发生器，使稀释疫苗形成直径 30～40μm 以上的雾化粒子,均匀地浮游于空气中,随呼吸而进入鸡的体内,以达到免疫的目的。免疫前后可使用抗应激的药物。

气雾免疫法要注意以下事项:气雾时理想温度为 $18\sim24^\circ\text{C}$,相对湿度70%左右;使用高效价的疫苗,剂量加倍;以蒸馏水或去离子水稀释疫苗;雾粒直径以 $30\sim40\mu\text{m}$ 为最好;气雾时房舍应密闭,减少空气流动,并应无直射阳光。

几种免疫接种方法的优缺点见表4-1。

表4-1 几种免疫接种方法的优缺点

接种方法	优点	缺点
滴鼻、点眼	良好的组织免疫,抗体效价高	需要捉鸡,应激大
肌内注射、刺种	抗体效价极高	抗体维持时间短,易造成死亡
饮水免疫	不用捉鸡,应激小	抗体效价不高,均匀度不好,无局部免疫
皮下注射	可延长免疫时间	引起接种部位炎症、坏死

3)免疫成功的标准 抗体效价与发病率呈负相关,抗体效价越高,发病率越低。但免疫成功并不能保证一定不发病,因为发病率不单单与抗体效价有关,还与局部抗体水平、疫苗种类与野毒的交叉保护率、鸡种、鸡龄、环境应激因素等有关。所以,不能用是否发病作为免疫成功的标准。在一般情况下,观察免疫接种鸡的免疫反应,也能初步判断免疫接种是否成功。

新城疫、传染性喉气管炎、传染性支气管炎弱毒疫苗给鸡免疫接种后 $4\sim6\text{d}$ 出现呼吸道症状,这是免疫反应,持续时间不超过1周;如果超过1周,是不正常的。

刺种鸡痘疫苗1周后,刺种部位出现痘结痂表示免疫成功。

灭活油苗注射后,免疫成功的标准是不引起局部炎性坏死和机化,并在血清学试验中检测到高而持续时间长的抗体效价。

(5)血清学试验 抗原和抗体相遇时,可发生特异性的反应。血清学试验可诊断传染病监测免疫效果,指导免疫工作。血清学试验包括凝集反应、琼脂凝胶扩散试验(AGP)、血凝试验(HA)和血凝抑制试验(HI)等试验。

(6)肉用种鸡商品鸡免疫 参考表4-2、表4-3。

表4-2 肉用种鸡商品鸡免疫(一)

日龄	疫苗种类	剂量(个)	接种方法
5	法氏囊弱毒苗	1	滴嘴
10	新城疫、肾型传染性支气管炎二联三价弱毒苗	2	滴鼻、点眼
20	法氏囊弱毒苗	1	滴嘴
26	新城疫、肾型传染性支气管炎二联三价弱毒苗	2	滴鼻、点眼
	新城疫油苗	1	颈部皮下注射
36	传染性喉气管炎弱毒苗	1	滴鼻、点眼
	鸡痘弱毒苗	2	刺种

（续）

日龄	疫苗种类	剂量（个）	接种方法
45	新城疫Ⅰ系	2	肌内注射
80	传染性喉气管炎弱毒苗	1	滴鼻
90	传染性支气管炎 H52	2	肌内注射
110	新城疫、减蛋综合征二联油苗	1	皮下注射
120	新城疫Ⅳ系	2	滴鼻、点眼
	鸡痘	2	刺种

表 4－3　肉用仔鸡免疫程序（二）

日龄	疾病名称	疫苗种类	接种方法
1	马立克氏病	MD（CV1988）	肌内注射
	传染性支气管炎	H120（L）	滴鼻、点眼
4	新城疫	Lasotal（L）	滴鼻、点眼
8	球虫感染	四价球虫苗	滴嘴
	病毒性关节炎	REO（L）	注颈皮下
17	传染性法氏囊病	D78（L）	滴嘴
21	新城疫（活、死苗）	Lasota（L）ND 1/2 剂量（K）	肌内注射
	鸡痘	FP（L）	注颈皮下
35	传染性法氏囊病	D78（L）	滴口注射
	传染性支气管炎	H120（L）	滴鼻、点眼

注：1. 马立克氏病疫苗在祖代孵化场进行免疫接种。
　　2. 产蛋期新城疫疫苗可根据雏鸡母源抗体，加灭活苗饮水或弱毒苗气雾免疫。
　　3. 疫苗种类中（L）指活苗，（K）指死苗。

4.6　应激的形成、危害和防治

应激是指鸡体对外界刺激或刺激因素的非特异性反应，这些因素包括冷、热、噪声、环境条件、管理水平、营养和疾病的感染、免疫等。动物机体对外界的应激有一定的应变和适应能力，所以尽管外界环境不断地发生变化，鸡的生长发育和生产性能并不表现异常。如果应激的强度大或持续时间过长，超过了机体的生理耐受力，则能影响鸡的生长、发育、繁殖和抗病能力，甚至直接引起死亡，常给养鸡生产带来损失。

应激的机理比较复杂，简要地讲，鸡受到应激后，在警戒期，鸡一般都可以耐受，肾上腺皮质过度活动释放肾上腺皮质激素。可是在抵抗期，这种激素继续过剩地分泌时，则使肾上腺皮质机能降低，致使激素供给极度恶化，以致死亡。在这一过程中，鸡的生产力显著下降，此时如果有病原入侵，由于抗病力减退，就会诱发感染疾病。

4.6.1 生理应激

规模饲养的高产蛋鸡，均为笼养或舍养，若饲料的绝对量不足，养分不均衡，就会发生肾上腺皮质激素缺乏，引起应激。在脏器中，肾上腺的维生素C含量特别多。因其关系肾上腺皮质激素的分泌，所以当基本的营养不足时，肾上腺中的维生素也降低，导致生理的应激状态时，需要补充超出正常需要量1倍以上的维生素。

在非应激期，为了使肉用仔鸡或高产蛋鸡能顺利地转化饲料，也需要有丰富的维生素C，正常鸡体内可以合成部分维生素C，而在应激期由于合成能力降低，必然引起维生素C在肾上腺的贮藏量降低。

4.6.2 环境应激

在一年中，不同的季节温、湿度等条件不同，鸡的生产性能表现也不同。试验表明，气温在18～23℃、湿度在60%～70%的范围内时，鸡的生长速度和产蛋量能发挥最好的水平。如果气象条件急剧地变化，恶劣的环境因素急剧侵袭或持续反复作用下，都可以引起肉鸡生长发育停滞，蛋鸡的产蛋量下降。

4.6.3 管理应激

饲养管理造成的失误，是养鸡生产中最常见的，也是影响最大的应激。

（1）饲料质量的骤变和不足，如限制给水，即使只有1～2d，轻则1～2周内使雏鸡的生长、增重停滞；如果限水持续时间再长一些，就可以造成生产力显著下降，甚至引起鸡死亡。因此，让鸡能自由饮用到优质饮水是十分重要的。当饲料质量骤然改变或有异味时，也能影响到鸡的采食量。

（2）不同日龄的鸡不能混养，幼龄鸡往往会受到大龄鸡的啄斗，造成应激。同时，因大龄鸡感染某些疾病，也是一种应激。

（3）饲养密度超过合理的密度标准时，应激会更严重，对鸡的生产力的影响就越大。同时，密度大还会从应激转变为疾病的发生，如葡萄球菌感染，胸、腿、爪外伤，发育不良，以及发生啄肛、啄羽等恶癖。

（4）在寒冷的冬季，有贼风侵入鸡舍会使鸡的采食量增加与增重停滞，这都是由寒冷的应激所致。寒冷还会使鸡群集堆，弱小雏鸡往往会被压伤、压死。鼠、犬、猫及陌生人进入鸡舍，也会造成惊群，产生神经质的应激，并且也是传播疾病的媒介。

（5）捕捉和断喙对鸡来说也是一种很强的应激，能影响鸡对饲料的利用和增重，为了减轻断喙的应激，断喙时的操作应快速而熟练，并尽可能在幼龄时完成。禁止免疫接种和断喙同时进行，以减少应激程度的增加。

（6）换气不良是在鸡群密度大、通风不良、鸡粪堆积受潮的情况下易产生大量氨气时发生的一种管理应激。鸡长期在氨气浓度较大的环境中生存，会损害心血管系统，引起呼吸道疾病和腹水症的发生。

（7）雏鸡的远距离运输消耗鸡的体力和水分，也是一种严重的应激。应尽量缩短运输时间，到达后给予鸡充足的饮水，在饲料中添加维生素添加剂。

(8) 噪声如果超过 45dB，或异常声音、突发声音，以及反复出现的其他噪声，鸡都十分敏感。飞机、鞭炮、汽车、火车等发出的噪声都能使鸡产生应激反应，导致食欲下降和产蛋量下降，直至鸡死亡。

4.6.4 卫生应激

(1) 接种疫苗是防治疾病措施中的一个不可缺少的环节，但无论是通过哪种途径接种，都是一种应激因素。如用气雾免疫鸡新城疫疫苗，就可能引起慢性呼吸道疾病。

(2) 发生慢性或隐性的某些细菌、病毒或内外寄生虫病时，由于机体与这些病原之间处于相对的平衡，成为慢性或亚临床无症状感染。如果这时再感染其他疾病，或气候、饲养管理条件恶化，那么就表现出严重的临床症状，导致巨大的损失。

(3) 使用某些药物时投服量过大，如磺胺类药物，以及某些抗生素药物投服不当、过量或长时间用药，重则中毒，轻则影响肠内维生素的合成，如维生素 K 等，从而引起皮下出血等症状。因此，维生素 K 也是抗药物产生过敏应激的药物。

4.6.5 应激防治的具体措施

(1) 加强饲养管理，为鸡创造一个舒适的环境，尽量消除各种应激源。

(2) 熟练免疫接种、断喙、输精等操作技术，减少各种人为因素造成的应激。

(3) 应激时给予足量的饮水，舍内温度提高 $1 \sim 2 ℃$。加喂维生素 C 和维生素 E，或补充多维电解质。

(4) 投服镇静药，降低鸡对应激的反应。适当加喂抗菌药，预防应激引起的继发病。

(5) 使用中草药添加剂，如具有镇静作用的钩藤、菖蒲和延胡索等，具有提高机体抵抗力的黄芪、黄芩、柴胡等，以及具有抗热应激作用的大青叶、板蓝根等。

5 鸡眼部病变与面部肿胀类疾病的鉴别诊断

鸡眼部病变与面部肿胀类疾病包括：鸡马立克氏病、鸡传染性喉气管炎、禽流感、鸡大肠杆菌病、鸡传染性鼻炎、禽霍乱、鸡慢性呼吸道病、鸡肿头综合征、鸡维生素A缺乏症等。

5.1 鸡马立克氏病

鸡马立克氏病是由疱疹病毒引起的鸡的一种淋巴组织增生性传染病。以外周神经、性腺、虹膜、各种脏器、肌肉和皮肤等部位的单独或多发的单核细胞浸润并形成肿瘤病灶为特点。该病的主要临床特征是两翼麻痹，各脏器、肌肉和皮肤发生淋巴细胞肿瘤。

5.1.1 诊断要点

5.1.1.1 流行病学

本病一年四季均可发生，主要侵害鸡、火鸡、山鸡、鹌鹑等。1日龄雏鸡最易感染。潜伏期短的达3~4周，长的可达几个月。发病日龄一般在3~5月龄。

病鸡和带毒鸡是本病的主要传染源。带毒鸡舍内工作人员的衣服、鞋靴，以及鸡笼、车辆都可成为该病的传播媒介。另外，吸血昆虫如某些甲壳虫、蚊子和鸡螨也是本病的传播媒介。

5.1.1.2 临床表现

根据病变发生的部位，本病可分为4种类型，即神经型（古典型或慢性型）、内脏型（急性型）、皮肤型和眼型。有时可以混合发生。

（1）神经型　病毒主要侵害鸡的外周神经系统。病毒侵害的部位不同，造成该神经所支配部位的不全麻痹或完全麻痹，从而表现出各种不同的临床症状。如侵害腰荐神经丛或坐骨神经，造成一侧腿的不全或完全麻痹而形成一腿在前、另一腿在后的劈叉姿势，导致病鸡无法站立而呈侧卧姿势。当侵害臂神经时，病鸡翅膀下垂。迷走神经受损则鸡嗉囊膨大，食物不能下行。颈部神经受损时可见病鸡低头或歪头。虽然有各种不同的临床表现，但感染此病的鸡群精神尚好，有饮食欲，常因饮不到水而脱水，因吃不到饲料而衰竭，或被其他鸡踩踏而死亡。

（2）内脏型　此型多呈急性暴发，病情急骤，常见于幼龄鸡群。发病初期，病鸡表现精神委顿，几日后病鸡开始出现共济失调，蹲伏，随后出现单侧或双侧肢体麻痹，食欲不振，鸡冠肉髯苍白或萎缩，羽毛无光泽，有时伴有腹泻，很多病鸡表现脱水，逐渐消瘦，最后衰竭而死亡。一般幼鸡无典型临床症状。

（3）皮肤型　此型缺乏明显的临床症状，常常表现为毛囊肿大，并以此羽囊为中心，形成像米粒大至蚕豆大的白色小结节或瘤状物。此种病变在鸡大腿部、颈部及躯干背面生长粗大羽毛处较多见。

（4）眼型　病鸡可出现单眼或双眼视力减退或失明。虹膜失去正常色素，呈同心圆或斑点状，以至弥漫的灰白色。瞳孔边缘不整齐，有针尖大的小孔。

上述各型可在同一鸡群中发生。

5.1.1.3　病理剖检变化

（1）神经型　病变主要在腹腔神经丛、臂神经丛、坐骨神经丛和内脏大神经。病变部位的神经变粗，水肿，颜色没有光泽，呈灰白色或黄白色。神经形状、粗细不均，有时可见小结节。

（2）内脏型　病鸡的主要病理变化为各器官上发生肿瘤，肿瘤多呈结节状，形状近似圆形，数量和大小各不相同。肿瘤突出于器官表面呈白色，在常侵害的脏器（如心、肝、脾、肺、肾、胰、卵巢、肠系膜、睾丸、腺胃、肠道）上有肿瘤块。性腺肿瘤比较常见，卵巢最多（呈菜花样）。腺胃外观有的变长、有的变圆，胃壁变厚或厚薄不均，切开后腺乳头消失，黏膜出血坏死。肾脏有的呈菜花样。有的肝脏上没有肿瘤，但肿大 5～6 倍，肝小叶结构消失。

（3）皮肤型　该型病死鸡主要病理变化为毛囊肿大或皮肤出现结节。皮肤病变以炎症型为主，但也有肿瘤型。

（4）眼型　主要表现为虹膜褪色，瞳孔边缘不齐。

5.1.1.4　诊断

马立克氏病临床上一般根据受害鸡群的年龄、临床症状、各器官病理变化、肿瘤的分布、发病率和死亡率可做出初步诊断。确诊需要通过血清学试验和病毒分离检测。

5.1.2　鉴别诊断

本病应注意与鸡新城疫、鸡传染性法氏囊病、鸡淋巴细胞白血病、鸡网状内皮组织增殖病、鸡脑脊髓炎等病鉴别诊断。

（1）鸡新城疫

相似点：均具有采食困难、翅膀麻痹、运动失调、腹泻等临床表现。

不同点：新城疫有明显的呼吸道症状，消化道严重出血，器官不出现肿瘤。

（2）鸡传染性法氏囊病

相似点：均具有翅膀麻痹、走路摇摆、脱水、腹泻等临床表现。

不同点：发生鸡传染性法氏囊病的鸡剖检可见到法氏囊肿大、囊壁增厚、质硬、黏膜皱褶上出血、浆膜水肿、胸肌、腿肌、心肌、有出血斑。

（3）鸡淋巴细胞白血病

相似点：均具有腹部膨大，消瘦，冠、髯苍白，食欲不振等临床表现。

不同点：鸡淋巴细胞白血病主要发生在 6～18 月龄鸡，没有神经症状。剖检可见到法氏囊出现结节性肿瘤。

（4）鸡网状内皮组织增殖病

相似点：均具有精神萎靡，食欲不振，消瘦，冠、髯苍白等临床症状，剖检均可见到法氏囊萎缩。

不同点：发生鸡网状内皮组织增殖病的鸡生长停滞，羽毛生长异常。剖检可见法氏囊滤泡缩小，胸腺萎缩、充血、出血、水肿。

（5）鸡脑脊髓炎

相似点：均具有双肢麻痹、共济失调、脱水、消瘦等临床表现。剖检均可见到神经病变。

不同点：鸡脑脊髓炎主要发生在雏鸡，常以跗关节着地，头颈部震颤。剖检可见中枢神经元变性、肿大，外周神经无病变。

5.1.3　防治措施

目前对马立克氏病尚无有效的治疗药物，只能采取疫苗免疫接种和严格的兽医卫生措施加以控制。

5.1.3.1　预防

建立无马立克氏病鸡群，防止本病传入，幼鸡和成年鸡应分群饲养。做好严格的消毒工作。雏鸡在出壳 24h 内接种疫苗。加强对传染性法氏囊病及其他免疫抑制性疾病的防治。

5.1.3.2　治疗

发生本病后，可在饲料中添加 0.002%～0.005% 的氨苯磺脲减少死亡。

5.2　鸡传染性喉气管炎

鸡传染性喉气管炎是由疱疹病毒引起的一种急性、流行性上呼吸道传染病。其特征是病鸡咳嗽、呼吸困难、咳出带血液的渗出物，喉头和气管黏膜肿胀、出血和糜烂。本病传播快，死亡率高。本病是集约化养鸡场的重要疾病之一。

5.2.1　诊断要点

5.2.1.1　流行病学

本病一年四季均可发生，但以春、秋、冬季为主。主要发生于鸡，各种日龄和品种鸡均可感染，但以成年鸡症状最为明显。鸡自然感染的潜伏期为 6～12d，发病传播快，发病率高达 90%～100%，病死率一般为 10%～20%。

病鸡和康复后的带毒鸡为主要的传染源。污染的饲料、饮水、垫料、器具、野鸟及人员衣物等都能机械地传播本病。自然传播感染主要是在上呼吸道和眼内。

5.2.1.2　临床表现

本病由于感染毒力不同、侵害部位不同，在临床上表现的症状也不一样，可分为两型，即急性喉气管型和轻症眼结膜型。

(1) 急性喉气管型 此型由强致病性毒株引起，病鸡表现为咳嗽、喘气、张口呼吸、头颈伸直、流鼻涕和呼吸时发出湿性啰音。病鸡常呈伏卧姿势，表现的突出症状为呼吸困难，其困难程度比其他鸡的呼吸道疾病要明显严重。病鸡可见伸颈张口吸气，低头缩颈呼气，闭眼呈痛苦状，身体就随着一呼一吸而呈波浪式的起伏，并发出响亮的喘鸣声，夜晚在鸡舍旁边可听到"吹笛声"；严重病鸡表现精神不好，食欲下降或不食，群体中不断发出咳嗽声。病鸡有的甩头，有的伴随剧烈咳嗽，咳出带血的黏液或血凝块挂在丝网上或咳到其他鸡身上。当鸡受到惊扰时咳嗽更加明显，个别鸡的嘴角有血迹。常因气管黏液过多而窒息死亡，死亡鸡的鸡冠及肉髯呈青紫色。

(2) 轻症眼结膜型 此症由弱病毒株引起，病初眼结膜聚集有泡沫样分泌物，流泪；随着病情的发展，发生眼结膜炎，眼睑肿胀，上下眼睑粘连，形成脓性分泌物，眶下窦肿胀，最终导致失明。

5.2.1.3 病理剖检变化

(1) 急性喉气管型 该型的主要病理变化集中在喉头和气管。口腔内有血液和黏液，鼻腔、鼻窦有黏液性、化脓性或纤维素性蛋白渗出物。喉部和气管充血、出血，充满黏液，混有血块。气管内有豆腐渣样物质，有的呈灰黄色附着于喉头周围，很难从黏膜剥脱，堵塞喉腔，特别是堵塞喉裂部。干酪样物从黏膜脱落后，黏膜充血、肿胀，散在点状或斑状出血，气管的上部气管环出血。内脏器官无特征性病理变化，只有产蛋鸡卵泡变软、变形、出血等一般病理变化。

(2) 轻症眼结膜型 有的病例单独侵害眼结膜，结膜病变主要呈浆液性结膜炎，表现为眼周围肿胀，眼结膜充血、水肿。有的结膜囊有很多干酪样物质，角膜混浊，眼球损害、失明。

5.2.1.4 诊断

根据本病的流行特点、临床症状，可做出初步诊断。要确诊必须进行实验室诊断。

5.2.2 鉴别诊断

本病应注意与鸡新城疫、禽流感、鸡传染性支气管炎、鸡传染性鼻炎、鸡慢性呼吸道病、鸡线虫病等病鉴别诊断。

(1) 鸡新城疫

相似点：具有羽毛松乱，精神萎靡，冠、髯发紫，鼻流黏液，张口呼吸，排绿色稀便等临床表现。

不同点：鸡新城疫病鸡嗉囊膨软，两肢麻痹，表现站立不稳、运动失调、瘫痪等神经症状。剖检可见腺胃及小肠黏膜出血等病变。产蛋鸡的产蛋量下降严重。

(2) 禽流感

相似点：具有咳嗽，流泪，有啰音，冠、髯发紫，腹泻，排绿色稀便等临床表现。

不同点：禽流感病鸡鼻、咽有红色渗出物，口腔黏膜出血。剖检可见鼻窦、口腔有炎症变化，腺胃黏膜、肌胃角膜下层、十二指肠出血，心脏有散在的出血点，肝肿大、淤血。

(3) 鸡传染性支气管炎

相似点：具有流鼻液、流泪、咳嗽、张口呼吸等临床表现。

不同点：鸡传染性支气管炎病鸡打喷嚏，伸颈甩头。剖检可见气管内黏稠液呈干酪样，支气管见炎性症灶和水肿，肝稍肿、呈土黄色，肾肿大、苍白，肾小管充满尿酸盐。

（4）鸡传染性鼻炎

相似点：具有咳嗽、流鼻液、结膜炎等临床表现。

不同点：鸡传染性鼻炎病鸡打喷嚏，甩头。剖检可见鼻腔和眶下窦有炎症。

（5）鸡慢性呼吸道病

相似点：具有咳嗽、呼吸啰音、结膜炎等临床表现。

不同点：患鸡慢性呼吸道病的病鸡打喷嚏。剖检可见鼻孔、鼻窦、气管、肺有较多黏液性、浆液性分泌物。

（6）鸡线虫病

相似点：具有张口呼吸、呼吸困难等临床表现。

不同点：患鸡线虫病的病鸡食欲不振，口腔内充满多泡沫的唾液。剖检可在口、喉头见到虫体。

5.2.3　防治措施

一般情况下，从未发生过本病的鸡场不接种疫苗。鸡群一旦发病，应及时隔离、淘汰病鸡，降低鸡群密度，做好清洁消毒工作，本病目前没有特效药物治疗。根据鸡群健康情况可给予抗生素防止继发感染。

5.2.3.1　预防

（1）用鸡传染性喉气管炎弱毒疫苗给鸡群免疫，首次免疫在 50 日龄左右，二次免疫在首次免疫后 6 周进行。免疫可采用滴鼻、点眼或饮水的方法。

（2）国内生产的另一种疫苗是鸡传染性喉气管炎-鸡痘二联苗，防治效果较好，用时应严格按说明书规定使用。

5.2.3.2　治疗

（1）出现结膜炎的鸡可用抗生素眼药水滴眼。

（2）为防止继发感染，可给予抗生素，口服或肌内注射。

（3）应用平喘药如氨茶碱等缓解症状。

（4）用尖嘴镊子除去病鸡喉头的阻塞物。

（5）0.2％氯化铵饮水投服，连用 2～3d。

（6）肌内注射高免卵黄抗体 2mL，隔天再注射 1 次。

5.3　禽流感

禽流感是由 A 型流感病毒引起的家禽和野生禽类高度接触性传染病，可呈无症状感染或不同程度的呼吸道症状，产蛋率下降，以至引起头冠和肉髯紫黑色、呼吸困难、下痢、腺胃乳头和肌胃角膜下等器官组织广泛性出血、胰脏坏死、纤维素性腹膜炎，可引起发病鸡 100％死亡。由于野禽作为流感病毒天然贮毒库，以及已证实流感病毒可以由家禽直接感染人，引起人类的发病和死亡，所以该病具有重要的公共卫生意义。

5.3.1 诊断要点

5.3.1.1 流行病学

该病一年四季均可流行，但以冬季和气温骤冷骤热的季节更易暴发。潜伏期从几小时到 3～5d。

禽流感病毒在自然条件下能感染多种禽类，在野禽尤其是野生水禽（如野鸭、野鹅、海鸥、天鹅等）中，较易分离到禽流感病毒。病毒在这些野禽中大多形成无症状的隐性感染，而成为禽流感病毒的天然储毒库。

家禽中以火鸡最为敏感，鸡、雏鸡、鸽、鹌鹑、鹧鸪、鸵鸟等均可受禽流感病毒的感染而大批死亡。

禽流感是高度接触性传染病，可通过多种途径传播感染，被感染禽群的粪便及分泌物污染的饲料、饮水、空气中的尘埃，以及笼具、蛋品、种苗、衣物、运输工具，均可通过各种渠道进入其他的健康禽群。带病毒的候鸟和野生水禽在迁徙过程中，沿途可散播病毒。观赏鸟、参赛的鸽子，以及其他参加展览的鸟类都可直接或间接将病毒散播到敏感禽群内。

5.3.1.2 临床表现

禽流感的临床症状可从无症状的隐性感染到 100% 的死亡率。

无致病力的毒株感染野禽、水禽及家禽后，被感染禽无任何临床症状和病理变化，只有在检测抗体时才能发现已被感染，但它们可能已在不断地排毒。产蛋鸡在感染 H9N2 等低致病力病毒后，最常见的症状是产蛋率下降，但下降程度不一，有时可以从 90% 的产蛋率在几天之内下降到 10% 以下，要经过 1 个多月才逐渐恢复到接近正常的水平，但却无法达到正常的水平；有些仅下降 10%～30%，1 周至半个月左右即回升到基本正常的水平。产蛋率受影响较严重的鸡群，蛋壳可能褪色、变薄。在产蛋受影响时，鸡群的采食、精神状况及死亡率可能与平时一样正常，但也可见少数病鸡眼角分泌物增多、有小气泡，或在夜间安静时可听到一些轻度的呼吸啰音，个别病鸡有脸面肿胀，但鸡群死亡数仍在正常范围。再严重一些的病例，病鸡呼吸困难、张口呼吸、呼吸啰音、精神不振、下痢，鸡群采食量下降，死亡数增多，但如果饲养管理条件良好并适当使用抗菌药物控制细菌感染，则不会造成大量的死亡。

肉鸡、未开产的种鸡和蛋鸡感染低致病力禽流感病毒后，除没有产蛋下降的变化外，其余的症状与上述产蛋鸡相似。

由高致病力毒株（如 H5N1 禽流感病毒）感染鸡后形成的高致病力禽流感，其临床症状多为急性经过。

最急性的病例可在感染后 10 多个小时内死亡。急性型可见鸡舍内鸡群比往常沉静，鸡群采食量明显下降，甚至几乎废食，饮水也明显减少，全群鸡均精神沉郁，呆立不动，从第 2～3 天起，死亡数量明显增多，临床症状也逐渐明显。病鸡头部肿胀，冠和肉髯发黑，眼分泌物增多，眼结膜潮红、水肿，羽毛蓬松无光泽，体温升高；下痢，粪便黄绿色并带多量的黏液或血液；呼吸困难，呼吸啰音，张口呼吸，歪头；产蛋率急剧下降或几乎完全停止，蛋壳变薄、褪色，无壳蛋、畸形蛋增多，受精率和受精蛋的孵化率明显下降；

鸡脚鳞片下呈紫红色或紫黑色。在发病后的5～7d内死亡率几乎达到100%。少数病程较长或耐过未死的病鸡出现神经症状，包括转圈、前冲、后退、颈部扭歪或后仰望天等。

5.3.1.3 病理剖检变化

低致病力禽流感常见的肉眼病理变化为喉头、气管充血、出血，在气管叉处有黄色干酪样物阻塞，气囊膜混浊，典型的纤维素性腹膜炎，输卵管黏膜充血、水肿，卵泡充血、出血、变形，肠黏膜充血或轻度出血，胰腺有斑状灰黄色坏死点。

高致病力禽流感的肉眼病变包括心肌坏死，坏死的白色心肌纤维与正常的粉红色心肌纤维红白相间，胰腺有黄白色坏死斑点，腺胃乳头、腺胃与肌胃交界处、腺胃与食管交界处、肌胃角质膜下、十二指肠黏膜出血，喉头、气管黏膜充血、出血，以上病变均为敏感鸡感染高致病力禽流感病毒后比较恒定的病变。有些病例还可见头颈部、腿部皮下胶样浸润，肝有黄白色坏死点，其余器官组织则多呈出血性病变。

显微镜下，其病理组织学病变不尽相同，较常见的为心肌炎，心肌纤维坏死，胰腺炎，腺泡细胞坏死，肝、脾、肾、心肌充血、水肿、出血，脑血管周围形成淋巴细胞血管套，脑组织坏死，以及神经胶质细胞增生等。

5.3.1.4 诊断

高致病力禽流感，根据病鸡已有较高的禽流感抗体而又出现典型的腺胃乳头、肌胃角质膜下出血的病变，以及心肌、胰腺坏死等可做出初步诊断。在已做过禽流感免疫接种的禽群，由于症状和病变不典型，仅凭症状和病变则较难做出初步诊断。

确诊必须做病毒的分离与鉴定，可选取病死禽的气管和支气管、心、肝、脾、胰、脑，以及直肠、泄殖腔和喉气管棉拭子等作为分离病毒的病料用。

5.3.2 鉴别诊断

本病应注意与鸡新城疫、禽霍乱、鸡传染性法氏囊病等疾病进行鉴别诊断。

（1）新城疫

相似点：具有体温高，精神萎靡，羽毛松乱，冠、髯紫黑，鼻有分泌物，呼吸困难等临床表现。剖检均有腺胃出血、肌胃角质膜下出血，卵巢充血，心冠状沟脂肪有出血点等病变。

不同点：患新城疫的病鸡，口中流出大量酸臭黏液，头部水肿少见。剖检病变主要表现消化道、呼吸道黏膜出血，而肝脏、肺、腹膜等出血并不严重。

（2）禽霍乱

相似点：具有体温高，闭目，垂翅，冠、髯紫黑，呼吸困难等临床表现。剖检可见全身黏膜、浆膜出血等变化。

不同点：禽霍乱流行范围较小，不出现神经症状，剖检时腺胃乳头和腺胃与肌胃交界处不形成出血。

（3）鸡传染性法氏囊病

相似点：具有精神不振，头、翅下垂，腹泻等临床表现。剖检可见腺胃黏膜、肌胃角膜下层有出血等病变。

不同点：鸡传染性法氏囊病病鸡体温升高不明显，自啄肛门，微震颤，弓腰蹲伏。剖检可见法氏囊肿大、出血。

5.3.3 防治措施

5.3.3.1 疫情处理

（1）高致病力禽流感由于危害严重，而且已有 H5N1 亚型禽流感病毒感染人发病致死的报道，所以必须高度重视和严肃处理。

一旦发现可疑病例，应立即向当地兽医部门报告，同时对病鸡群（场）进行封锁和隔离；一旦确诊，立即在有关兽医部门指导下划定疫点、疫区和受威胁区。疫点是指患病禽所在的禽场、专业户或独立的经营单位，在农村则为自然村；疫区指以疫点为中心，半径 3～5km 范围内的区域；受威胁区指沿疫区顺延 5～30km 的区域。由县及县级以上兽医行政主管部门报请同级地方政府，并由地方政府发布封锁令，对疫点、疫区、受威胁区实施严格的防范措施。严禁疫点内的禽类及相关产品、人员、车辆，以及其他物品运出，因特殊原因需要进出的，必须经过严格的消毒；同时扑杀疫点内的一切禽类，扑杀的禽类及相关产品，包括种苗、种蛋、菜蛋、动物粪便、饲料、垫料等，必须经深埋或焚烧等方法进行无害化处理；对疫点内的禽舍、养禽工具、运输工具、场地及周围环境实施严格的消毒和无害化处理。禁止疫区内的家禽及其产品的贸易和流动，设立临时消毒关卡对进出运输工具等进行严格消毒，对疫区内易感禽群进行监控，同时加强对受威胁区内禽类的监察。

在对疫点内的禽类及相关产品进行无害化处理后，还要对疫点反复进行彻底消毒，彻底消毒后 21d，如果受威胁区内的禽类未发现有新的病例出现，即可解除封锁令。

（2）对非高致病力禽流感，从现有资料看，如果加强饲养管理，适时使用抗病毒药物，仍有一些早期预防、减轻症状和减少损失的作用。金刚烷胺目前仍是人类流感的有效防治药物，除金刚烷胺外，盐酸金刚乙胺、利巴韦林及一些中草药也有减轻禽流感损失的作用。在使用金刚烷胺防治禽流感期间，家禽体内的血清、肌肉、肝脏及蛋中均有金刚烷胺存在，但停药 24h 后，体内的药物残留已降到接近零。不过，金刚烷胺虽能减轻禽流感的损失，但并不能阻止家禽的排毒。病毒在药物作用下，很快就产生变异，出现了抗金刚烷胺的新毒株。使用金刚烷胺防治禽流感时，用药要早，在鸡群刚有症状苗头时即用药，效果较好，如到症状明显时再使用，则效果很差。

对非高致病力禽流感，适当使用抗菌药物控制细菌性感染，也可以减少死亡损失。如感染早期在饮水中加入多西环素、恩诺沙星、环丙沙星，或经肌内注射青霉素和链霉素、庆大霉素等，均可减轻一些死亡损失。如能及时与抗病毒药物联合使用，效果会更好些。

对非高致病力禽流感，在发病期间，如果进行新城疫、传染性支气管炎、传染性喉气管炎等弱毒疫苗的接种，往往会加重禽群的死亡损失，尤其是如果将疫情误诊为鸡新城疫并用新城疫Ⅰ系疫苗紧急预防接种时，死亡将明显增加。

5.3.3.2 预防

（1）应注意做好常规的卫生防疫工作，将病毒拒之门外，这是预防措施中最基本的和最重要的，尤其是定期的消毒，因为尽管已采取了严格的预防措施，有时病毒还是可能通过流动的空气、飞鸟的粪便等进入禽场内。但病毒的进入不等于疾病的暴发，任何一种微生物均需要有一定的量才能使敏感动物发病，经常消毒就可以将环境内可能存在的病毒消灭或降低到最低数量，避免或减少疾病的发生。

（2）做好禽群对新城疫、传染性支气管炎、传染性喉气管炎、马立克氏病等的免疫接种，尤其是使禽群保持较高水平的新城疫 HI 抗体滴度，定期用弱毒疫苗经滴眼、滴鼻或喷雾免疫，以加强呼吸道局部的特异性或非特异性免疫力，对减轻患禽流感的风险和损失有一定的作用。

（3）免疫接种可以避免养禽业的严重损失，尤其是在高致病力禽流感疫情已扩散，试图通过严格的封锁、隔离和扑杀清除疾病，无论在财政上，还是技术措施上均有困难时，对家禽实施有计划的免疫接种还是可取的，但免疫接种也有它的弊端。免疫接种虽然可以避免严重的死亡损失，但却不能防止家禽的带毒和排毒，在实施免疫接种后，必将长期存在带毒和排毒的禽群；禽流感病毒在免疫抗体的压力下也会加速变异，有可能使疫情更为复杂。另外，由于一般血清学方法尚未能区别免疫抗体和野外病毒引起的抗体，也使今后流行病学的调查更为复杂。

目前，禽流感疫苗的种类主要有灭活疫苗和基因工程疫苗。

由于禽流感病毒的高度变异性，所以一般都限制弱毒疫苗的使用，以免弱毒在使用中变异而使毒力返强，形成新的高致病力毒株。

在生产中应根据当地病毒的亚型选择疫苗，对本地存在的血清亚型不清楚或比较复杂的情况下，可适当选用 2～3 种主要亚型制成的多价疫苗。

5.4　鸡大肠杆菌病

鸡的大肠杆菌病是由不同血清型的致病性大肠杆菌引起的鸡病的总称，以引起败血症、心包炎、肝周炎、气囊炎、腹膜炎、输卵管炎、滑膜炎、大肠杆菌性肉芽肿、脐炎、眼炎等病变为特征，对养鸡业危害较大。

5.4.1　诊断要点

5.4.1.1　流行病学

本病一年四季均可感染，特别是多雨闷热、潮湿季节多发。各年龄段的鸡均可感染，其中 20～45 日龄肉鸡发病流行最盛。潜伏期为数小时至 3d。病鸡的排泄物、喷嚏飞沫及污染的器具是本病的主要传染源。本病的传播途径有多种，其中最主要的可经消化道和呼吸道快速传播，遍及全群。另外，被大肠杆菌污染的种蛋、孵化器、饲料、饮水、垫料、空气也是本病的重要传染源或传播媒介。

5.4.1.2　临床表现

（1）呼吸道感染症（也称为气囊病）　在 6～12 日龄鸡群中最常见病鸡张口呼吸（彩图 1A、B）。常与传染性支气管炎、新城疫等混合感染。雏鸡常继发心包炎、肝周炎、眼球炎等。

（2）急性败血症型　以肉鸡多发，6～10 周龄的鸡常见。一般不表现明显症状而突然死亡。有的病鸡精神沉郁，聚堆，羽毛松乱，肉髯发紫，排黄白色、发绿的稀便，肛门周围被粪便污染（彩图 1C～E）。此病型发病率高，死亡率达 5%～20%，甚至有的达 50%。

（3）大肠杆菌性肉芽肿　病鸡表现精神不振，翅下垂，羽毛蓬乱无光泽，体重下降，体弱无力，冠与肉髯苍白，边缘发紫（彩图1F）。食欲不振，体温升高，口渴，排出灰白色稀便，病死率可达50%。

（4）卵黄腹膜炎　俗称"蛋子瘟"，主要发生于产蛋期的成年母鸡。病状为精神沉郁，食欲下降，不愿活动。肛门周围沾有污秽发臭的排泄物，腹部膨胀、下坠。最后，不能采食，眼球凹陷，中毒而死。病程2～6d。只有少数鸡能自愈，但不能恢复产蛋。

（5）卵黄囊炎和脐炎　俗称"大肚脐"，主要发生于孵化后期的胚胎及1～2周龄的雏鸡。病雏表现卵黄吸收不良，肺部闭合不全，腹胀大、下垂。主要是由于大肠杆菌在卵内，母鸡带菌而垂直传播，感染灶为卵黄囊。

另外，病鸡还伴有肠炎、脑炎、眼球炎及关节炎等症状。

5.4.1.3　病理剖检变化

剖检病死鸡可见气囊增厚，呼吸道上有干酪样渗出物，肝充血、肿大，呈土黄色（彩图1G、H）。胆囊肿大，呈黑绿色，胆汁外渗。心包膜肥厚，其中混有黄白色污秽渗出物。

（1）败血症型　病鸡主要病变是"三炎"：即纤维素心包炎、纤维素肝周炎和纤维素性腹膜炎（彩图1I～M）。心包炎主要表现为心包积液混浊，心包膜增厚，内有纤维素性渗出物，常与心肌粘连。肝脾肿大，呈铜绿色或土黄色。

（2）大肠杆菌性肉芽肿　见于成年鸡的十二指肠、盲肠及肝脏、脾脏，病变从小的结节到大块组织坏死灶等（彩图1N、O），肝脏呈花斑样，肠道有大块赘生物（彩图1P）。

（3）卵黄腹膜炎和输卵管炎　剖检可见腹腔积有大量卵黄，呈凝固状，有恶臭味，呈广泛性腹膜炎，腹腔内脏器与肠道粘连，卵泡充血、变性、萎缩，局部或整个卵泡呈红褐色或黑褐色，有的卵黄液化或凝固（彩图1Q、R）。输卵管充血、出血，有大量分泌物，有的有黄色絮状或块状干酪样物质，有的伞部粘连，不能正常产卵，使卵子坠入腹腔，因发生腐败而中毒。耐过者消瘦，丧失产蛋能力。

5.4.1.4　诊断

根据流行特点、鸡场病史、临床症状，剖检有些病型可做出初步诊断。但存在多种病型，要确诊需要进行实验室诊断。

5.4.2　鉴别诊断

本病应注意与鸡白痢、鸡副伤寒、鸡结核病、鸡溃疡性肠炎、鸡衣原体病、鸡绦虫病、肉鸡腹水综合征及鸡肿头综合征等病鉴别诊断。

（1）鸡白痢

相似点：具有精神不振、腹泻、呼吸困难、发育不良等临床表现。

不同点：鸡白痢剖检可见心、肺、盲肠、直肠、肌胃有坏死结节，盲肠有干酪样物。

（2）鸡副伤寒

相似点：具有体温升高、呆立或聚堆、厌食、饮水增加、腹泻等临床表现。

不同点：鸡副伤寒在4～6周龄出现死亡高峰。剖检可见输卵管增生性病变，卵巢有化脓性坏死病变，心包、肝周、腹腔无纤维素性渗出物。

（3）鸡结核病

相似点：精神委顿，羽毛松乱，不愿活动，食欲下降或废食，腹泻，有关节炎症状。

不同点：鸡结核病表现渐进性消瘦。剖检可见肝、脾、肠管、气囊、肠系膜等均有粟粒大、豆粒大或鸽蛋大的结核结节。

（4）鸡溃疡性肠炎

相似点：具有精神不振、离群呆立、腹泻、粪便有黏液和血液等临床表现。

不同点：鸡溃疡性肠炎病鸡排黄绿色或淡红色的稀便，带有黏液性且具有特殊恶臭。剖检可见肝肿大、呈红色或紫褐色，有粟粒至豆粒大灰白色、黄色坏死灶，脾肿大、呈黑褐色，十二指肠明显发黑、出血，盲肠黏膜有粟、附着干酪样坏死物的溃疡。

（5）鸡衣原体病

相似点：食欲不振，腹泻。剖检可见心包膜增厚，纤维素性心包炎，肝周有纤维素，卵黄性腹膜炎。

不同点：鸡衣原体病病鸡冠、髯苍白，眼睑、下颌水肿，眼、鼻有浆液性、黏液性分泌物。剖检可见鼻腔有大量黏液，黏膜水肿、有出血点，眶下窦有干酪样物，气囊壁厚、表面有纤维素性渗出物。

（6）鸡绦虫病

相似点：减食或废食，腹泻，粪便中混有血液。

不同点：鸡绦虫病病鸡粪便检查有虫卵或孕卵节片、卵袋，剖检可在小肠发现虫体。

（7）肉鸡腹水综合征

相似点：食欲减退，腹部膨大、下垂，心包积液等。

不同点：肉鸡腹水综合征病鸡体温正常，皮肤发绀，穿刺可抽出大量腹水。剖检可见腹水呈淡红色或稻草色，含有纤维素，肝呈紫色，表面附有黄色胶冻样物。

（8）鸡肿头综合征

相似点：具有精神不振、肿头等临床表现。

不同点：鸡肿头综合征病鸡打喷嚏，频繁摇头，运动失调，眼结膜潮红。剖检可见鼻甲骨黏膜紫红色，头部皮下呈黄色水肿和化脓。

5.4.3 防治措施

5.4.3.1 预防

（1）加强鸡群的饲养管理，如通风、保暖、消毒等工作。特别是要加强雏鸡的饲养管理，每隔一天进行一次带鸡喷雾消毒和饮水消毒。

（2）灭活菌苗有大肠杆菌甲醛灭活苗和大肠杆菌灭活油乳苗两种，可在 4 周龄和 18 周龄分别免疫接种一次。

（3）由于血清型较多，有条件的鸡场最好使用本场分离的致病性大肠杆菌制成油乳剂灭活苗进行免疫接种，这样可收到较好效果。

5.4.3.2 治疗

大肠杆菌对多种抗生素、碘胺类药物都敏感，如庆大霉素、新霉素、环丙沙星等，对本病通常都具有较好的治疗效果。青霉素、链霉素、土霉素、四环素几乎无效。

5.5 鸡传染性鼻炎

鸡传染性鼻炎是由鸡副嗜血杆菌引起的一种急性或慢性呼吸道传染病。本病的特征是鼻腔、咽喉和窦隙黏膜呈急性卡他性炎症，黏膜充血、水肿、打喷嚏，从鼻腔流出浆液性、黏液性或脓性分泌物。病鸡是主要传染源。本病的主要危害是阻碍生长、影响产蛋和诱发其他疾病。

5.5.1 诊断要点

5.5.1.1 流行病学

本病有明显的季节性，秋、冬、春季多发，夏季较少，寒冷的冬季最易发。本病发病率高，死亡率低，潜伏期为 1~3d，一般 2~3 周可康复。本病除感染鸡外，也感染鸭、鹅、火鸡。各种年龄段的鸡均可发生，多发于成年鸡，其中产蛋鸡最易感染。

传染源：病鸡、慢性病鸡、康复鸡甚至健康鸡（隐形带菌者）都是本病的传染源。

感染途径：通过呼吸道和消化道而感染。鸡通过呼吸，吸进含有病菌的飞沫和尘埃而感染得病，也可通过污染的饮水和饲料及污染的器具而传染。

5.5.1.2 临床表现

病鸡精神沉郁，食欲下降，主要症状是鼻腔、鼻窦和眼结膜充血、发炎。最初看到鼻孔流出水样液体，以后变黏稠，并有恶臭味，干燥后在鼻孔周围凝固成淡黄色的痂，一侧或两侧颜面肿胀，部分鸡可见下颌或肉垂水肿。眼结膜发炎，严重的造成失明。病鸡常摇头，打喷嚏。育成鸡表现生长不良、产蛋减少。呼吸道炎症蔓延到气管和肺部时，呈现呼吸困难和啰音。

5.5.1.3 病理剖检变化

病鸡主要病变是鼻腔和鼻窦发生急性卡他性炎症，黏膜充血，发红肿胀，表面有大量黏液和炎性渗出物凝块。窦内充满淡黄色干酪样物质。气管分泌物增加，肺充血、出血，气囊膜混浊、增厚，口腔有大量黏液，干酪样物覆盖于黏膜上。眼结膜充血，有的眼巩膜穿孔，面部皮下水肿。

5.5.1.4 诊断

根据本病的流行特点、临床症状，可做出初步诊断。要确诊必须进行实验室检查。

5.5.2 鉴别诊断

本病应注意与鸡慢性呼吸道病、传染性支气管炎、传染性喉气管炎及鸡肿头综合征等病鉴别诊断。

（1）鸡慢性呼吸道病

相似点：二者均表现面部肿胀、流鼻液、流泪。

不同点：鸡慢性呼吸道病病程较长，发展缓慢，大部分出现呼吸啰音和气囊病变。

（2）传染性支气管炎

相似点：二者均具有精神萎靡、流鼻液、打喷嚏、甩头、结膜炎、产蛋量减少等临床表现。

不同点：传染性支气管炎病鸡，只有幼鸡流鼻涕，而且发病严重，颜面部肿胀很少见，磺胺类药物和抗生素治疗无明显效果。

（3）鸡传染性喉气管炎

相似点：二者均具有精神萎靡、流鼻液、结膜炎等临床表现。

不同点：鸡传染性喉气管炎病鸡表现出血性气管炎症，咳嗽时有血色黏液排出，偶见血块。剖检可见气管黏膜出血性坏死，磺胺类药物和抗生素治疗效果不明显。

（4）鸡肿头综合征

相似点：二者均具有眼睑肿胀、颜面肿胀、打喷嚏、甩头、肉髯水肿、眼结膜充血、产蛋量减少等临床症状。

不同点：鸡肿头综合征泪腺肿胀，出现持续昏迷和反复摇头等症状。剖检可见头部皮下组织黄色水肿和化脓。

5.5.3 防治措施

防治本病主要是加强饲养管理，保持鸡舍通风良好，避免鸡群过度拥挤，注意防寒保暖，多喂一些含有维生素 A 的饲料，定期清粪，发现病鸡及时隔离，加强鸡舍消毒。

5.5.3.1 预防

（1）鸡传染性鼻炎油乳剂灭活苗在 6～8 周龄和开产前各肌内注射一次。

（2）传染性鼻炎和新城疫二联油乳剂灭活苗在 21～42 日龄颈部皮下注射 0.25mL，42 日龄以上鸡颈部皮下注射 0.5mL，注射后 2～3 周产生免疫力。

5.5.3.2 治疗

治疗本病可用的药物有链霉素、硫氰酸盐红霉素、磺胺二甲基嘧啶、复方新诺明等。

5.6 禽霍乱

禽霍乱又称为巴氏杆菌病或出血性败血症，是由多杀性巴氏杆菌引起的一种接触性烈性禽传染病。有时为慢性型，以肉髯水肿和关节炎为特征。急性型以败血症和剧烈下痢、高发病率、高死亡率为特征。

5.6.1 诊断要点

5.6.1.1 流行病学

本病一年四季均可发生和流行，但在高温、潮湿、多雨的季节及气候多变的季节容易发生。自然感染的潜伏期为 2～9d，人工感染可在 1～2d 发病。本病除感染鸡外，也感染鸭、鹅等家禽。其中育成鸡和产蛋鸡多发，肉鸡较少。病禽和带菌禽是主要的传染源。本病可通过被污染的饲料、饮水用具经消化道传播，或由咳嗽、喷嚏排出病菌通过呼吸道感染，还可以通过吸血昆虫和皮肤、黏膜的伤口而感染。

5.6.1.2 临床表现

由于鸡的机体抵抗力和病菌的致病力强弱不同，所表现的症状亦有差异，一般分为三种类型，即最急性型、急性型和慢性型。

（1）最急性型　常见于流行初期，以产蛋率高的鸡最常见。病鸡无任何先兆症状而突然倒地，双翅拍打几下就死去。有的鸡傍晚精神，食欲都十分正常，早晨便死于舍内。最急性型，往往都是肥胖和高产的鸡易发。

（2）急性型　病鸡精神沉郁，羽毛松乱，缩颈闭眼，头缩在翅膀下，不愿走动，离群呆立，并常有腹泻，排黄、白、绿色稀粪。食欲不振，渴欲增加，呼吸困难，口中流出浆液性或黏液性液体，鸡冠、肉髯变青紫色，有的病鸡肉髯肿胀。产蛋鸡停止产蛋，病鸡体温升高到 43～44℃，肌肉抽搐，病程 0.5～3d 死亡。

（3）慢性型　由急性型转变而来，一般是流行后期，本病常发地区可见到，以慢性肺炎、慢性呼吸道炎和慢性胃肠炎多见。病鸡鼻孔有黏液渗出，鼻窦肿大，喉头积有分泌物而呼吸困难，腹泻。病鸡消瘦，常有一侧或双侧肉髯肿大，随后可能有脓性干酪样物，或干结、坏死、结痂脱落。有的病鸡出现关节肿大、疼痛、跛行。病程一般 1 周或数周死亡；病程在 1 个月以上者，生长发育受阻，产蛋长期不能恢复。

5.6.1.3　病理剖检变化

（1）最急性型　剖检时一般无明显的病理变化，或仅在心冠状沟脂肪、心外膜有针尖大的出血点。

（2）急性型　此型病理变化较明显和典型，在心冠状沟脂肪和心外膜有针尖大的出血点，心包变厚，心包液有不透明的黄色液体，有的含纤维素絮状液体。肝肿大、质变脆，呈棕色或黄棕色。肝表面有许多灰白色针尖大的坏死点。十二指肠发生严重的出血性肠炎，肠黏膜潮红、肿胀，肠内容物含有血液，可引起败血性腹膜炎与出血性卡他性肠炎。肺脏高度淤血、水肿变硬，少数病例有纤维素性肺炎，故肺的质地硬实。脾肿大，有散在的大量坏死点。

（3）慢性型　一般不出现全身性的病理变化，只因侵害的部位不同而在局部发生病变，如鼻腔和鼻窦内黏性分泌物增多，关节肿胀、坏死，切开可见干酪样物质。有的母鸡的卵巢出血、卵泡变形。

5.6.1.4　诊断

根据本病的流行特点、临床症状，可做出初步诊断。要确诊必须进行实验室诊断。

5.6.2　鉴别诊断

本病应注意与鸡新城疫、鸡病毒性关节炎、鸡传染性鼻炎、鸡伤寒、鸡链球菌病、鸡绿脓杆菌病、鸡结核病、鸡衣原体病、鸡球虫病及鸡隐孢子虫病的鉴别诊断。

（1）新城疫

相似点：体温高，低头闭目，翅膀下垂，冠、髯发紫，口、鼻分泌物多，呼吸困难，运动失调。剖检可见全身黏膜出血，心冠状沟脂肪有出血点等病变。

不同点：鸡新城疫病鸡可见神经症状。剖检时肝脏不出现肿大、有坏死点的症状。

（2）鸡病毒性关节炎

相似点：二者均具有关节肿大、化脓，跛行等临床表现。

不同点：鸡病毒性关节炎病鸡主要症状在腿部关节，不出现呼吸困难、流鼻液等临床表现。

（3）鸡传染性鼻炎

相似点：精神萎靡、呼吸困难、鼻流黏液、腹泻等临床表现。

不同点：鸡传染性鼻炎病鸡眼结膜发炎并伴有眼睑粘连，鼻孔流出黏液性分泌物。剖检可见鼻腔和咽喉黏膜呈炎性充血和水肿，有大量的渗出液。死亡率较低。

（4）鸡伤寒

相似点：精神不振、呼吸困难、腹泻、排绿色粪便等临床表现。

不同点：鸡伤寒主要发生在3周龄以上的青年鸡，病程长，腹泻严重。剖检可见肝脏表面有灰白色坏死点，肝脏呈古铜色，胆囊肿大，胆汁绿色、油状。

（5）鸡链球菌病

相似点：精神不振，羽毛松乱，嗜睡，冠、髯发紫，腹泻，产蛋量下降。剖检可见肝脏肿大、有坏死点，心外膜有出血点。

不同点：鸡链球菌病病鸡步态蹒跚，头震颤，眼睛肿胀流泪，有转圈运动，角弓反张。剖检可见肺淤血、水肿，气管、支气管黏膜充血，表面有分泌物。

（6）鸡绿脓杆菌病

相似点：精神不振、排黄绿色稀便、呼吸急促、跛行等临床表现。剖检可见心内、外膜出血，肝有坏死点，肠黏膜充血、出血。

不同点：鸡绿脓杆菌病病鸡腹部膨大，眼周、颈部、腿内侧水肿，颈部和背部皮下呈黄绿色胶冻样浸润。

（7）鸡结核病

相似点：食欲减退，精神不振，冠、髯苍白，有关节炎症状，腹泻，产蛋量下降。

不同点：鸡结核病病鸡渐进性消瘦，胸骨突出，翅下垂。剖检可见肝、脾、肠管、气囊、肠系膜均有结核结节。

（8）鸡衣原体病

相似点：具有精神萎靡，食欲减退，流鼻液，冠、髯苍白，腹泻等临床表现。剖检可见心包、气囊有纤维素性渗出物，肝呈棕黄色，有坏死点。

不同点：鸡衣原体病病鸡眼半闭，严重消瘦。眶下窦有干酪样物，腹腔有棕红色液体。

（9）鸡球虫病

相似点：具有食欲减退、渴欲增加、腹泻等临床表现。剖检可见肠道充血、出血。

不同点：鸡球虫病病鸡稀便中含血或全血。剖检可见小肠肿胀、有黏稠物，盲肠肿胀、呈棕红色或暗红色，内容物为血液、凝血块或黄白色干酪样物。

（10）鸡隐孢子虫病

相似点：具有翅膀下垂、呼吸急促、食欲减退或废绝等临床表现。

不同点：鸡隐孢子虫病病鸡咳嗽、打喷嚏、伸颈、张口呼吸。剖检可见喉气管水肿、多泡沫状液体，肺腹侧严重充血，常有灰白色硬斑。

5.6.3 防治措施

本病的防治必须加强饲养管理，减少应激因素，使鸡保持一定的抵抗力。另外要搞好环境卫生，及时、定期消毒，切断各种传染源，防止本病的发生。

5.6.3.1 预防

（1）要建立定时消毒制度，鸡舍内每日带鸡消毒一次；地面和用具可用高度消毒液清洗、消毒；鸡舍周围环境每日喷洒消毒。

（2）免疫接种禽霍乱弱毒活疫苗，免疫期为 6 个月。接种后有一定的反应，在未发生本病的鸡场不接种该类疫苗。

（3）如发生本病，应接种灭活苗，3 月龄以上的鸡，每只肌内注射 2mL。因禽巴氏杆菌血清型较多，用一个血清型菌株制备的菌苗，对其他血清型的巴氏杆菌无效。最好采用本场分离的菌株制备自家苗，效果可靠。

5.6.3.2 治疗

治疗本病可选用的药物有青霉素、链霉素、土霉素、磺胺嘧啶、恩诺沙星、环丙沙星等。

5.7 鸡慢性呼吸道病

鸡慢性呼吸道病是由败血支原体引起的一种接触性慢性呼吸道感染的疾病，特征是呼吸道症状明显、病程长、发展缓慢，剖检可见气囊炎。

5.7.1 诊断要点

5.7.1.1 流行病学

各种日龄的鸡均能感染该病，以 4～8 周龄的鸡最易感，成年鸡多呈隐性经过。

病鸡和带菌鸡是主要传染源。该病的传播途径有 4 个，即呼吸道、消化道、交配及经蛋垂直传播。经蛋垂直传播是重要的传播途径。该病发生没有明显的季节性。饲养管理不善、环境卫生条件差、鸡群密度过大、鸡舍通风不良、气候骤变、营养缺乏等均可促使该病的发生或加剧疾病的严重程度，使死亡率增加。

该病具有发病快、传播慢、病程长等特点。发病率和死亡率的高低取决于是否有其他病毒病或细菌病的并发或继发感染。一般发病率为 10%，有继发感染的情况下，发病率可达 70%，死亡率达 20%～40%。

5.7.1.2 临床表现

本病感染潜伏期 6～12d，但病程可长达 30d 以上。幼鸡感染症状较重。单纯感染时，最初症状是流鼻涕、打喷嚏，然后出现咳嗽、气喘、从鼻孔流出黏液堵塞鼻孔、病鸡甩头、有气管啰音等呼吸困难症状，眼睛流泪，带泡沫的分泌物增多，由黏性逐渐变为脓性分泌物、眼睑肿胀、眼球萎缩（彩图 2A、B）；到了后期，一侧或两侧眶下窦及面部肿胀，这种肿胀轻者及时治疗可以恢复，若病程过长，因窦内渗出物呈干酪样，则不可恢复。严重时，一侧或两侧眼睛失明。病鸡精神和食欲差，生长发育迟缓，最后衰竭而死。成年鸡的症状与幼鸡相似，但症状轻，一般很少发生死亡。病鸡表现为食欲不振，体重减轻。蛋鸡的产蛋量急剧下降，孵化率下降，呼吸道症状不明显。公鸡常有明显的呼吸道症状，而且冬季比较严重。

若该病继发于其他疾病，病鸡主要表现为原发病的主要症状。病愈鸡可产生一定程度的抵抗力，但可长期带菌。

5.7.1.3 病理剖检变化

一般病死鸡消瘦、发育不良，病变主要表现在鼻腔、喉、气管、气囊及眼部等。鼻腔和眶下窦内有较多的灰白色或红褐色黏液或干酪样物。喉头、气管黏膜肿胀、充血、出血（彩图2C），黏膜表面有灰白色黏液，喉头部常见黄色纤维素性渗出物，病情严重的呈干酪样物。气囊膜混浊、增厚，表面有黄白色豆渣样渗出物，随着病程的发展，囊腔内积有大量的黄白色黏液或干酪样渗出物，腹腔内有大量泡沫（彩图2D、E）。常可见眼结膜囊内有米黄色干酪样渗出物，眼球萎缩。有的病鸡表现为肺部有炎性充血，有纤维素性、化脓性心包炎和肝周炎。

5.7.1.4 诊断

根据该病的流行特点、临床症状及病理剖检可以做出初步诊断。若要确诊，必须进行血清学试验和病原体的分离培养。因为病原分离需要特殊的培养基，且需要花费较长的时间，所以在实践中一般用血清学诊断进行确诊。血清学试验最常用的是快速平板凝集试验。其操作方法为，取全血或血清或卵黄液1滴于玻板上，然后加一滴有色抗原，充分混匀，轻轻摇动反应板1～2min，发现凝集者为阳性。

5.7.2 鉴别诊断

本病应注意与新城疫、禽流感、鸡传染性支气管炎、鸡传染性喉气管炎、鸡传染性鼻炎、鸡曲霉菌病、鸡维生素A缺乏症等鉴别诊断。

（1）新城疫

相似点：二者均具有呼吸困难、呼吸有啰音、咳嗽、产蛋量下降等临床表现。

不同点：鸡新城疫发病急，症状明显，消化道严重出血，伴有神经症状。

（2）禽流感

相似点：二者均具有呼吸困难、呼吸有啰音、咳嗽、打喷嚏、流鼻液等临床表现。

不同点：禽流感病鸡冠、髯和眼周围呈黑红色，头、颈水肿，口腔黏膜有出血点，排黄、绿或红色稀便。剖检可见鼻腔有灰色或红色渗出物，腺胃、肌胃角质下层、两胃交界处均有出血，肝、脾、肾有黄色小坏死灶。

（3）鸡传染性支气管炎

相似点：流鼻液，咳嗽，打喷嚏，呼吸有啰音，产蛋量下降。

不同点：鸡传染性支气管炎，临床表现全群鸡急性发病，雏鸡输卵管有特征性病变，成年鸡产严重的畸形蛋。

（4）鸡传染性喉气管炎

相似点：咳嗽，打喷嚏，产蛋量下降。

不同点：鸡传染性喉气管炎病鸡发病急，咳出带血黏液，迅速死亡，抗生素药物治疗效果不明显。

（5）鸡传染性鼻炎

相似点：精神萎靡，流鼻液，打喷嚏，结膜炎，产蛋量下降，鼻腔、眶下窦有分泌物。

不同点：鸡传染性鼻炎病鸡出现一侧或两侧颜面肿胀，肺及气囊变化不大，无明显的气囊病变和呼吸啰音。

（6）鸡曲霉菌病

相似点：呼吸困难，打喷嚏，摇头甩鼻，眼睑肿大，结膜炎，产蛋量下降。

不同点：鸡曲霉菌病的病鸡对外界反应淡漠，张口呼吸。剖检可见肺有霉菌结节，气囊有霉菌结节，有时形成霉斑。

（7）鸡维生素 A 缺乏症

相似点：鸡生长不良，眼睑肿大，结膜炎。

不同点：患维生素 A 缺乏症的病鸡眼中蓄积有白色渗出物，不发黄，喉部及食管黏膜上有许多白色小结节，抗生素治疗无效，用鱼肝油治疗效果明显。

5.7.3 防治措施

由于鸡慢性呼吸道病在鸡场中普遍存在，而且传播方式多样，所以在预防方面必须采取综合的控制措施。

5.7.3.1 预防

（1）建立无病鸡群 引进种鸡或种蛋必须从确实无支原体病的鸡场购买，平时定期用平板凝集试验方法对鸡群进行检疫，淘汰病鸡和带菌鸡。种鸡在 2 月龄时，每隔 1 个月抽检 1 次，每次检出的阳性鸡应做淘汰处理，留下无病鸡作为种用，坚持搞好净化鸡群工作，培育健康种鸡群。对于健康鸡群必须注意饲养和管理，严格执行消毒制度，饲料全价，采用"全进全出"制的饲养方式，避免或减少一切不良应激因素。

（2）对种蛋要进行严格的消毒 因为垂直传播也是该病的主要传播方式。鸡蛋收集完后，在 2h 之内熏蒸消毒，然后贮存于蛋库内。入孵前也要进行熏蒸消毒，密闭 2～6h 后通风。入孵前还要先将种蛋预热至 37.8℃，然后放入冷的 0.1％红霉素溶液内，浸泡15～20min，这样可明显降低种蛋的带菌率。

（3）预防接种 国内研制的鸡慢性呼吸道病灭活油苗对于幼鸡和成年鸡均可使用。进口苗有禽脓毒支原体弱毒苗和禽脓毒支原体灭活苗，前者用于 2 周龄雏鸡饮水免疫，后者适用于各种年龄鸡。

（4）药物预防 由于该病可垂直传播，因此，刚出壳的雏鸡有少部分被感染。这些雏鸡如果不及时采取控制措施，则会很快感染其他鸡。所以需要早期用药进行预防。雏鸡出壳后的数天内，可用泰乐菌素、红霉素、北里霉素等药物进行饮水，连续使用 3～5d，可有效控制该病，提高雏鸡的成活率。

5.7.3.2 治疗

及时确诊后根据药物敏感试验参考用药。没有条件进行药物敏感试验时，可以参考使用的药物有：泰乐菌素、红霉素、北里霉素、链霉素等。其中以泰乐菌素纯粉的疗效最好。

在临床上经常见到该病与大肠杆菌混合感染或该病继发于其他疾病。对于这种情况，应以控制大肠杆菌或原发病为主。

5.8 鸡肿头综合征

鸡肿头综合征是由禽肺炎病毒引起并继发致病性大肠杆菌等感染的一种鸡的传染病，以肿头和特征性神经症状为主要特征，产蛋鸡还可发生产蛋量下降，孵化率降低。

5.8.1 诊断要点

5.8.1.1 流行病学

鸡肿头综合征主要危害鸡（肉用种鸡、商品蛋鸡、肉鸡均可发生）和火鸡。鸡和火鸡是已知的自然宿主。

鸡肿头综合征主要通过接触水平传播，病鸡或康复鸡的消化道和鼻腔分泌物污染饮水及环境而成为传染源，该病传播速度较慢，目前尚无证据表明该病可以垂直传播。

对于肉鸡，鸡肿头综合征的发病年龄在 4～7 周龄，而以 5～6 周龄为高峰；对于肉用种鸡和商品蛋鸡，则可发生于各种年龄。在不予治疗的情况下，病程大约为 10d，如果应用抗生素治疗并改善通风，病程一般可缩短到 3～5d。近年来，该病呈慢性流行经过。常持续 2～3 周。该病发病率从 1%～90%，肉鸡死亡率 1%～20%，蛋鸡产蛋量下降 2%～40%，产蛋鸡死亡率为 0～20%，肉用种鸡死亡率 0～10%。

鸡肿头综合征的发生与环境因素直接相关，接种隔离器内 SPF 鸡不能复制鸡肿头综合征，饲养在高稠密、浓氨气体和通风不良的环境是发病因素之一。

5.8.1.2 临床表现

鸡肿头综合征又称为粗头症或面部蜂窝组织炎，该病出现的第一个症状是打喷嚏，一天内发生眼结膜潮红，泪腺肿胀，在以后 12～24h，头部开始出现皮下水肿，最先见于眼部周围，继而发展到头部，再波及下颌组织和肉垂。在早期，鸡以爪抓面部，表现出局部瘙痒，接着病鸡精神沉郁，不愿走动，食欲降低，死亡率 1%～20%，对于肉用种鸡和商品蛋鸡，除观察到头肿现象外，还表现特异的神经症状，除部分病鸡只表现极度沉郁与昏迷外，大部分病例都出现脑的定向障碍，表现形式包括持续和重复的摇头、斜颈、运动失调、行动不稳及角弓反张等。一些鸡头往上仰，呈现"观星状"。病鸡不愿走动，部分鸡因此不采食而死亡。产蛋鸡的产蛋率和孵化率也下降，但数天后恢复正常。

5.8.1.3 病理剖检变化

首先出现的病变是伴随打喷嚏而出现的鸡鼻甲骨黏膜轻微的淤血，后发展到不严重的广泛的红色至紫色变化，在组织病理上，明显表现为上皮变平，纤毛逐渐消失，上皮下充血和淋巴组织增生。上皮下充血与淋巴组织增生还见于浆细胞增多的泪腺。尽管上呼吸道可能观察到轻度淤血斑点和纤毛运动性降低，但气管在急性期一般没有影响。病鸡肿头是由于眼眶周围皮下水肿并扩张所致。在一些严重病例中，还出现肉髯的发绀与肿胀。肿大的头，剥离皮肤后，可看到皮下组织黄色水肿至化脓，眼睛肉眼病变仍保持正常，但眼睑由于水肿和结膜炎而关闭。疾病的发展可产生气管炎，有时发生肺坏死。

5.8.1.4　诊断

鸡肿头综合征在临床上表现典型头部肿胀及特征性的神经症状，有助于该病的诊断。但最终的确诊还有赖于病原的分离鉴定，以及感染鸡的血清抗体的测定。

5.8.2　鉴别诊断

本病应注意与禽流感、鸡传染性鼻炎、鸡慢性呼吸道病、鸡大肠杆菌病、鸡弓形虫病、鸡磺胺类药物中毒等病鉴别诊断。

（1）禽流感

相似点：二者均具有精神萎靡、打喷嚏、斜颈、转圈、共济失调、腹泻等临床表现。

不同点：禽流感病鸡头和颈下垂、水肿，鼻、咽有红色渗出物，口腔黏膜出血。剖检可见鼻窦、口腔有炎症，腺胃黏膜、肌胃角膜下层、十二指肠均有出血，肝、脾、肺、肾有黄色坏死灶。

（2）鸡传染性鼻炎

相似点：二者均具有打喷嚏，甩头，眼睑和颜面肿胀，下颌部、肉髯水肿，眼结膜充血肿胀等临床表现。

不同点：鸡传染性鼻炎病鸡一侧或两侧颜面部肿胀。剖检可见鼻腔、眶下窦黏膜充血肿胀，附有黏液性分泌物。

（3）鸡慢性呼吸道病

相似点：二者均具有打喷嚏、摇头、眼睑肿胀、运动失调等临床表现。

不同点：鸡慢性呼吸道病病鸡表现一侧或两侧眶下窦发炎肿胀。剖检可见鼻窦、气管有较多黏液，气囊有干酪样渗出物，心包炎，肝周炎。

（4）鸡大肠杆菌病

相似点：二者均具有精神不振、眼睑肿胀、羽毛松乱等临床表现。

不同点：鸡大肠杆菌病病鸡表现眼皮肿胀，不能睁眼，眼内蓄积脓性渗出物。剖检可见纤维素性心包炎，肝脏有大小不等的坏死斑，脾脏肿胀、充血。

（5）鸡弓形虫病

相似点：二者均具有食欲不振、步态不稳、共济失调、角弓反张等临床表现。

不同点：患鸡弓形虫病的病鸡厌食消瘦，鸡冠苍白萎缩，贫血，歪头，失明。剖检可见心包、小肠有圆形结节，前胃壁增厚，肝、脾有坏死灶。

（6）鸡磺胺类药物中毒

相似点：二者均具有精神沉郁、共济失调、食欲不振、头部肿大等临床表现。

不同点：鸡磺胺类药物中毒病鸡表现渴欲增加、腹泻、头部呈蓝紫色、溶血性贫血。剖检可见皮肤、肌肉、内脏器官出血，皮下有大小不等的出血斑，肾呈土黄色、表面有出血斑，输尿管充血，有尿酸炎沉积，心外膜出血。

5.8.3　防治措施

（1）卫生管理措施　改变鸡舍卫生条件，降低饲养密度，减少空气中的氨气浓度，以及增强鸡舍换气率等，对于防止或减少疾病的发生及危害程度均有较好的效果。

（2）防止细菌的继发感染　家禽感染病毒后，一方面可使家禽的免疫力下降，导致抵抗力下降，另一方面病毒在上呼吸道上皮的感染使上皮细胞完整性破坏，因而很容易继发各种细菌（如大肠杆菌、绿脓杆菌等）感染。因此，可用呋喃类、磺胺类及广谱抗生素进行口服，同时添加维生素和电解质效果会更好。

（3）疫苗的应用　Morley（1984）应用经鸡胚传代 50 代而致弱的一株毒株用于 4 周龄鸡群免疫后，能抵抗同种病毒的攻击。南非正是在大量使用此疫苗后 1 年，本病已很少发生。对 1 日龄商品肉鸡进行喷雾法免疫可获得中等程度的经济效益和免疫应答，以及明显降低临诊发病率。目前，在欧洲各国已有灭活油乳剂苗和弱毒苗供应。我国尚无此类报道。

5.9　鸡维生素 A 缺乏症

鸡维生素 A 缺乏症是由于鸡日粮中维生素 A 供给不足或消化吸收障碍所引起的，以夜盲，黏膜、皮肤上皮角质化、变质，生长停滞，眼干为主要特征的一种营养代谢性疾病。维生素 A 对酸、碱和热稳定，但在空气中易被氧化。维生素 A 能维持鸡正常视觉和黏膜上皮细胞的正常结构，调节有关营养物质的代谢，提供促进鸡生长发育、繁殖和孵化所必需的营养物质。维生素 A 大量存在于动物性饲料中，如鱼肝油、牛奶、卵黄、血液、肝脏和鱼粉等。植物性饲料中并不含有维生素 A，只有胡萝卜素，如青绿饲料、优质干草、甘薯、青贮料和胡萝卜等富含胡萝卜素，它在机体内胡萝卜素酶的作用下可转化成维生素 A，并贮存于肝脏中供机体利用。因此，胡萝卜素称为维生素 A 原。

5.9.1　诊断要点

5.9.1.1　病因

引起维生素 A 缺乏的主要原因有：

（1）饲料中维生素 A 的含量不足或鸡的需要量增加　长期使用米糠、麸皮等维生素 A 或胡萝卜素含量过低的饲料，且饲料中没有添加多种维生素，此时可造成维生素 A 缺乏症。

（2）饲料中维生素受到破坏　如饲料在存放过程中受日晒、雨淋、高温等不利条件的影响，或存放时间过长，都可使饲料中的维生素 A 类物质发生氧化分解而被破坏。

（3）维生素 A 吸收、转化障碍　饲料中脂肪不足，或鸡患有消化道、肝胆疾病等，均会影响维生素 A 或胡萝卜素的吸收；饲料中铜、锰等微量元素不足时，会阻碍胡萝卜素的转化。

（4）鸡舍冬季潮湿，阳光不足，空气不流通，鸡缺乏运动，矿物质饲料不足，都可促使本病发生。

（5）其他因素　饲料中维生素 E 不足时，或锰、不饱和脂肪酸、硝酸盐、亚硝酸盐等含量过多时，某些酸性添加剂等一些抗营养物质的作用，使饲料中维生素 A 或胡萝卜素的活性降低或丧失。

5.9.1.2　临床表现

若产蛋母鸡的饲料中维生素 A 不足，则所产蛋孵出的鸡在 1 周龄时即可发病；若母鸡饲料中维生素 A 充足,而初生雏鸡饲料中缺乏维生素 A,一般在 6～7 周龄时出现症状。成年鸡发病日龄多在 2 个月以后至开产前后。

雏鸡缺乏维生素 A 时表现为精神不振,羽毛脏乱,生长发育不良,食欲减退,消瘦,行动迟缓,呆立,两脚无力,步态不稳,嘴、脚爪的黄色变浅。病情发展到一定程度时,病鸡鼻腔有分泌物,初为水样,逐渐变为黏液脓性。眼部症状是病鸡的特征性症状,眼睛流泪,初期为无色透明,后变为黏液状物,眼睑肿胀,眼内积聚有白色干酪样物,使上、下眼睑黏合而睁不开,眼球凹陷,角膜混浊呈云雾状,严重时发生角膜穿孔,半失明或失明。有的病鸡后期可能出现运动失调、转圈、打滚等神经症状,最后因极度衰竭而死。如果不及时加以治疗,死亡率可达 90% 以上。成年鸡缺乏维生素 A 时,主要表现为产蛋率、种蛋孵化率和受精率下降,抗病力减弱,鸡冠、腿、爪颜色发淡,病情严重时出现腿部病变,与雏鸡的症状相似,鸡群的呼吸道和消化道黏膜抵抗力降低,易诱发其他传染病。

5.9.1.3　病理剖检变化

剖检时,可见到病鸡口腔、咽、食管或鼻腔黏膜上有散在的白色小结节,突出于黏膜表面,有时融合成片,成为灰白色假膜覆盖在黏膜表面,气管黏膜附着一层白色鳞片状角质化上皮。内脏器官有白色尿酸盐沉积,肾脏、心脏和肝脏等器官表面常有白色尿酸盐覆盖,输尿管扩张 1～2 倍,胆囊肿胀,胆汁浓稠。雏鸡的尿酸盐沉积一般比成年鸡严重。

5.9.1.4　诊断

根据本病的发病特点、临床症状及病理剖检等可做出初步诊断,但确诊要进行实验室化验。正常鸡血浆中含维生素 A 10μg 以上,如在 5μg 以下,即可确诊。

5.9.2　鉴别诊断

本病应注意与鸡慢性呼吸道病、鸡大肠杆菌病等病鉴别诊断。

(1) 慢性呼吸道病

相似点:鸡生长不良,眼睑肿大,结膜炎。

不同点:鸡慢性呼吸道病病鸡表现一侧或两侧眶下窦发炎、肿胀。剖检可见鼻窦、气管有较多黏液,气囊有干酪样渗出物,心包炎,肝周炎。

(2) 大肠杆菌病

相似点:二者均具有精神不振、眼睑肿胀、羽毛松乱等临床表现。

不同点:鸡大肠杆菌病病鸡表现眼皮肿胀,不能睁眼,眼内蓄积脓性渗出物。剖检可见纤维素性心包炎,肝脏有大小不等的坏死斑,脾脏肿胀、充血。

5.9.3　防治措施

5.9.3.1　预防

在预防上主要是根据不同的生理阶段来配制不同的饲料,以保证鸡的生理和生产需要。饲料不宜放置过久,如需保存,应防止饲料酸败、发酵、产热和氧化,以免维生素 A 或胡萝卜素预先遭到破坏。配制日粮时,应考虑饲料中实际具有的维生素 A 活性,最好现配现用。及时治疗肝、胆及胃肠道疾病，以保证维生素 A 的正常吸收、利用、合成和贮藏。

5.9.3.2 治疗

发生本病时，可在饲料中添加鱼肝油，对急性病例的疗效较好，大多数病鸡可以很快恢复健康。成年病重鸡每日口服 1～2 滴鱼肝油，连续 7d。最好在饲料中添加抗生素，以防继发感染。

鸡的腹泻类疾病

鸡常见的腹泻类疾病包括：鸡新城疫、鸡传染性法氏囊病、鸡白痢、鸡伤寒、鸡副伤寒、鸡伪结核病、鸡念珠菌病、鸡弧菌性肠炎、鸡坏死性肠炎、鸡溃疡性肠炎、鸡蛔虫病、鸡异刺线虫病、鸡棘口吸虫病、鸡毛细线虫病、鸡球虫病、高锰酸钾中毒、变质鱼粉中毒、磷化锌中毒、肉鸡肠毒综合征等。

6.1 鸡新城疫

鸡新城疫又称为亚洲鸡瘟，是一种急性、热性、高度接触性传染病。典型新城疫特征为发病急，呼吸困难，下痢，泄殖腔出血、坏死，腺胃乳头、腺胃和肌胃交界处，以及十二指肠出血；慢性病例常有呼吸道症状或神经症状。虽然已经广泛接种疫苗预防，但该病仍不时在养禽业中造成巨大的损失，目前仍是最主要和最危险的禽病之一。

6.1.1 诊断要点

6.1.1.1 流行病学

本病一年四季均可流行，但以冬季最为严重。多种禽类均为新城疫病毒的天然易感宿主。不同日龄的鸡均易感，但两年以上鸡的感染性较低，幼鸡感染性较高，但1周龄以内幼鸡很少发病。

本病的传染源主要是病禽或带毒的表面健康禽类，经消化道和呼吸道感染。很多养鸡场由于密集地接种了新城疫疫苗，虽然避免了新城疫的暴发，却不能根除鸡群的带毒，如果将敏感的鸡群引入这样的鸡场（群）内，或将鸡场（群）内的表面健康鸡移到免疫力不足的鸡群（场）中，则往往可以引起新城疫的暴发。

病死鸡的不恰当处理，带毒的表面健康鸡，以及所产蛋品的上市贸易，带毒种禽、野生鸟类、观赏鸟、赛鸽的流动，受病毒污染的人、设备、空气、尘埃、粪便、饮水、垫料及其他的物品均可以使病毒不断传播，也可经眼结膜、泄殖腔等进入鸡体内。但到目前为止，尚未发现病毒可以通过种蛋垂直传播。

6.1.1.2 临床表现

本病自然感染的潜伏期一般为3～5d。根据鸡新城疫临床症状的不同描述，有几种不同的分型方法。

（1）最急性型、急性型和慢性型

①最急性型：多见于新城疫的暴发初期，鸡群无明显异常而突然出现急性死亡病例。

②急性型：在突然死亡病例出现后几天，鸡群内病鸡明显增加。病鸡眼半闭或全闭，呈昏睡状，驱赶或惊吓不愿走动，头颈卷缩、尾翼下垂（彩图 3A），废食，病初期体温升高，饮水增加；但随着病情加重而废饮，冠和肉髯呈紫红色（彩图 3B），嗉囊内充满硬结状未消化的饲料或充满酸臭的液体，口角常有分泌物流出，呼吸困难、有啰音，张口伸颈，同时发出怪叫声，下痢，粪便呈黄绿色（彩图 3C），混有多量黏液，有时混有血液，泄殖腔充血、出血、糜烂。产蛋鸡产蛋量下降或完全停止，蛋壳褪色或变成白色，软壳蛋、畸形蛋增多，种蛋受精率和孵化率明显下降，鸡群发病率和死亡率均可接近 100%。

③慢性型：在经过急性期后仍存活的鸡，陆续出现神经症状，盲目前冲、后退、转圈，啄食不准确，头颈后仰望天或扭曲在背上方（彩图 3D）等，其中一部分鸡因采食不到饲料而逐渐衰竭死亡，但也有少数神经症状的鸡能存活并基本正常生长和增重。

（2）速发型、中发型、缓发型和无症状肠型

①速发型：可发生于各种日龄的鸡，呈急性、致死性、败血性感染，有明显的消化道出血病变，被称为嗜内脏速发型新城疫；以呼吸道和神经症状为特征，被称为嗜神经速发型新城疫。

②中发型：只引起发病幼禽死亡，病原为中发型新城疫病毒。

③缓发型：一般只引起轻度呼吸道症状，由缓发型新城疫病毒引起。

④无症状肠型：由缓发型新城疫病毒引起的肠道感染，无明显临床症状。

（3）典型和非典型新城疫

①典型新城疫：相当于上述的急性型和最急性型新城疫，具有典型的新城疫的临床特征和病理变化。

②非典型新城疫：该型新城疫无论从临床症状和病理变化上均不易诊断为新城疫，进行病原分离时，可分离到有致病性的新城疫病毒，这一类型的新城疫在临床上有以下特点。

a. 产蛋鸡，产蛋率出现不同程度的下降，种蛋受精率和孵化率也随之下降，其他有的无明显异常，或仅有轻度的呼吸道症状或死亡数略有上升，也可能有较明显的呼吸道症状和死亡数增加，但很少见有消化道明显出血的病例。

b. 非产蛋鸡，会出现不同程度的呼吸道症状，有的鸡群仅见少数鸡只有摇头和咳声，有的只在安静时才能听到轻微的呼吸道啰音，有的鸡群则可出现较明显的呼吸困难，喉头充血、出血，甚至咳血，但死亡率不高，一般不超过 30%。在疾病的初期，很难发现消化道出血的病例，但在疾病后期的死亡病例中，偶尔可发现个别腺胃乳头、肌胃角质膜下出血的病例。

6.1.1.3 病理剖检变化

发生急性和典型的新城疫时，病死鸡鸡冠和肉髯紫黑。眼结膜出血（彩图 3E），口腔内充满黏液，嗉囊内充满硬结饲料或充满气体和液体；泄殖腔充血、出血、坏死、糜烂，带有粪污；腺胃乳头出血，腺胃与肌胃交界以及腺胃与食管交界处呈带状出血（彩图 3F-1、F-2），肌胃角质膜下出血，有时还见有溃疡灶；十二指肠乃至整个肠道黏膜充血、出血（彩图 3G-1 至 G-4）。喉气管黏膜充血、出血（彩图 3H-1 至 H-3）；心冠状沟脂肪出血，心包有积液（彩图 3I、3J-1 至 J-3）；输卵管充血、水肿、卵泡出血严重（彩图 3K），其他组织器官无特征性病变。

剖检病理变化不典型的，很少出现腺胃乳头出血、肌胃角质层下出血等特征性病变。雏鸡可见喉头气管内黏液增多充血，肠道卡他性炎症，盲肠扁桃体肿胀（彩图 3L），有的轻微出血；成年鸡可见喉头、气管黏膜充血、黏液增多，肠道卡他性炎症，盲肠扁桃体肿大出血，泄殖腔黏膜出血，有时可见鸡肝脏变性，心肺出血，脾脏肿大，变性出血（彩图 3M-1 至 M-3、N、O-1、O-2）。

非典型新城疫病例大多可见到喉气管黏膜不同程度的充血、出血；输卵管充血、水肿；早期病例一般难发现消化道黏膜出血，在后期病死鸡中，如果多剖检一些病例，有时可发现腺胃乳头和肌胃角膜下、十二指肠黏膜轻度出血。

6.1.1.4 诊断

由于急性、典型新城疫的症状和病变与高致病性禽流感十分相似，因此，仅凭临床症状与病变很难做出准确的诊断。应根据鸡群的免疫程序和血凝抑制抗体滴度做出判断，如已有明显的新城疫临床症状和病理变化，而又有新城疫免疫失败、抗体滴度很低的记录，则可初步判断为新城疫。对于非典型新城疫，由于其呼吸道症状与传染性支气管炎、传染性喉气管炎、支原体感染和非高致病性禽流感相似，而减蛋综合征、禽流感等多种疾病均可引起产蛋下降，临床症状和病理变化很难做出非典型新城疫的初步诊断，应进行病毒分离鉴定和借助其他的实验室诊断才能确诊。

6.1.2 鉴别诊断

（1）禽流感

相似点：精神萎靡，体温升高，羽毛松乱，鼻有分泌物，呼吸困难，腹泻。剖检可见腺胃、肌胃角质膜下和心冠状沟脂肪均有出血，卵巢和脑充血。

不同点：患禽流感的病鸡鼻、咽有灰色或红色渗出物，头、颈水肿。剖检可见鼻窦有浆液性、黏液性、纤维素性坏死灶，腹膜和心包有充血和积液。

（2）鸡马立克氏病

相似点：具有羽毛松乱、精神萎靡、翅膀麻痹、运动失调、采食困难、腹泻等临床表现。

不同点：鸡马立克氏病病鸡翅膀一侧或两侧麻痹，蹲伏时一腿向前、一腿向后。翅、颈、背等处皮肤出现肿瘤。剖检可见受侵害的神经增粗，各内脏有大小不等的灰白色肿瘤。

（3）鸡传染性支气管炎

相似点：具有精神萎靡、羽毛松乱、鼻流黏液、呼吸困难、排绿色稀便等临床表现。

不同点：传染性支气管炎主要侵害雏鸡，无消化道及神经症状。

（4）鸡传染性喉气管炎

相似点：具有精神萎靡，冠、髯发紫，鼻流黏液，张口呼吸，排绿色稀便等临床表现。

不同点：传染性喉气管炎传染性强，发病率高，但死亡率不高。病鸡无腹泻及神经症状。病变主要在气管和喉部，呈出血性或假膜性气管炎。

（5）禽霍乱

相似点：体温升高，闭目，垂翅，冠、髯紫红，口、鼻分泌物多，呼吸困难，排混有血液的粪便。

不同点：禽霍乱流行范围较小，不会出现神经症状。剖检可见肝脏上有灰黄色坏死点，心包膜内见大量纤维蛋白渗出物，肠黏膜无溃疡。

（6）鸡白痢

相似点：均具有羽毛松乱、精神萎靡、呼吸困难、腹泻等临床表现。

不同点：鸡白痢主要发生在雏鸡，排白色稀便，病程多为慢性，有时可见腹泻，病鸡冠、髯贫血苍白，未见呼吸困难。

6.1.3 防治措施

6.1.3.1 预防

加强饲养管理，保持环境清洁，饲喂全价配合饲料，注意防寒、降温、通风换气，避免或减少应激的产生，需要时可添加一些抗应激药物，如维生素 C、维生素 E、电解多维、速补等。

使用质量合格的疫苗，选择恰当的接种途径并正确操作，根据本地实际情况制订科学合理的免疫程序，在制订免疫措施时要考虑以下因素：低龄鸡群免疫器官发育不全，抗体产生有限，应适时加强免疫。接种疫苗时，高水平的母源抗体对免疫应答有影响。活疫苗与灭活疫苗搭配使用。根据本地发病情况注意疫苗的选择，如疫苗的毒力、种类。

6.1.3.2 治疗

发生非典型新城疫时应采取紧急接种措施，可以紧急接种加倍的Ⅰ系或Ⅳ系疫苗，使用抗菌药物，控制继发感染，饲料中增加维生素用量。

加强综合防治措施，提高整体疫病防治水平，控制对新城疫有影响的其他疾病。

6.2 鸡传染性法氏囊病

传染性法氏囊病是一种严重危害雏鸡的免疫抑制性、高度接触性传染病，其病原为传染性法氏囊病病毒（infectious bursal disease virus，IBDV）。本病的特点是发病率高、病程短，典型症状为病鸡腹泻、颤抖、极度衰弱；特征性病变表现为法氏囊出血、水肿，肾脏肿胀，腿肌和胸肌出血，腺胃和肌胃交界处呈条状出血。本病是严重威胁养鸡业的重要传染病之一，常造成巨大经济损失，一方面由于鸡只死亡、淘汰率增加，影响增重造成直接经济损失；另一方面可导致免疫抑制，使鸡对多种疫苗的免疫应答下降，造成免疫失败，使鸡群对其他病原体的易感性增加。

6.2.1 诊断要点

6.2.1.1 流行病学

IBDV 的自然宿主是鸡和火鸡，其他禽类未见感染。所有品系的鸡均可发病，3～6 周龄的鸡对本病最易感，随着日龄的增长，易感性降低，但也偶有接近性成熟和开始产蛋的鸡群发生本病的报道。小于 3 周龄的鸡感染后会发生严重的免疫抑制。成年鸡法氏囊已经退化，多呈隐性感染，火鸡也呈隐性感染。

病鸡和带毒鸡是本病的主要传染源,病鸡的粪便中含有大量的病毒,IBDV可持续地存在于鸡舍环境中。本病可直接接触传播,也可通过病毒污染的各种媒介物(如饲料、饮水、尘土、器具、垫料、人员、衣物、昆虫、车辆等)间接传播。感染途径包括消化道、呼吸道和眼结膜等。

6.2.1.2　临床表现

传染性法氏囊病的潜伏期一般为2~3d,根据临床表现可分为典型感染和非典型感染(亚临床感染)。

(1)典型感染　多见于新疫区和高度易感鸡群,常呈急性暴发。病初可见个别鸡突然发病,精神不振,1~2d内可波及全群,病鸡表现精神沉郁(彩图4A-1至A-3),食欲下降,羽毛蓬松,翅下垂,闭目打盹,有些病鸡自啄泄殖腔,很快出现腹泻,排出白色稀粪或蛋清样稀粪,内含有细石灰渣样物,干涸后呈石灰样,肛门周围羽毛污染严重;畏寒、挤堆,严重者垂头、伏地,严重脱水,极度虚弱,对外界刺激反应迟钝或消失,后期体温下降。发病后1~2d病鸡死亡率明显增多且呈直线上升,5~7d达到死亡高峰,其后迅速下降和恢复,呈尖峰式的死亡曲线和迅速平息的特点。病程约1周。如果鸡群死亡数量再次增多,往往预示着出现继发感染,病程可达半月之久。

(2)非典型感染　主要见于老疫区和有一定免疫力的鸡群,常常是由于感染低毒力的IBDV变异毒株而引起。该病型感染率高,发病率低,症状不典型。主要表现为少数鸡精神不振,食欲减退,轻度腹泻,死亡率一般在3%以下。但病程和鸡群的整个流行期都较长,并可在一个鸡群中反复发生。该病型主要引起免疫抑制,感染鸡群对其他疫苗的免疫接种效果甚微或根本无效,鸡群对新城疫、禽流感、传染性支气管炎、鸡支原体病,以及大肠杆菌病等多种疾病的易感性增加。

6.2.1.3　病理剖检变化

病死鸡尸体脱水现象明显,眼结膜出血(彩图4B),胸肌、腿肌有不同程度的条状或斑点状出血(彩图4C-1至C-9)。特征性病变为法氏囊肿大、出血和切面外翻(彩图4D-1、D-2),法氏囊水肿,体积增大,重量增加,是正常的2~3倍,囊壁增厚3~4倍,质地变硬,外形变圆,法氏囊黏膜皱褶上有出血点或出血斑,渗出液呈淡粉红色;IBDV超强毒株可引起法氏囊的严重出血,呈"紫葡萄样"外观(彩图4E-1至E-4),而变异毒株感染可引起法氏囊的迅速萎缩,无法氏囊的炎性肿胀和出血病变,但可见到脾脏肿大(彩图4F)。腺胃和肌胃交界处常有横向出血斑点或溃疡(彩图4G-1至G-3)。肾脏有不同程度的肿大,可见有尿酸盐沉积(彩图4H-1至H-5)。

主要病理组织学变化为法氏囊髓质区的大量淋巴细胞坏死和变性,正常的滤泡结构发生改变;淋巴细胞明显减少,淋巴滤泡的皮质部变薄,被异染细胞、细胞残屑的团块和增生的网状内皮细胞所取代;滤泡的髓质区形成囊状空腔,出现异嗜粒细胞和浆细胞的坏死和吞噬现象;上皮细胞增生,形成一种柱状上皮细胞组成的腺体状结构。脾脏的淋巴小结和小动脉周围的淋巴细胞变性和坏死。胸腺的淋巴细胞变性、坏死。盲肠扁桃体的淋巴细胞大量减少。肾脏上皮细胞变性、坏死。肝脏发黄、肿大,血管周围有轻度的单核细胞浸润(彩图4I、J)。

6.2.1.4　诊断

根据本病的流行病学和发病特点、特征性病变,如鸡群突然发病、发病率高、有明显的死亡高峰和迅速康复的特点,法氏囊水肿、出血、体积增大,可对本病做出初步诊断。确诊需要进行实验室检查。

6.2.2　鉴别诊断

本病应注意与鸡新城疫、鸡马立克氏病、鸡淋巴细胞白血病、鸡白痢、磺胺类药物中毒、维生素 K 缺乏症鉴别诊断。

（1）鸡新城疫

相似点:均可见到法氏囊出血,也可见到腺胃出血。

不同点:鸡新城疫病鸡在腺胃上的出血点多在腺胃乳头上,法氏囊不出现胶冻样水肿,有明显的呼吸道症状和神经症状。

（2）鸡马立克氏病

相似点:均具有体温升高、精神不振、运动失调、步态不稳、脱水等临床表现。剖检均可见到法氏囊肿大。

不同点:鸡马立克氏病病鸡翅膀一侧或两侧麻痹,蹲伏时一腿向前、一腿向后。翅、颈、背等处皮肤出现肿瘤。剖检可见受害神经增粗,各内脏有大小不等的灰白色肿瘤。

（3）鸡淋巴细胞白血病

相似点:均具有精神不振、嗜睡、减食、腹泻等临床症状。

不同点:鸡淋巴细胞白血病病鸡表现为渐进性消瘦,腹部膨大。剖检可见肝、脾肿大,皮下毛囊局部或广泛出血,法氏囊切开有小结节病灶,脾脏有肿瘤,肝呈灰白色、质脆。

（4）鸡白痢

相似点:均具有食欲减退、精神不振、翅下垂、毛松乱、排白色稀便等临床表现。

不同点:鸡白痢病鸡剖检可见肝肿大、充血,有条纹状出血,病程长的可见心、肝、肺、大肠和肌胃有坏死灶。

（5）磺胺类药物中毒

相似点:胸、腿肌出血,腺胃与肌胃交界处肝、脾肿大。

不同点:患磺胺类药物中毒的病鸡排酱油样粪便,剖检可见皮下、肝、肾、肠道等均有出血。

（6）维生素 K 缺乏症

相似点:病鸡精神沉郁,食欲不佳。胸、腿肌出血。

不同点:患维生素 K 缺乏症的病鸡血液不易凝固,剖检可见皮下及肝、肠、肾等内脏都有出血。

6.2.3　防治措施

6.2.3.1　预防

体液免疫是传染性法氏囊病保护性免疫应答的主要机制,鸡群感染 IBDV 康复后和疫苗免疫接种均能产生特异性的免疫力。疫苗免疫接种是预防本病的主要措施，但由于IB-DV具有高度的传染性，且对环境因素的抵抗力强，多年的实践表明单纯依靠疫苗免疫接种往往不能有效预防和控制本病的发生和流行。因此，对本病的控制必须采取综合性防治措施。

6.2.3.2 抗体监测

在疫苗免疫接种的同时，应进行免疫后抗体水平的监测，以确定疫苗的免疫效果。一般可在雏鸡第二次免疫后15～20d进行，检测样品的阳性率应达75%～80%以上。

6.2.3.3 严格的兽医卫生消毒措施

IBDV对环境和理化因素的抵抗力很强，因此应对雏鸡舍和患过本病的鸡舍进行严格彻底的消毒，同时还应做好各生产环节的卫生消毒工作，建立鸡场的生物安全体系。消毒液以酚制剂、福尔马林和强碱消毒药液效果较好。首先应对要消毒的环境、鸡舍、笼具、食槽、饮水器具、工具等喷洒消毒药，经4～6h后，进行彻底清扫和冲洗，将粪便和污物清理干净，再用高压水冲洗整个鸡舍、笼具和地面等。经2～3次消毒，再用清水冲洗一次，然后将消毒干净的用具等放回鸡舍，再用福尔马林熏蒸消毒10h，进鸡前通风换气。经过以上消毒，可将IBDV的污染量降到最低程度。由于雏鸡从疫苗接种到产生免疫力需要一定时间，因此对雏鸡舍严格消毒可以防止IBDV的早期感染，保证疫苗接种后充分发挥效力。

6.2.3.4 治疗

鸡群发病时，应对环境和鸡舍进行彻底消毒。应用传染性法氏囊病中等毒力活疫苗对发病鸡群进行肌内注射或饮水免疫紧急接种，可减少死亡。发病早期应用高免血清、康复鸡血清或高免卵黄抗体，可起到紧急治疗的效果。同时，适当降低饲料中的蛋白质含量，提高维生素的含量，以及使用抗菌药物控制鸡群的继发感染。

6.3 鸡白痢

鸡白痢是由鸡白痢沙门氏菌引起的各种年龄鸡均可发生的一种细菌性传染病。雏鸡通常表现为急性、全身性感染，病雏鸡以精神倦怠、白痢为特征，成年鸡以局部感染或慢性感染、隐性感染为主。本病在世界各地经常广泛流行，严重威胁着养鸡业的健康发展，且是人畜共患的传染病，所以还威胁着人类的健康。

6.3.1 诊断要点

6.3.1.1 流行病学

该病一年四季均可发生，以冬春季节多发。其发病率和死亡率差异很大，从0～100%不等。受年龄、品种、营养、环境因素的影响，以及与支原体、大肠杆菌等混合感染，均可加重发病率和死亡率。

鸡是鸡白痢沙门氏菌最主要的易感动物。火鸡、鸽、麻雀也可感染，一般感染后3～10d产生抗体。不同品种、年龄、性别的鸡对该菌均易感，但2周龄以内的鸡发病率和死亡率都高。随着日龄的增长，鸡的抵抗力也逐渐增强，成年鸡感染呈慢性或隐性经过，且限于生殖系统等处。一般来说，产褐壳蛋的鸡比产白壳蛋的鸡敏感，母鸡比公鸡敏感。近年来鸡白痢的发展趋势是青年鸡感染增多，因此在临床诊断上应予以注意。

带菌鸡是主要的传染源，其他易感动物如鸽、麻雀等也可传播该病。该病有多种传播方式，既可水平传播，也可垂直传播。主要的传播方式有：病鸡通过分泌物和排泄物向外排出病菌，污染饲料和饮水及用具后，通过健康鸡的接触而传播；带菌鸡所产的蛋约有1/3带有细菌，这样可将该病传给下一代，即垂直传播；被污染的种蛋在孵化时还可污染孵化器和育雏器等，从而传染给健康雏鸡。此外，该病还可通过交配和皮肤伤口传播。饲养管理不当，如温度忽高忽低、饲料营养不全，以及长途运输等均可促使该病的发生和流行。

6.3.1.2 临床表现

雏鸡、青年鸡和成年鸡的症状和经过有很大的差别。

（1）雏鸡　一般在5～6日龄开始发病，以后逐渐增多，于第2～3周达到发病和死亡的高峰。若是种蛋本身已感染鸡白痢沙门氏菌，则在孵化过程中出现死胚或弱胚，也有出壳后不久就患败血症而迅速死亡，生前一般无特殊症状。发病最急的雏鸡，常常无任何症状而突然死亡。最初的症状是精神萎靡、低头缩颈、羽毛蓬乱、食欲下降或不食（彩图5A-1、A-2）。因病鸡体温升高、畏寒，常扎堆挤在一起，闭眼嗜睡。该病典型的症状是下痢，排出白色糊状粪便，肛门周围羽毛被粪便污染，随着排粪次数的增多，肛门逐渐被干燥的粪便糊住，病雏排便困难（彩图5B），在排便时不时发出疼痛的尖鸣声和努责。也有的病雏呼吸困难。有的可见关节肿大，跛行或失明。

病程短则1d，一般为4～7d。如防治得当，雏鸡存活率较高；如防治不当，则死亡率可达40%～70%。耐过的鸡生长发育受阻，羽毛蓬乱，成为带菌者。20日龄以上的雏鸡病程延长，且死亡率低。

（2）青年鸡　多发生于40～80日龄的鸡群。地面平养的鸡较网上和育雏笼养的鸡发生白痢的要多一些。褐壳蛋鸡发生此病的概率较白壳蛋鸡高。青年鸡发生该病受应激因素的影响大，如密度过大、气候突变、卫生条件差等。一般突然发生，鸡零星死亡。从整体上看，鸡群没有什么异常，但总有几只精神不好、食欲差和腹泻的病鸡。没有死亡高峰，病程较长，一般为15～30d，死亡率达5%～20%。

（3）成年鸡　成年鸡一般无症状，呈慢性或隐性感染，当鸡群感染数目较多时，可见产蛋率下降，无产蛋高峰，死亡淘汰率增高，极少数鸡出现下痢，鸡冠萎缩或精神萎靡不振，翅膀下垂，羽毛逆立，肉垂发绀等。如果引起腹膜炎，则因腹膜增厚、腹水增加引起"垂腹"现象。

6.3.1.3 病理剖检变化

（1）雏鸡　发病急、死亡快的雏鸡病变不明显。可见的病变是肝脏肿大，充血或有条纹状出血，颜色发黄，表面有坏死灶（彩图5C、D），其他脏器也有出血，胆囊肿大，含有大量胆汁。肺充血或出血，病死鸡脱水，眼睛下陷，脚趾干枯。病程长一些的雏鸡可见卵黄吸收不良，呈油脂状或干酪状（彩图5E）。肺脏有坏死或灰白色小结节，在心脏、肠及肌胃上有黄色坏死点或结节。心脏上结节增大时可使心脏显著变形。肠道呈卡他性炎症，盲肠膨大，内有干酪样白色凝块阻塞。肾脏色泽暗红或苍白，肾小管和输尿管扩张，充满尿酸盐（彩图5F）。泄殖腔内有恶臭白色粪便。

（2）青年鸡 病死鸡营养中等或偏下时，剖检可见嗉囊积食（彩图5G）突出的变化是肝脏肿大，有的较正常肝脏大数倍。打开腹腔后可看到整个腹腔被肝脏所覆盖。肝脏质地很脆，一触即破。被膜下可看到散在或密集的大小不等的白色坏死灶。有时可见整个腹腔充满血水。脾脏肿大，心包增厚，心包膜呈黄色不透明。心肌上有数量不等的坏死灶，严重的心脏变形呈圆形。肠道有卡他性炎症。

（3）成年鸡 成年母鸡主要病变发生在生殖系统。多数卵巢仅有少量接近成熟或成熟的卵子，卵子变色，有灰色、黄灰色、黄绿色、灰黑色等不正常的色泽。卵子变形，呈现梨形、三角形、不规则形等形状，卵子发生质变，卵子内容物稀薄如水样或米汤样，有的卵子壁厚，内容物呈油脂状或干酪状。有些卵子进入腹腔，破裂后造成卵黄性腹膜炎或腹水。成年公鸡的病变常局限于睾丸及输精管。睾丸极度萎缩，呈青灰色，有小脓肿。输精管腔扩大，充满干酪样物质。成年公鸡和母鸡有的发生心包炎，心包液增多且混浊，严重时心包膜增厚且不透明。极少数病鸡肝脏显著肿大，质地极脆，往往发生肝脏破裂，引起急性内出血，造成病鸡突然死亡。

6.3.1.4 诊断

根据该病在不同日龄的鸡群中发生的特点及病死鸡剖检病变可做出初步诊断，确诊必须进行实验室诊断，包括细菌的分离培养和血清学诊断。现场诊断常用全血平板凝集反应试验。

6.3.2 鉴别诊断

本病应注意与鸡传染性法氏囊病、鸡伤寒、鸡副伤寒、鸡弧菌性肝炎和鸡曲霉菌病鉴别诊断。

（1）鸡传染性法氏囊病

相似点：二者均具有食欲减退、精神萎靡、闭目、翅膀下垂、排白色稀便等临床表现。

不同点：鸡传染性法氏囊病病鸡剖检可见法氏囊肿大，质硬，黏膜皱褶有出血，水肿液粉红色，严重时紫黑色，浆膜下水肿呈胶冻样，肾肿大、有坏死灶，脾肿大，胸肌和腿肌有条纹状和斑状、紫红色出血。心肌、肠黏膜、腺胃、肌胃均有出血。

（2）鸡伤寒

相似点：二者均具有冠、髯苍白，羽毛蓬乱，病雏排白色稀便，发育不良，呼吸困难等临床症状。剖检可见心肌、肺、肌胃有坏死灶。

不同点：鸡伤寒主要发生在青年鸡和成年鸡，腹膜炎时病鸡如企鹅站立。剖检可见肝肿大，呈棕绿色或古铜色。

（3）鸡副伤寒

相似点：二者均具有冠、髯苍白，羽毛蓬乱，病雏排白色稀便，发育不良，呼吸困难等临床症状。剖检可见肺充血、出血性条纹，肝、脾、肾肿大。

不同点：鸡副伤寒病鸡排水样粪便，失明和结膜炎。剖检可见卵黄凝固，心包有粘连。成年母鸡以输卵管坏死性增生病变，卵巢化脓性、坏死性病变为特征。

（4）鸡弧菌性肝炎

相似点：主要发生在雏鸡，二者均具有精神萎靡，羽毛松乱，腹泻，成年鸡贫血、产蛋量下降等临床表现。

不同点：鸡弧菌性肝炎病鸡粪便初期为黄褐色，后为糊状，严重时呈水样。剖检可见肝肿大、淤血，呈淡红褐色，有出血点和少量坏死灶，质脆或硬变。

（5）鸡曲霉菌病

相似点：二者均具有精神不振、翅膀下垂、腹泻、呼吸困难等临床表现。

不同点：鸡曲霉菌病病鸡对外界反应淡漠，张口呼吸，有结膜炎症状。剖检可见肺有霉菌结节，周围红色浸润，气囊混浊、有霉菌结节。

6.3.3 防治措施

6.3.3.1 预防

（1）建立无鸡白痢沙门氏菌的种鸡群，种鸡群定期抽检；

（2）加强种蛋消毒；

（3）加强饲养管理和环境卫生；

（4）中型鸡或大型鸡在饲料中添加微生物制剂，如益生素、促菌生等。

6.3.3.2 治疗

一旦发现病鸡，及早投药，有条件的可做药敏试验。常见的药物有磺胺类药、新霉素、土霉素、恩诺沙星、庆大霉素、卡那霉素等。

为防止细菌对药物产生耐药性和鸡群因用药时间过长而中毒，抗鸡白痢药物应交替使用。

6.4 鸡伤寒

鸡伤寒是由禽伤寒沙门氏菌引起的鸡败血性传染病。该病与鸡白痢有许多相似之处，但对鸡的危害小于鸡白痢。

6.4.1 诊断要点

6.4.1.1 流行病学

本病各种年龄的鸡均可感染，主要侵害 3 周龄以上的鸡。

6.4.1.2 临床表现

该病的潜伏期为 4～5d，雏鸡发生该病时与鸡白痢症状相似，难以区别。青年鸡和成年鸡感染该菌后，急性者突然停食，精神萎靡不振，排黄绿色稀粪，羽毛蓬乱，头翅下垂，鸡冠和肉髯呈暗红色，可迅速死亡。一般为 5～10d 死亡，死亡率在 10%～50%。慢性病例则表现为冠髯苍白皱缩，食欲减少，交替出现腹泻和便秘，死亡较少。多数转为带菌鸡。

6.4.1.3　病理剖检变化

最急性的病鸡内脏常无明显的肉眼变化。亚急性和慢性病鸡可出现该病的特征性病变：肝脏和脾脏显著肿大，肿大的肝脏可达正常的2～3倍，呈青铜色，肝脏和心肌上有灰白色粟粒大坏死灶（彩图6A、B）。胆囊胀满并充满胆汁。脾脏肿大1～2倍，也有粟粒大小的坏死点，心包积液，有纤维素渗出物。肾土黄色。卵巢退化、变色和出血。肠内容物黏稠，呈黄绿色，肠道卡他性炎症。

6.4.1.4　诊断

该病主要根据特征性的剖检病变和实验室检查来确诊。

6.4.2　鉴别诊断

本病应注意与鸡白痢、鸡副伤寒、鸡结核病、鸡住白细胞虫病、鸡绦虫病、肉鸡腹水综合征鉴别诊断。

（1）鸡白痢

相似点：二者均具有冠、髯苍白，羽毛蓬乱，呼吸困难等临床表现。

不同点：鸡白痢主要感染雏鸡。患病鸡脚趾干枯，剖检可见卵黄吸收不良，肝脏充血或有条纹状出血，呈黄绿色，质脆。

（2）鸡副伤寒

相似点：二者均具有食欲不振、腹泻、饮水增加、翅膀下垂等临床表现。剖检可见心包炎症、肝脏肿大等病变。

不同点：患鸡副伤寒的病鸡排水样粪便，失明，结膜炎。剖检可见卵黄凝固，成年母鸡以输卵管坏死性增生病变，卵巢化脓性、坏死性病变为特征。

（3）鸡结核病

相似点：精神萎靡，羽毛松乱，冠、髯苍白，贫血，腹泻。剖检可见肝、肺有坏死灶。

不同点：鸡结核病病鸡渐进性消瘦。剖检可见肝、脾、肠管、气囊、肠系膜有结核结节。

（4）鸡住白细胞虫病

相似点：二者均具有精神萎靡、发育受阻、腹泻、鸡冠苍白、贫血等临床表现。

不同点：鸡住白细胞虫病病鸡口中流涎。剖检可见全身皮下出血，胸肌、腿肌和心肌有大小不等的出血点，各脏器有灰白色或淡黄色粟粒大小的结节。

（5）鸡绦虫病

相似点：二者均具有精神萎靡、腹泻、羽毛有粪污、呼吸困难等临床表现。

不同点：鸡绦虫病的病鸡剖检可见到小肠炎症，并可看到虫体。

（6）肉鸡腹水综合征

相似点：二者均具有羽毛松乱、翅膀下垂、腹部膨大、如企鹅站立和走动等临床表现。

不同点：患肉鸡腹水综合征的病鸡体温正常，皮肤变薄、发亮，鸡冠紫红，皮肤发绀，穿刺可抽出大量腹水。剖检可见腹水呈淡红色或稻草色，含纤维素。肝呈紫色，表面有淡黄色胶冻样物。

6.4.3 防治措施

6.4.3.1 预防

搞好鸡舍卫生，勤清理粪便、污物，定期清洗消毒鸡笼、饮食用具，同时搞好防暑降温工作，加强通风，降低饲养密度。也可用药物预防。

6.4.3.2 治疗

发现病鸡应立即采取隔离措施，对病鸡排泄物及死鸡采取深埋措施，对鸡舍、饮食用具等彻底清洗消毒。

在用抗生素治疗时，同时配合补液盐、电解多维等营养添加剂，疗效较好。也可选用磺胺二甲基嘧啶、阿米卡星等药物。

6.5 鸡副伤寒

鸡副伤寒是由除鸡白痢沙门氏菌和禽伤寒沙门氏菌之外的其他血清型的沙门氏菌引起的细菌性传染病。雏鸡多表现为急性、热性败血症，成年鸡则为慢性或隐性感染。该病的特征是下痢和各种器官的灶状坏死。受该菌污染的禽肉和禽蛋与引起人类沙门氏菌病密切相关。因此，考虑到人类健康，控制该病显得尤为重要。该病在世界各地广泛存在，是鸡的常见细菌性传染病之一。

6.5.1 诊断要点

6.5.1.1 流行病学

该病常为散发或地方性流行，各种禽类都可感染该病，雏鸡最易感，常在 7～10 日龄严重暴发，死亡率可达 10%～80%。3 周龄以上的鸡即使感染本病，也很少引起临床症状。成年鸡多为隐性感染，成为带菌鸡。在饲养管理不当、营养不良、环境恶劣或并发其他感染时也会引起死亡。

该病的传染方式有两种，一种是经蛋垂直传播，另一种是通过消化道、呼吸道及皮肤伤口水平传播。经蛋传播是该病的主要传播途径。病鸡和带菌鸡是本病的主要传染源。人和许多动物（如猫、鼠、蛇、飞禽、苍蝇、蟑螂等）都是重要的传播媒介。未经处理的鱼粉、骨粉、血粉等动物性饲料和谷物、豆饼等植物性饲料都可能含有该细菌，从而引起鸡副伤寒的发生。

6.5.1.2 临床表现

经蛋传播或在孵化器内感染的雏鸡，多在出壳后几天内就发病死亡，且看不到明显的临床症状。10 日龄以后的雏鸡感染副伤寒的症状是：嗜睡，精神差，头翅下垂，怕冷，扎堆，闭眼，羽毛蓬乱，不食，饮水增加，排水样稀粪，肛门周围羽毛被粪便污染，呼吸症状不明显，后期流泪，有时呈脓性结膜炎而引起眼睑粘连，头部肿胀，有时出现关节肿大。成年鸡感染后很少发病，但产蛋率会受到影响，个别鸡也会出现不食、精神萎靡等症状，大多会自行迅速恢复，死亡率不超过 10%。

6.5.1.3　病理剖检变化

急性病鸡往往病变不明显，偶尔可看到肝脏颜色变浅，胆囊充盈膨大，卵黄吸收不好。病程较长时可见到消瘦、脱水、卵黄凝固，肝脾肿大、淤血，有暗红与黄白相间的出血条纹或针尖大的出血点，并有白色点状的坏死灶。有时肝脏表面附有纤维素性渗出物。肺部和肾充血、出血。心包粘连，心包内有多量纤维素性渗出物。肠道有出血性炎症，十二指肠最严重。成年鸡慢性带菌的，可见肝、脾、肾充血，肿胀，有出血性或坏死性肠炎、心包炎、腹膜炎。输卵管增生变厚，卵泡异常，卵巢坏死、化脓，最终导致腹膜炎。

6.5.1.4　诊断

本病根据流行特点、主要症状、病理剖检变化可做出初步诊断。确诊需要进行病原分离、培养，通过生化鉴定和血清型鉴别。

6.5.2　鉴别诊断

本病应注意与鸡白痢、鸡伤寒、鸡大肠杆菌病、鸡曲霉菌病、鸡弧菌性肝炎、鸡绿脓杆菌病、鸡结核病及鸡住白细胞虫病的鉴别诊断。

（1）鸡白痢

相似点：腹泻，厌食，羽毛蓬乱，闭目缩颈，呼吸困难，关节肿大。剖检可见肝肿大、充血、有条纹状出血等病变。

不同点：鸡白痢，各种年龄均可发生，主要发生在雏鸡阶段。病死雏鸡可见脚趾干枯。

（2）鸡伤寒

相似点：二者均具有精神萎靡、困倦、腹泻、厌食、饮水多、翅膀下垂等临床表现。

不同点：鸡伤寒主要发生在大鸡和成年鸡，腹膜炎时病鸡如企鹅站立。剖检可见肝肿大，呈棕绿色或古铜色。

（3）鸡大肠杆菌病

相似点：二者均具有体温升高、羽毛松乱、厌食、饮欲增加、腹泻等临床表现。

不同点：鸡大肠杆菌病病鸡腹泻剧烈，粪黄白色、混有黏液和血液。剖检可见小肠、盲肠、肠系膜和肝等部位出现结节性肉芽肿病变。

（4）鸡曲霉菌病

相似点：二者均具有羽毛松乱、厌食、嗜睡呆立、翅膀下垂、腹泻、结膜炎等临床表现。

不同点：鸡曲霉菌病病鸡对外界反应淡漠，张口呼吸。剖检可见肺有霉菌结节，气囊有霉菌结节，有时形成霉斑。

（5）鸡弧菌性肝炎

相似点：羽毛松乱，呆立缩颈，腹泻，排水样便。剖检可见肝有坏死点。

不同点：患鸡弧菌性肝炎的病鸡粪便初期为黄褐色，后为糊状，严重时呈水样。肝淤血，呈淡红褐色，质脆或硬变。

（6）鸡绿脓杆菌病

相似点：多发生于幼雏，表现为精神不振，排水样粪便，眼睑水肿，呼吸困难。剖检可见内脏充血、出血。

不同点：鸡绿脓杆菌病病鸡粪便呈黄绿色水样，严重时带血，眼周、颈部及腿内侧皮下有水肿。

（7）鸡结核病

相似点：精神萎靡，羽毛松乱，冠、髯苍白，贫血，腹泻。剖检可见肝、肺有坏死灶。

不同点：鸡结核病病鸡渐进性消瘦。剖检可见肝、脾、肠管、气囊、肠系膜有结核结节。

（8）鸡住白细胞虫病

相似点：精神萎靡，发育受阻，腹泻，鸡冠苍白，贫血等临床表现。

不同点：鸡住白细胞虫病病鸡口中流涎，粪便呈绿色，呼吸困难。剖检可见全身皮下出血，胸肌、腿肌和心肌有大小不等的出血点，各脏器有灰白色或淡黄色粟粒大小的结节。

6.5.3 防治措施

6.5.3.1 预防

（1）种鸡场严格进行卫生防疫；隔离、淘汰病鸡，建立健康的种鸡群；

（2）严格控制种蛋来源，重视种蛋和孵化过程中的消毒卫生管理；

（3）加强育雏期间的卫生管理，鸡舍要有防鼠、防蝇设施，进出鸡舍的人员及衣帽、鞋等应进行消毒，料槽、水槽、饲料防止粪便污染，雏鸡及时定期药物预防；

（4）对动物性饲料（如骨粉、肉粉、鱼粉）最好进行加热或杀菌处理。

6.5.3.2 治疗

治疗时可选用的药物有：痢特灵、氟哌酸、土霉素纯粉、丁胺卡那纯粉及喹诺酮类药物，均可降低鸡副伤寒的死亡率。

如果有条件分离病原菌，进行药物敏感试验，选择最佳治疗药物。

6.6 鸡伪结核病

禽伪结核病是家禽和野禽的一种接触性传染病，主要特征是发病初期表现为急性败血症，后期各个器官形成慢性结核性病变。禽伪结核病最初的报道见于1889年的欧洲，但现在已呈世界性分布。

6.6.1 诊断要点

6.6.1.1 流行病学

禽伪结核病的易感动物有鸡、火鸡、鸭、鹅等家禽，以及野禽，一些哺乳动物（如豚鼠、家兔、猴等）也很易感，幼禽更易感。

通过病禽或患病的哺乳动物的排泄物污染土壤、饲料和饮水，通过消化道传播是该病传播的主要途径。另外也可通过皮肤或黏膜的创伤进行感染。在寒冷潮湿的秋冬季节多发。当饲养管理不当，营养不良或受凉，患寄生虫病时容易诱发禽伪结核病。

6.6.1.2　临床表现

鸡伪结核病的潜伏期为 3～14d，病鸡的表现差异很大。最急性的病鸡常常没有任何表现而突然死亡；急性者病程为 2～3d，通常以突发腹泻和败血症变化为特征；慢性病例最常见，病程一般 2 周以上，早期可能采食正常，逐渐出现精神不振、羽毛暗淡蓬乱、呼吸困难、虚弱，腹泻也是经常出现的症状，最后出现强直、行走困难、便秘等，绝大部分死亡。

6.6.1.3　病理剖检变化

最急性的病例剖检仅表现为肝、脾肿大和肠炎。慢性病例表现为肝、脾、肾肿大，在肝、脾、肾、肺、胸肌及其他脏器中散在有粟粒大小、黄白色或灰白色病灶，切面为干酪样物，另外还有卡他性或出血性肠炎。

6.6.1.4　诊断

鸡伪结核病的症状和病变的鉴别诊断特征性不明显。

6.6.2　鉴别诊断

本病应注意与结核病、禽霍乱、鸡伤寒、鸡副伤寒、鸡淋巴细胞白血病、鸡李氏杆菌病、鸡疏螺旋体病及某些肿瘤性疾病的鉴别诊断。

（1）结核病

相似点：精神萎靡，消瘦，虚弱。剖检可见肝、脾、肺、肠有结核结节。

不同点：鸡结核病，病程较长，冠、髯苍白，呈单侧跛行和特异性痉挛，表现跳跃步态。剖检在骨骼、卵巢、睾丸、胸腺及腹膜可见到结核结节。

（2）禽霍乱

相似点：精神不振，消瘦，麻痹。剖检可见肝、肺肿大，肠炎等变化。

不同点：禽霍乱病鸡体温升高，口、鼻流出黏液性分泌物，冠、髯肿胀，呈蓝紫色，关节肿大、化脓。剖检可见心冠状沟密布出血点，心包膜增厚，心包液增多、混浊，脾脏无明显变化。

（3）鸡伤寒

相似点：精神萎靡，消瘦，腹泻。剖检可见肺、肝有坏死灶等病变。

不同点：鸡伤寒主要发生在大鸡和成年鸡，腹膜炎时病鸡如企鹅站立。剖检可见肝肿大，呈棕绿色或古铜色。

（4）鸡副伤寒

相似点：食欲不振，腹泻，饮水增加，翅膀下垂等。剖检可见心包炎症，肝脏肿大等病变。

不同点：鸡副伤寒病鸡排水样粪便，失明，结膜炎。剖检可见卵黄凝固，成年母鸡以输卵管坏死性增生病变、卵巢化脓性、坏死性病变为特征。

（5）鸡淋巴细胞白血病

相似点：消瘦、腹泻。剖检可见肝、脾、肺、肠有结核结节。

不同点：鸡淋巴细胞白血病病鸡冠、髯苍白，腹部增大。剖检可见心脏、肾脏、骨髓、法氏囊有肿瘤结节。

（6）鸡李氏杆菌病

相似点：精神不振，消瘦，腹泻。剖检可见肝、脾肿大。

不同点：鸡李氏杆菌病病鸡皮肤暗紫，翅下垂，腿部振发性抽搐。剖检可见肝土黄色，腹腔有大量的血样物。

（7）鸡疏螺旋体病

相似点：精神不振，消瘦，腹泻。剖检可见肝、脾、肾肿大。

不同点：鸡疏螺旋体病病鸡体温升高，鸡冠黄疸或苍白。剖检可见内脏器官出血、黄疸。

6.6.3 防治措施

6.6.3.1 预防

主要是依靠科学的饲养管理，注意扑杀野生啮齿类动物，防止野禽进入鸡舍，引进新鸡群先隔离检疫等措施来预防。目前尚无预防该病的疫苗。

6.6.3.2 治疗

发病后隔离病鸡、消毒，可使用链霉素、四环素等药物治疗。

6.7 鸡念珠菌病

鸡念珠菌病又称消化道霉菌感染、霉菌性口炎、鹅口疮、念珠菌口炎等。它是由白色念珠菌引起的一种传染病，特征是在鸡的口腔、咽喉、食管和嗉囊发生炎症甚至坏死，消化道黏膜发生白色假膜和溃疡。

6.7.1 诊断要点

6.7.1.1 流行病学

许多禽类都对该病具有易感性，如鸡、鸽、鹅、火鸡、孔雀等。一般幼鸡比成年鸡的易感性高，特别是 2 月龄以内的鸡，死亡率较高，可达 20％左右。

本病的传播途径主要是病鸡粪便中的大量病菌污染周围环境，通过消化道和损伤的皮肤和黏膜感染。该病也可经蛋垂直传播。

6.7.1.2 临床表现

鸡念珠菌病的临床症状不是很典型。病鸡表现为生长发育不良，出羽迟缓，精神不振，羽毛蓬乱，逐渐消瘦。病鸡嗉囊膨大，触摸时感觉柔软，压迫时有酸味内容物从口中流出。口腔和咽喉部的黏膜可见与下层组织紧密相连的白色薄膜，病鸡表现吞咽困难，采食时常做吞咽动作。最后可能康复或死亡。

6.7.1.3 病理剖检变化

常见的剖检病变为口腔、食道和嗉囊黏膜增厚，有白色、黄色或褐色的溃疡灶，其中以嗉囊黏膜的病变最为明显，溃疡表面呈鳞状脱落，假膜呈片状，黏膜表面的坏死组织极易剥落。在食管、腺胃等处有时也可见到上述病变。腺胃的病变为肿大，浆膜面有光泽，黏膜出血，可见卡他性或坏死性渗出物。鸡念珠菌病也常见到肠管肥厚。

6.7.1.4 诊断

根据病鸡上消化道黏膜的特征性增生和溃疡灶，可做出初步诊断。确诊必须采取病变组织或渗出物做涂片检查，观察酵母状的菌体和假菌丝，并进行分离培养，特别是在玉米培养基上的特征性生长，可鉴别是否为病原性菌株。

6.7.2 鉴别诊断

本病应注意与鸡毛滴虫病、鸡毛细线虫病的鉴别诊断。

（1）鸡毛滴虫病

相似点：精神萎靡，食欲大减，口腔和咽部有灰白色干酪样假膜，黏膜有溃疡，嗉囊有白色假膜和溃疡。

不同点：鸡毛滴虫病病鸡闭口困难，常做吞咽动作，口中流出难闻的液体。剖检可见口腔、咽、食管、嗉囊、腺胃黏膜上有白色结节和溃疡。

（2）鸡毛细线虫病

相似点：病鸡呼吸困难，叫声嘶哑。

不同点：鸡毛细线虫病的病鸡下颌、腿部皮下有结节或瘤状物，皮肤破裂后幼虫逸出，挑破结节可见到线虫。

6.7.3 防治措施

6.7.3.1 预防

加强饲养管理，搞好环境卫生；鸡舍应加强通风，避免拥挤、潮湿；种鸡室和孵化室要严格消毒等是预防鸡念珠菌病的主要措施。

6.7.3.2 治疗

鸡念珠菌病发生后应及时治疗，药物可以选用制霉菌素。

6.8 鸡弧菌性肠炎

鸡弧菌性肠炎又称为弧菌性霍乱，是一种在症状和病理剖检变化上和禽霍乱相似的急性传染病。

6.8.1 诊断要点

6.8.1.1 流行病学

雏鸡最易感，鸽、豚鼠也易感，成年鸡、家兔对麦氏弧菌有抵抗力。被病鸡污染的饲料、饮水、用具，通过雏鸡消化道而传染。

6.8.1.2 临床表现

病鸡主要表现为精神萎靡、扎堆、羽毛松乱、嗜睡、下痢，排泄物呈黄灰色，常混有血液，体温较平时高，一般于2～3d内死亡。与禽霍乱相似，但病程长，死亡率较高。雏鸡感染后，病原菌主要存在于血液和内脏组织中，而成年鸡只能从肠道中分离出弧菌。

6.8.1.3 病理剖检变化

鸡弧菌性肠炎与禽霍乱的病变不同，由弧菌引起的肠炎不产生出血，或仅有少量的出血斑点，其他器官变化轻微或无变化，仅肺脏发生坏死性病变。

6.8.1.4 诊断

根据鸡弧菌性肠炎的流行特点、症状和病理剖检可做出初步诊断。确诊需要取血液或病变组织进行病原分离和鉴定。

6.8.2 鉴别诊断

本病应注意与鸡白痢、鸡伤寒、鸡副伤寒、弧菌性肝炎等鉴别诊断。

（1）鸡白痢

相似点：精神萎靡，腹泻，产蛋量下降。

不同点：鸡白痢主要发生在雏鸡，排白色石灰样稀便。

（2）鸡伤寒

相似点：二者均具有精神萎靡、两翅下垂、腹泻、产蛋量下降等临床表现。

不同点：患鸡伤寒的病鸡呼吸困难，生长不良。剖检可见肝脏呈棕绿色或古铜色，常因卵巢破裂引起腹膜炎。

（3）鸡副伤寒

相似点：二者均具有精神萎靡、腹泻、产蛋量下降等临床表现。

不同点：患鸡副伤寒的病鸡常有结膜炎、失明等症状。剖检可见心包粘连、心包炎、腹膜炎、输卵管增生性病变。

（4）弧菌性肝炎

相似点：精神萎靡，腹泻，产蛋量下降。

不同点：弧菌性肝炎主要病变在肝脏上，肝脏肿胀、充血、表面有坏死区，肝脏内部充满黏性的脓状物。

6.8.3 防治措施

主要依靠平时的综合性防治方法。目前尚无特效的药物进行治疗。可使用金霉素、链霉素等药物进行治疗，具有一定的疗效。

6.9 鸡坏死性肠炎

鸡坏死性肠炎是由 A 型或 C 型产气荚膜梭菌引起的一种传染病。其特征是发病急、死亡快、剖检病变主要在肠道。

6.9.1 诊断要点

6.9.1.1 流行病学

鸡对坏死性肠炎最易感，蛋鸡的自然发病日龄为 2～6 周龄，肉鸡的发病日龄一般为 2～5 周龄。有报道说发生过球虫病和蛔虫病的鸡常暴发坏死性肠炎。

粪便、土壤、灰尘、污染的饲料和垫料等均含有产气荚膜梭菌。它主要通过消化道传播。促使鸡坏死性肠炎发生的诱发因素有：突然更换饲料或饲料品质差；饲喂变质的鱼粉、骨粉等；鸡舍的环境卫生差，长时间饲料中添加土霉素等抗生素。鸡坏死性肠炎多为散发，一般情况下发病率为13%～40%，死亡率与诱发因素及治疗情况密切相关，死亡率为5%～30%。

6.9.1.2　临床表现

发病突然，临床表现包括不同程度的精神不振，不愿走动，羽毛蓬乱，食欲下降或不食。粪便稀，为暗黑色，有时混有血液。病程急，一般1～2d死亡，有时突然死亡。

6.9.1.3　病理剖检变化

病死鸡一般营养较好，嗉囊中仅有少量的食物，有较多的液体，打开腹腔时即闻到一般传染病不常有的腐臭味。病变主要局限于小肠，偶尔可看到盲肠病变。肠道表面呈黑绿色，肠道扩张，充满气体，肠壁增厚，肠内容物呈液体状，有泡沫，有时为絮状。黏膜有时有出血点，肠管脆、易碎，严重时黏膜呈弥漫性土黄色，干燥无光，黏膜呈严重的纤维素性坏死，并形成假膜。

6.9.1.4　诊断

根据鸡坏死性肠炎的典型剖检病变、发病特点及病原分离即可确诊该病。

6.9.2　鉴别诊断

本病应注意与鸡溃疡性肠炎、鸡组织滴虫病、鸡绦虫病鉴别诊断。

（1）鸡溃疡性肠炎

相似点：精神萎靡，消瘦，腹泻。剖检可见肠炎。

不同点：鸡溃疡性肠炎的典型变化为盲肠溃疡，除链霉素外其他抗生素防治均无效。

（2）鸡组织滴虫病

相似点：精神沉郁，食欲减退或废食，排血样粪便。

不同点：鸡组织滴虫病病鸡末期冠发紫。剖检可见盲肠增厚，充满浆液性、出血性渗出物，形成干酪样盲肠肠芯，黏膜有溃疡或穿孔，肝呈紫褐色、表面有黄绿色圆形凹陷。

（3）鸡绦虫病

相似点：二者均具有精神沉郁、食欲减退或废食、羽毛松乱、腹泻、粪便带血等临床表现。

不同点：鸡绦虫病病鸡粪检可见虫卵、孕节、卵袋，剖检可见绦虫。

6.9.3　防治措施

6.9.3.1　预防

平时应做好综合性的预防措施。不喂发霉变质的饲料，饲料中减少鱼粉的供给，添加益生素，做好球虫病的预防等都是预防鸡坏死性肠炎的重要措施。

6.9.3.2　治疗

发病后应尽早确诊和投药。饮水效果较好的药物有林可霉素、青霉素、土霉素等。拌料治疗的有效药物有杆菌肽锌、氟苯尼考等。

6.10 鸡溃疡性肠炎

鸡溃疡性肠炎是由肠道梭菌引起的一种急性肠道传染病，以蛋清样便、血便、肝脏坏死为特征，又称为鹌鹑病。

6.10.1 诊断要点

6.10.1.1 流行病学

本病多发于 60～80 日龄鸡，鸡、鹌鹑及火鸡均可发病，成年鸡很少发病。一年四季均可发病。发病率 5％～70％，病死率高达 70％～80％。主要诱因是卫生条件差，如潮湿、拥挤、通风不良、营养不良等，常继发于禽霍乱、鸡慢性呼吸道病等。病禽及带菌禽是主要传染源，苍蝇也是传播媒介。

6.10.1.2 临床表现

急性死亡的鸡无临床症状，前一天还欢蹦乱跳，第 2 天一早就死在鸡舍里。死亡鸡肌肉丰满，嗉囊中充满食物，排出水样便。病程稍长的病鸡表现不安和驼背，眼半闭，羽毛暗淡蓬松，远离大群，鸡冠失去血色、呈苍白或蜡黄色，食欲减退，排出白色透明如蛋清样便或血红色的稀便。病程达 1 周时，胸肌明显萎缩，导致极度消瘦。

6.10.1.3 病理剖检变化

最急性死亡的鸡，没有明显的眼观变化。多数急性死亡的鸡，十二指肠有明显的出血性肠炎，在肠壁内侧见到小点样出血。肝呈褐色或土黄色，稍肿胀，有时有小出血点，脾肿大、呈紫褐色。慢性病鸡在消化道各部可见坏死和溃疡，而以肌胃、回肠、盲肠处最为严重和明显，腺胃溃疡也常出现。溃疡的早期特征是小的黄色病灶，边缘出血，在浆膜面和黏膜面均能见到。病程较久，则弥漫白色或中心呈白色、边缘呈紫色的粟粒大的小点。病程再延长，则溃疡面增大，出血性边缘消失，溃疡呈小扁豆状或呈圆形轮廓的弹坑状，有时融合而形成大的坏死性假膜性斑块。溃疡深入黏膜层，并有凸起的边缘。但较久的病变则比较浅表。严重的盲肠溃疡呈边缘凸起，中心凹陷充填有不易洗去的深紫色物质。有的溃疡发生穿孔而导致腹膜炎和肠管粘连。更严重的盲肠病变呈血样内容物，有的形成干酪状物，中心有血液。慢性病鸡，肝质脆、易碎，有的呈轻度浅黄色斑点状坏死，有的肝边缘有大的不规则坏死区，有的呈散在的灰色病灶或有界限的黄色病灶，有时有一个淡黄色晕圈围绕。脾呈紫褐色肿大、充血和出血，严重的有白色或紫黑色粟粒大至高粱粒大的坏死灶。其他器官一般无异常。

6.10.1.4 诊断

根据蛋清样便、血便、肝脏坏死、盲肠溃疡，可发生于鸡、鹌鹑及火鸡等禽类，可做出诊断。

6.10.2 鉴别诊断

本病应注意与鸡坏死性肠炎、禽霍乱、沙门氏菌病、大肠杆菌病、鸡疏螺旋体病、鸡衣原体病、鸡组织滴虫病、鸡球虫病等鉴别。

（1）鸡坏死性肠炎

相似点：羽毛松乱，食欲减退，排含血稀便等。剖检可见小肠壁增厚，黏膜有麦麸样坏死灶。

不同点：鸡坏死性肠炎只发生于鸡，在小肠后 1/3 处的部分肠壁增厚和坏死。

（2）禽霍乱

相似点：精神萎靡，羽毛松乱，腹泻。剖检可见肝脏肿大、坏死。

不同点：禽霍乱病鸡体温升高，肉髯肿胀，剖检可见心冠状沟脂肪和心外膜有针尖大的出血点，心包变厚，心包液有不透明的黄色液体，有的含纤维素絮状液体。

（3）沙门氏菌病

相似点：二者均具有精神萎靡、腹泻、羽毛松乱等临床表现。

不同点：感染沙门氏菌的病鸡，肠道不出现溃疡性的病变，且应用土霉素、磺胺类药物有一定疗效。

（4）大肠杆菌病

相似点：二者剖检均可见肝脾肿大，肝脏呈土黄色。

不同点：患大肠杆菌病的病鸡肠道不出现溃疡性的病变。

（5）鸡疏螺旋体病

相似点：精神萎靡，减食，腹泻，排水样稀便。剖检可见肝坏死，肺淤血。

不同点：患鸡疏螺旋体病的病鸡排浆液性粪便，病后期出现贫血、黄疸。剖检可见脾明显肿大，呈淤血状出血，外观如斑点状，肠道仅有卡他性炎症。

（6）鸡衣原体病

相似点：精神不振，食欲减退，腹泻，消瘦。剖检可见肝、脾出现白色坏死点。

不同点：患鸡衣原体病的病鸡鼻有黏液性分泌物，冠、髯苍白，眼睑、下颌水肿。剖检可见皮下胶冻样浸润，眶下窦有干酪样物，纤维素性心包炎，气囊有纤维素性渗出物，肝棕黄色、质脆，肺紫红色，脾深紫色。

（7）鸡组织滴虫病

相似点：精神萎靡，羽毛松乱，腹泻。剖检可见肝脏肿大、坏死，肠炎等变化。

不同点：患鸡组织滴虫病的病鸡肝坏死，多呈圆形，坏死区稍稍凹陷，边缘稍稍隆起。有干酪样凝固栓子，堵在肠腔内。

（8）鸡球虫病

相似点：精神萎靡，腹泻，羽毛松乱。剖检可见肠黏膜炎症、出血等变化。

不同点：鸡球虫病多发于 15～30 日龄的雏鸡，剖检可见肠道出血，颜色鲜红。不出现肝、脾和肠道溃疡的病变。

6.10.3 防治措施

6.10.3.1 预防

对鸡舍加强消毒和卫生管理，改善环境条件，按科学的程序进行免疫接种。

6.10.3.2 治疗

氯霉素、链霉素对本病的治疗有效，禽菌灵、克球粉、磺胺噻唑钠和青霉素均无效果。鸡群采用链霉素饮水或拌料投药，同时配合用增益素即（α-甘露聚糖肽）新一代免疫增强剂，连用 20d，鸡群可恢复健康，很快控制本病。

6.11　鸡蛔虫病

鸡蛔虫病是由禽蛔虫科的鸡蛔虫寄生于鸡的小肠内而引起的一种常见的寄生虫病。本病遍布全国各地，鸡感染后若不及时治疗，常影响雏鸡的生长发育，成年鸡产蛋量下降，饲料报酬降低，甚至发生死亡，造成经济损失。

鸡蛔虫是大型线虫，雄虫长 5～7cm，雌虫长 6～11cm，黄白色，表面有横纹，头部有三个唇片，尾部稍尖。寄生于鸡的小肠，偶见于食管、嗉囊、肌胃、输卵管和体腔中。虫卵呈扁椭圆形，灰褐色，壳厚而光滑，大小为（70～90）μm×（47～51）μm，新排出时内含单个胚细胞，随粪便排出，在外界温暖、潮湿、空气充足的环境中经 10～12d 的发育即可具有致病力。其生活史不需要中间宿主。雌虫在鸡的肠道成熟、交配后，在小肠每天可产约 5 000 个虫卵，随粪便排出体外，再经 10～12d 的发育成为具有致病力的幼虫，当被鸡啄食后，幼虫钻出卵壳，在小肠内生活数日后，钻入肠黏膜中进一步发育，再经 17～18d 重返小肠内寄生，并分布到小肠各段，发育长大，交配产卵。从感染开始到发育为成虫所需的时间为 35～50d。虫卵被蚱蜢或蚯蚓吞食后可以孵化，但幼虫不进行发育，有感染性。

虫卵对寒冷和常用消毒剂的抵抗力很强。但在干燥和高温（＞50℃），特别是在直射阳光、沸水处理、粪便堆积发酵等情况下会很快死亡。感染性虫卵在土壤中一般能生存 6 个月。

6.11.1　诊断要点

6.11.1.1　流行病学

该病的宿主有鸡、火鸡、珍珠鸡和野鸡等，一般情况下，3～4 月龄的雏鸡易感性高，感染后病情严重，雏鸡只要体内有 4～5 条成虫寄生即可发病；超过 6 月龄的鸡抵抗力较强。不同品种鸡对该病的抵抗力也不同，肉鸡比蛋鸡的抵抗力高。

本病主要是通过鸡食入被感染性虫卵污染的饲料和饮水感染，或由于鸡啄食体内含有感染性虫卵的蚯蚓或蚱蜢而感染。

饲养条件与易感性也有很大的关系。饲料中动物性蛋白充足，或含有足够的维生素 A 和 B 族维生素的饲料，可使鸡具有较强的抵抗力。

6.11.1.2　临床表现

雏鸡常表现为生长发育不良，精神萎靡，行动迟缓，呆立不动，翅下垂，羽毛蓬乱，鸡冠苍白，黏膜贫血，消化机能紊乱，食欲减退，下痢和便秘交替，有时粪便中含有带血的黏液。若不及时治疗，则逐渐衰竭死亡。成年鸡感染时多不表现症状，严重感染时表现为下痢、贫血、产蛋性能降低等症状。另外，鸡蛔虫病还与球虫病和传染性支气管炎有协同作用，鸡蛔虫本身尚能携带传播禽的呼肠孤病毒。

6.11.1.3 病理剖检变化

感染早期，病鸡肠黏膜充血、出血、水肿，幼虫在寄生部位形成寄生性结节，成虫大量寄生时可阻塞肠道，甚至引起肠破裂、腹膜发炎。剖开肠管即可发现大量虫体。

6.11.1.4 诊断

仅从症状上不易确诊，因为本病症状不具有特征性，因此主要依据粪便检查或剖检发现大量虫卵或虫体才可确诊。

6.11.2 鉴别诊断

本病应注意与鸡传染性贫血、鸡白血病及鸡营养性衰竭症等鉴别诊断。

（1）鸡传染性贫血

相似点：精神沉郁，鸡冠苍白，消瘦。

不同点：患鸡传染性贫血的病鸡胸腺萎缩，大腿骨的骨髓呈脂肪色，红细胞和血小板数量减少。

（2）鸡白血病

相似点：消瘦，腹泻。

不同点：患鸡白血病的病鸡许多组织可见淋巴瘤，血液凝固不全，肝、脾肿大，皮下出血。

（3）鸡营养性衰竭症

相似点：精神萎靡，鸡冠、肉髯苍白，消瘦。

不同点：患鸡营养性衰竭症的病鸡走路障碍，两脚劈叉，剖检可见皮下、肌肉、腹膜和肠系膜处的脂肪几乎被消耗，全身肌肉萎缩，肾脏有尿酸盐沉积、呈花斑色或土黄色。

6.11.2.1 预防

本病的预防措施主要是加强饲养管理，如成年鸡和幼龄鸡分群饲养；鸡舍要保持干燥，清洁；饮水器和饲槽每隔10d清洗一次，并用沸水消毒；粪便堆积利用生物热杀灭虫卵；供给鸡全价饲料，增强鸡群的抵抗力等。同时在蛔虫流行的鸡场，每年进行2~3次定期驱虫，雏鸡第1次驱虫在孵化后2个月左右进行，第2次驱虫在冬季；成年鸡第1次驱虫在10—11月，第2次在春季进行。也可在饲料中加预防量的驱虫药长期饲喂。

6.11.2.2 治疗

治疗时常用硫化二苯胺、驱虫净（四咪唑）、丙硫苯咪唑等药物。

6.12 鸡异刺线虫病

本病又称为盲肠虫病，是由异刺科、异刺属的鸡异刺线虫寄生于鸡盲肠内而引起的。在我国各地均有分布。

鸡异刺线虫虫体较小，呈白色或淡黄色，雄虫长5~13mm，雌虫长10~15mm，头端由三个唇围绕口孔，口囊呈圆柱状，食道后端膨大为食道球，肠道与食道球相接处宽，向后变小。雄虫尾端呈刺状，并有一圆形泄殖腔前吸盘。雌虫尾细长，虫卵为椭圆形，灰褐色，壳厚，具有两层膜，卵细胞内带有小的颗粒，大小为（50～70）μm×（30～39）μm。虫卵对外界因素的抵抗力很强，在阴暗潮湿处可存活 10 个月，在 10％的硫酸和 0.1％升汞液中均能发育，能耐干燥 16～18d，在既干燥又阳光直射下则很快死亡。

6.12.1　诊断要点

6.12.1.1　流行病学

成虫寄生于盲肠，产出虫卵随宿主粪便排出体外，在外界适宜的温度和湿度环境中，虫卵经 7～12d 形成幼虫并蜕化为感染性虫卵。虫卵随饲料或饮水进入鸡体即被感染。鸡食入被异刺线虫感染的蚯蚓后也可感染鸡异刺线虫。虫卵在肠内 1～2h，卵内幼虫便在肠上部从卵内逸出，幼虫经 24h 到达盲肠，在盲肠内发育为成虫，此为鸡异刺线虫的生活史。成虫寿命约为 1 年。

鸡异刺线虫的宿主有鸡、火鸡、鸭、鹅、珍珠鸡、鹧鸪、雉等。

该病的主要传播途径是消化道，尤其是采取地面散养的肉鸡更容易患病，这是由于在散养状态下，鸡可食入虫卵或者含有虫卵的中间宿主，如蚯蚓等，从而导致鸡群发病率较高。成年鸡因具有较强的抵抗力，因此在感染此病后不易发生死亡，但是会成为传染源，带虫鸡排泄出带有虫卵的粪便会污染饲料、饮水、用具、设施等，从而使健康鸡食入具有感染性的虫卵。该病对幼龄鸡的危害极大，会导致其生长发育受阻，甚至会引发死亡。

6.12.1.2　临床表现

病鸡主要表现为食欲不振或废绝，贫血、下痢和消瘦。成年母鸡产蛋减少或停止，幼鸡生长发育不良，严重时可造成死亡。

此外，鸡异刺线虫又是黑头病的病原体火鸡组织滴虫的传播者。当鸡体内同时有异刺线虫和火鸡组织滴虫时，后者可侵入异刺线虫的卵内，并随之排出体外。火鸡组织滴虫受到异刺线虫卵壳的保护，不至于受到外界环境因素的破坏而死亡。当鸡食入这种虫卵时，即同时感染异刺线虫和火鸡组织滴虫，导致鸡发生黑头病，极易引起死亡。

6.12.1.3　病理剖检变化

主要的病变位置发生在盲肠，可见一侧或者双侧的盲肠有充气样的肿大，导致肠壁变薄，且呈透明状，肿大严重时甚至可以透过肠管壁清晰地看到寄生在该处的虫体不断地蠕动。有的病例的盲肠壁会出现炎症，肠壁增厚，间或有溃疡。有部分公鸡在患病后会在直肠处发现虫体，但是在其他位置，如嗉囊、腺胃、肌胃处都没有发现虫体。另外，病死鸡可见嗉囊萎缩，囊壁较薄，其中空虚无任何食物，肌胃内仅有几颗沙粒，其他脏器没有发生明显病变。

6.12.1.4　诊断

可应用饱和盐水浮集法或直接涂片法检查粪便中的虫卵。注意与鸡蛔虫卵相区分。

6.12.2　防治措施

6.12.2.1　预防

预防本病主要是做好定期驱虫和粪便的无害化处理。

6.12.2.2　治疗

治疗本病可选用硫化二苯胺、丙硫苯咪唑、噻苯达唑、左旋咪唑等药物。

6.13　鸡棘口吸虫病

鸡棘口吸虫病是由棘口科的吸虫寄生于鸡的直肠、盲肠和小肠中而引起的一种寄生虫病。

病原有棘口属的卷棘口吸虫、宫川棘口吸虫和接睾棘口吸虫，棘缘属的曲棘缘吸虫等。棘口吸虫长度为 7.6～12.6mm，宽为 1.26～1.6mm，虫体前端有多个指状的棘，体表有小棘，背腹扁平。虫卵呈椭圆形，金黄色，前端有卵盖，内含未分裂的胚细胞和许多卵黄细胞，大小为 114～126μm。

成虫寄生于鸡的肠道内，虫卵随粪便排至外界，落于水中的虫卵在 31～32℃ 的条件下，孵出毛蚴；毛蚴游于水中，遇第一宿主螺即侵入其体内，发育成尾蚴；尾蚴离开螺体，游动于水中，又钻入某些螺、鱼类和两栖类（第二中间宿主）的体内变为囊蚴；当鸡吞食了这些含有囊蚴的宿主或囊蚴而被感染，囊蚴在鸡的消化道内囊壁被消化，幼虫脱囊而出，吸附在鸡的直肠和盲肠黏膜上，经 16～22d 发育为成虫。

6.13.1　诊断要点

6.13.1.1　流行病学

鸡棘口吸虫病在我国各地普遍流行，对雏鸡的危害比较严重，家禽感染主要是采食浮萍或水草饲料。

6.13.1.2　临床表现

本病对雏鸡的危害性较大，由于虫体的吸附及体表小棘的机械性刺激作用，引起肠黏膜损伤和出血；虫体的毒素被机体吸收，病鸡表现为食欲减退、下痢、消瘦、贫血、生长发育受阻，严重的引起死亡。

6.13.1.3　病理剖检变化

剖检可见肠壁发炎，点状出血，肠内容物充满黏液，黏膜上附有虫体。

6.13.1.4　诊断

可用粪便检查法和饱和盐水浮集法检查虫卵，同时结合临床症状和病理剖检变化进行综合判断。

6.13.2　防治措施

6.13.2.1　预防

预防棘口吸虫病的主要措施是在流行地区对幼龄鸡进行有计划的驱虫，驱出的虫体和排出的粪便应堆积发酵处理；每天从鸡舍清理出来的粪便应堆积发酵，杀灭虫卵；不用鲜浮萍或水草喂鸡。

6.13.2.2　治疗

治疗棘口吸虫病可选用硫氯酚（别丁）、氯硝柳胺（灭绦灵）、丙硫苯咪唑等药物。

6.14 鸡毛细线虫病

本病是由毛首科、毛细线虫属的多种线虫寄生于禽类消化道引起的一种疾病。

引起本病的虫体细小，呈毛发状，虫体前部比后部细。有轮毛细线虫（环形毛细线虫），雄虫长 15～25mm，前端有一球状的角皮膨大，寄生于鸡的嗉囊和食管黏膜上；鸽毛细线虫（封闭毛细线虫），雄虫长 8.6～10mm，尾部两侧有铲状的交合伞，寄生于鸡小肠黏膜上；膨尾毛细线虫，雄虫长 9～14mm，尾部侧面各有一个大而明晰的伞膜，雌虫长 14～26mm，寄生于鸡、鸽等的小肠。

6.14.1 诊断要点

6.14.1.1 流行病学

鸡毛细线虫寄生于禽类消化道，雌虫在寄生部位产卵，虫卵随禽粪便排到外界，或在中间宿主体内发育至具有感染性阶段，被鸡吞入后，幼虫逸出，进入寄生部位黏膜内。虫卵约经 1 个月发育为成虫。本病在我国各地均有发生，严重感染时可引起禽类死亡。

6.14.1.2 临床表现

虫体在寄生部位挖穴，造成机械性和化学性的刺激。患病鸡精神不振，食欲下降，头下垂，消瘦，有肠炎症状，常做吞咽动作。病情严重时，雏鸡和成年鸡均可发生死亡。

6.14.1.3 病理剖检变化

轻度感染，剖检可见嗉囊和食道壁或小肠有轻微炎症；严重感染时，炎症显著，黏膜增厚，并有黏液脓性分泌物和黏膜脱落或坏死等病理变化，黏膜上覆盖着气味难闻的纤维蛋白性坏死物质。食管、嗉囊或小肠壁在出血的黏膜中有大量虫体，在虫体寄生部位的组织中有不太明显的虫道。

6.14.1.4 诊断

根据本病的临床症状，结合病理剖检和粪便检查，即可确诊。

6.14.2 防治措施

6.14.2.1 预防

对本病的预防主要是做好粪便的发酵消毒处理，并对鸡定期进行预防性驱虫。

6.14.2.2 治疗

对病鸡的治疗可选用盐酸左旋咪唑、甲苯唑、甲氧啶等药物。

6.15 鸡球虫病

鸡球虫病是由艾美耳科、艾美耳属的球虫寄生于鸡的肠上皮细胞内所引起的一种原虫病。该病主要危害雏鸡，可引起大批死亡，给养鸡业带来巨大的经济损失。

6.15.1　诊断要点

6.15.1.1　流行病学

本病主要发生于温暖多雨的春夏季，秋季较少，冬季很少。球虫有严格的宿主特异性，鸡、火鸟、鸭、鹅等都可发生球虫病，但多由不同球虫引起，互不传染。11日龄内很少发生，4～6周龄多发。

球虫卵囊附着在细微的尘土上随风可传播至数公里之外，野鸟、苍蝇、蚊子也可携带球虫虫囊传播，主要经消化道传播。

6.15.1.2　临床表现

（1）急性型　病程数天至2～3周。病初精神不好，羽毛耸立，头卷缩，呆立一隅（彩图7A-1至A-3，B-1至B-3），食欲减少，泄殖孔周围羽毛被液体排泄物污染、粘连。以后由于肠上皮的大量破坏和机体中毒的加剧，病鸡出现共济失调，翅膀轻瘫，渴欲增加，食欲废绝，嗉囊内充满液体，病鸡腹泻造成贫血严重，粪便过料，黏膜与鸡冠苍白，迅速消瘦（彩图7C、D-1、D-2）。

粪呈水样或带血。由柔嫩艾美耳球虫引起的盲肠球虫病，开始时粪便呈棕红色，以后完全变为血便（彩图7E-1至E-3），末期发生痉挛和昏迷，不久即死亡。如果不及时采取措施，死亡率可达50％～100％。

（2）慢性型　病程约数周至数月。多发生于4～6月龄鸡或成年鸡。症状与急性型相似，但不明显。病鸡逐渐消瘦，足翅轻瘫，有间歇性下痢，产卵量减少，死亡的较少。

6.15.1.3　病理剖检变化

体内变化主要发生在肠管，其程度、性质与病变部位和球虫的种别有关。

（1）柔嫩艾美耳球虫　主要侵害盲肠，发生急性型时，一侧或两侧盲肠显著肿大，可为正常的3～5倍，其中充满凝固的或新鲜的暗红色血液，盲肠上皮增厚，有严重的糜烂甚至坏死脱落，与盲肠内容物、血凝块混合，形成坚硬的"肠栓"（彩图7F、G-1、G-2）。

（2）毒害艾美耳球虫　主要损害小肠中段，可使肠壁扩张、松弛、肥厚、出血和严重的坏死（彩图7H-1、H-2）。肠黏膜上有明显的灰白色斑点状坏死病灶和小出血点相间杂。肠壁深部及肠管中均有凝固的血液，使肠外观上呈淡红色或黑色。

6.15.1.4　诊断

根据临床症状、病理解剖变化可做出初步诊断。确诊必须采取实验室检查。

6.15.2　鉴别诊断

本病应注意与鸡传染性贫血、鸡包涵体肝炎、鸡白血病、鸡结核病及鸡绦虫病等鉴别诊断。

（1）鸡传染性贫血

相似点：精神沉郁，鸡冠苍白，消瘦。

不同点：患鸡传染性贫血的病鸡胸腺萎缩，大腿骨的骨髓呈脂肪色，红细胞和血小板数量减少。

（2）鸡包涵体肝炎

相似点：病鸡精神委顿，下痢。

不同点：患鸡包涵体肝炎的病鸡肝脏苍白肿胀、质脆，组织学检查可见肝细胞内出现包涵体。

（3）鸡白血病

相似点：消瘦，鸡冠苍白，腹泻。

不同点：患鸡白血病的病鸡许多组织可见淋巴瘤，血液凝固不全，肝、脾肿大，皮下出血。

（4）鸡结核病

相似点：病鸡精神沉郁，下痢。

不同点：患鸡结核病的病鸡肝、脾体积变大，有黄白色结核结节，小肠、盲肠、肺、骨等组织可见结节。

（5）鸡绦虫病

相似点：病鸡精神沉郁，黏膜、鸡冠苍白，下痢，消瘦，肠黏膜出血。

不同点：患鸡绦虫病的病鸡肝脏呈土黄色、质脆，肠内虫体有白色绦虫节片。

6.15.3 防治措施

6.15.3.1 药物预防

可选用以下药物进行预防：盐霉素、马杜拉霉素、地克珠利、氯吡醇、尼卡巴嗪、球痢灵、氨丙啉、氯苯胍、溴氯常山酮。

6.15.3.2 治疗

治疗球虫病的时间越早越好，因为球虫的危害主要是在裂殖生殖阶段，若不晚于感染后96h，则可降低雏鸡的死亡率。常用的治疗药物有：磺胺二甲基嘧啶（SM2）、磺胺喹噁啉（SQ）、氨丙啉（Amprolium）、磺胺氯吡嗪（Esb3，商品名为三字球虫粉）、百球清（Baycox）等。

6.16　高锰酸钾中毒

高锰酸钾广泛应用于养鸡场内饲养用具、种蛋及鸡外伤的消毒和微量元素锰的补充剂。当使用浓度过高时，就会腐蚀消化道，损害肾脏、大脑等，引起中毒现象。

6.16.1 诊断要点

6.16.1.1 流行病学

在养鸡生产中，不同浓度的高锰酸钾有不同的用途，如0.01%～0.02%浓度用于饮水消毒；0.1%浓度用于皮肤消毒；0.1%～0.5%浓度用于食槽和水槽消毒。在饮水中高锰酸钾浓度若超过0.03%，就会对消化道黏膜有一定的刺激性和腐蚀性，浓度达到0.1%即能引起明显的中毒。

6.16.1.2 临床表现

病鸡呼吸困难、腹泻，严重中毒的病鸡可突然死亡。

6.16.1.3 病理剖检变化

剖检可见中毒鸡的口腔、舌和咽部黏膜变为紫红色且水肿，整个消化道黏膜都有不同程度的腐蚀和出血现象，甚至引起坏死和穿孔，严重的嗉囊黏膜大部分脱落。

6.16.1.4 诊断

根据病鸡的用药史、症状和病理变化，可做出诊断。

6.16.2 防治措施

6.16.2.1 预防

为防止本病的发生，高锰酸钾饮水消毒的浓度应控制在0.03%以下，连续饮用不超过3d，最好现用现配。

6.16.2.2 治疗

对于已中毒发病的鸡群，应立即停止饮用高锰酸钾水，更换为洁净清水，必要时在饮水中添加2%～3%的牛奶或奶粉，对消化道黏膜有一定的保护作用。也可试用百毒解进行饮水治疗。

6.17 变质鱼粉中毒

变质鱼粉中毒又称为鸡肌胃糜烂病，主要发生于3～6周龄的肉仔鸡，其次是蛋鸡，成年鸡多零星发生。临床症状为病鸡呕吐黑色物，肌胃角质膜糜烂、溃疡。

一般在鸡饲料中鱼粉的添加量不超过8%时，鸡群并无不良反应。当鱼粉含量在12%以上时，或鱼粉发生霉变，细菌繁殖后产生肌胃糜烂素、组胺、组胺酸和其他胺类，这些物质刺激鸡的肌胃黏膜，就会引起肌胃糜烂和出血，造成鸡中毒。

6.17.1 诊断要点

6.17.1.1 临床表现

中毒鸡病初厌食，最后食欲废绝，鸡冠、肉髯苍白，羽毛松乱，闭眼缩颈呆立，行动迟缓，喜欢蹲伏，病鸡嗉囊、腹部外观呈黑色，倒提病鸡或用手挤压嗉囊从口中流出黑褐色稀薄液体，所以本病又称为黑吐病。病鸡排黑褐色、带血的稀粪，日渐消瘦，逐渐衰竭死亡。

6.17.1.2 病理剖检变化

剖检时，血液稀薄，不易凝固，呈浅红色；肌胃体积增大，胃壁变薄，松软，内容物呈黑褐色，稀薄，沙砾极少或没有，角质层呈暗绿色或黑褐色，皱襞增厚，表面粗糙，外观呈树皮状。在发病后期，在肌胃皱襞深处及肌胃和腺胃交界处有米粒大或较大的溃疡，严重的会发生肌胃穿孔，流出的黑褐色黏液污染整个腹腔。其他器官无明显的病变。

6.17.1.3 诊断

根据以下几点可做出诊断：

（1）具有饲喂过量鱼粉或变质鱼粉的病史。

（2）倒提病鸡从嗉囊中流出黑褐色黏液。

（3）剖检可见肌胃糜烂、溃疡，甚至穿孔。

6.17.2 防治措施

6.17.2.1 预防

为了防止本病发生，一是严禁使用腐烂变质的鱼粉配料，对鱼粉加强监测，妥善保存，在鱼粉中加入维生素 C 纯粉，能抑制肌胃糜烂素的合成。二是加强饲养管理，防止鸡群密度过大，注意通风换气，防暑降温，减少发病诱因。三是在每千克饲料中补充维生素 K_3 2～8mg、维生素 B_6 3～7mg、维生素 C 30～50mg、维生素 E 5～20mg，有排除应激的防治效果。

6.17.2.2 治疗

发现中毒后，立即停喂变质鱼粉，日粮中鱼粉含量降至 8％以下；在发病初期，在饲料和饮水中加入 0.2％～0.4％小苏打，每天 2 次，连用 3d；每只鸡肌内注射 0.5～1mg 的维生素 K_3 或止血敏 50～100mg，连用 4d；在饮水中加入 0.1％浓度的磺胺二甲基嘧啶，连用 3d，都有较好的治疗效果。

6.18 磷化锌中毒

在我国，用于灭鼠的药种类众多，常见的有磷化锌、安妥、氟乙酸钠、士的宁、杀鼠灵等。磷化锌是一种应用较多的毒鼠药，对人和畜禽都有很大的毒性，鸡的中毒致死量为 4～10mg。本病以无力、腹泻、角弓反张、腹水和心包积水为特征。

6.18.1 诊断要点

6.18.1.1 病因

主要是鸡场用磷化锌杀毒时，毒饵放置不当，或保管不妥污染饲料、饮水，或被鸡直接食入毒饵，而引起中毒。

6.18.1.2 临床表现

中毒严重的鸡不见任何症状即突然死亡。急性中毒鸡多在 1h 内出现症状，表现为精神萎靡不振，食欲消失，饮欲增加，鸡冠和肉髯呈蓝紫色，羽毛蓬乱，从口腔流出大量黏液，口腔内有大蒜味，患鸡腹泻，粪便在暗中观察有荧光。病鸡站立不稳，共济失调，呼吸困难，全身肌肉痉挛，角弓反张，惊厥，突然死亡。慢性中毒鸡主要症状是消化机能紊乱，病鸡精神不佳，腹泻，粪便呈绿色。

6.18.1.3 病理剖检变化

剖检时，嗉囊和胃内容物有大蒜气味，胃黏膜溃疡，消化道有炎症；腹腔积水；心包积水，心脏表面有出血点；肝肾肿大，质地变脆。

6.18.1.4 诊断

根据与磷化锌毒鼠剂的接触史，症状表现为肌肉痉挛、头向背后屈曲、死前惊厥，剖检胃内容物有大蒜味等，可做出诊断。

6.18.2 防治措施

6.18.2.1 预防

为了防止磷化锌中毒的发生，应加强对鼠药的管理和使用。放置毒饵时要有专人负责，毒饵放置在鸡群接触不到的地方，以免误食。毒死的老鼠应深埋或烧毁，禁止乱丢。

6.18.2.2 治疗

发现鸡群中毒后，要及时采取抢救措施，停喂可疑饲料和饮水，每只鸡皮下注射硫酸阿托品 0.2～0.5mL，同时内服 0.1％硫酸铜溶液，每只鸡 10mL，饮水中加入维生素 C 和 5％葡萄糖水溶液。经过上述抢救措施，症状较轻的鸡可逐渐恢复健康，重症鸡则很难救治。

6.19 肉鸡肠毒综合征

肉鸡肠毒综合征是以腹泻、粪便中含有未消化的饲料、采食量明显下降、生长缓慢或体重减轻、色素沉着障碍、脱水和饲料报酬下降为特征的疾病。此病普遍流行，虽然死亡率不高，但造成的隐性经济损失巨大，而且往往被肉鸡饲养户错误地认为是一般的消化不良，或被兽医临床工作者认为呈单一的小肠球虫感染。此病俗称"肠毒""过料"等。

6.19.1 诊断要点

6.19.1.1 流行病学

此病在山东、河北、辽宁、江苏、河南等肉鸡养殖发达的省区，无论是地面平养还是网上平养的商品肉鸡都普遍存在，此病多发于 30～40 日龄的肉鸡，其他日龄也可以发生，但严重程度较轻，发病的数量较少，最早可发生于 7～10 日龄。一般来讲，地面平养的肉鸡发病早一些，网上平养的肉鸡发病晚一些。本病一年四季均可发生，以夏秋梅雨季节气温高、湿度大的情况下多发，饲养密度过大，通风不良，卫生条件差的鸡群多发，症状也较严重，治疗效果较差。越是饲喂含优质蛋白质、能量、维生素等营养全面的饲料，发生肠毒综合征的机会就越大，症状也较严重。与此相反，品质较低的饲料发病的机会小，症状也轻。此病发生在较严重的鸡群，猝死症的发病率明显上升，先兴奋不安，后瘫软、衰竭死亡的鸡明显增多。鸡群发病率在 30％，严重时高达 80％，单独患本病的死亡率为 5％～10％，若继发大肠杆菌病、新城疫，则呈现较高的死亡率。蛋鸡也可发生。

6.19.1.2 临床表现

发病初期，鸡群一般没有明显症状，精神正常，食欲正常，死亡率也在正常范围内。仔细观察鸡群，个别鸡的粪便变得稀薄、不成形，排出鱼肠粪便，粪中含有未消化的饲料。病情进一步发展，整个鸡群腹泻的鸡只增多，粪便更稀薄，有的出现水泻，粪便中有较多的未消化饲料，颜色变浅，呈浅黄色或黄绿色。当鸡群中多数鸡出现此种粪便之后 2～3d，鸡群的采食量开始明显下降，一般下降 10％～20％，有的鸡群采食量可下降 30％ 以上。病的中、后期个别鸡出现共济失调、步态不稳、头颈震颤、瘫痪。呈急性经过的鸡常发出"吱吱"尖叫声，乱窜、瘫痪，痛苦而死亡；呈慢性经过的鸡冠白、爪白、瘦弱，排胡萝卜色及西红柿色便。

6.19.1.3　病理剖检变化

主要表现腺胃轻微肿大，乳头凸出，轻刮出白浆，十二指肠、空肠段卵黄蒂之前的部分黏膜增厚，颜色变浅，呈灰白色，易剥离。初期有的肠腔内没有内容物，后期肠壁变薄，黏膜脱落，肠内含有淡黄色黏液或白色脓样物，有的内容物为尚未消化的饲料，泄殖腔附有石膏色稀粪。个别鸡群表现得特别严重，肠黏膜几乎完全脱落崩解，肠壁菲薄，肠内容物呈血色蛋清样或黏脓样。其他脏器未见明显病理变化。

6.19.1.4　诊断

根据临床症状及剖检变化，可进行初步诊断。

6.19.2　防治措施

本病的防治既要考虑传染性因素（以小肠球虫为主的原虫和细菌病原），也要注意非传染性因素（包括毒素和营养因素），应采取综合性防治措施。

6.19.2.1　预防

（1）严格消毒，特别是老鸡舍在进鸡前要冲洗、熏蒸消毒。育雏阶段定期带鸡消毒，对发病的鸡群坚持每日消毒 1 次，以消灭病原。

（2）加强饲养管理，注意保温和控制湿度，降低饲养密度，加强通风、适当限料等均可减少和控制本病发生。

（3）及早防治球虫病，建议在 10 日龄前投饲球虫药预防。

（4）当发现有腹泻时，不能误诊为肠炎，单纯用治疗肠炎的药物，免得肠道菌群失调紊乱，使肠黏膜受损。

6.19.2.2　治疗

对发病鸡群可根据多种病因选择抗球虫、抗大肠杆菌、抗病毒及利于肠黏膜修复的辅助性药物进行综合性投药治疗。

7

鸡的呼吸障碍类疾病

鸡的呼吸障碍类疾病包括：鸡传染性支气管炎、鸡绿脓杆菌病、鸡曲霉菌病、鸡疏螺旋体病、一氧化碳中毒、氨气中毒、硬嗉、软嗉、热射病、皮下气肿、胸囊肿和鸡呼吸道疾病综合征等。

7.1 鸡传染性支气管炎

鸡传染性支气管炎是由冠状病毒引起的一种急性、高度接触性呼吸道传染病。幼鸡以发生气管啰音、咳嗽和打喷嚏为特征；产蛋鸡以产蛋量减少和产畸形蛋、肾炎、肾肿大、花斑肾为特征。

7.1.1 诊断要点

7.1.1.1 流行病学

本病一年四季均可发生，但以冬季最为严重。各日龄的鸡均易感，雏鸡 20～30 日龄是本病的高发阶段，临床症状明显；成年鸡也可感染，病程 10～15d。该病的发病率为 70%～100%，但死亡率低，雏鸡死亡率为 25%，成年鸡死亡率为 1.4%。

带有该病毒的病鸡是主要的传染源，病鸡可通过呼吸道排毒污染器具及周围的环境，病毒可通过被污染的环境及器具等经消化道使鸡感染，也可通过空气传染给其他鸡。

7.1.1.2 临床表现

本病有两种类型，即呼吸道型传染性支气管炎和肾型传染性支气管炎。

（1）呼吸道型 ①不同日龄的鸡均可发病，常突然发病。发病日龄一般多在 5 周龄以下，出现呼吸道症状，可迅速波及全群。本病突出的症状为张嘴喘气，咳嗽，甩头，呼吸时有呼噜声，重者呈犬坐姿势。②病鸡精神沉郁、畏寒、打喷嚏、流鼻涕、呼吸困难、呼吸啰音，多因呼吸困难窒息而死。随着病情发展，全身症状逐渐加重，出现精神委顿、缩头闭眼、沉睡、两翅下垂、羽毛蓬乱、喜蹲坐、怕冷、聚堆、食欲减少甚至废绝、身体消瘦等表现。③成年鸡症状不明显，在产蛋鸡群，呼吸道症状只见部分鸡咳嗽、打喷嚏，精神不振，采食减少，症状通常不十分明显。但对鸡的生产性能有很大影响，产蛋量突然下降，并产畸形蛋，蛋质量变差。蛋黄与蛋白分开，蛋白稀薄呈水样，或蛋白黏在壳膜上。感染后产蛋量很难恢复原来水平。

（2）肾型 ①多发于 20～30 日龄的雏鸡，但育成鸡和产蛋鸡也有发生，40 日龄以上发生较少。②以鸡群发病突然、传播快、死亡多、粪便中带有多量白色尿酸盐为主要特征。呼吸道症状不明显，呈一过性，很难察觉，只有个别鸡精神沉郁、厌食，排灰白色稀便或白色淀粉样稀便。病鸡失水，脚爪干枯，此时为死亡高峰，死亡率最高可达 30％以上。成年鸡和产蛋鸡群并发尿石症时死亡率大增。

7.1.1.3　病理剖检变化

（1）呼吸道型　病鸡的气管、支气管、鼻腔和鼻窦中有浆液性、卡他性和干酪样分泌物，支气管叉处有白色黏稠液（彩图 8A）。气囊混浊、增厚，含有黄色纤维素性渗出物。肝及心外膜有白色纤维素性渗出物，心包积液，病重鸡及死亡鸡发现喉气管环间严重充血，气管内除有大量渗出物外，在支气管叉处有白色黏稠液或干酪样物质堵塞，肺淤血，有的可见肺炎灶，胸气囊混浊，含有黄色干酪样渗出物。产蛋鸡的腹腔内见有液状卵黄物质，卵泡充血、出血、变形，卵黄坠落腹腔，输卵管发育异常，如输卵管短缩、管壁变薄等。有的鸡输卵管积水，病鸡呈企鹅状。

（2）肾型　以肾病变为主的病、死鸡，呼吸道多无明显可见变化，部分鸡仅有少量分泌物。最特征性病变为双肾肿大，肾脏表面有苍白或灰白色斑驳状花纹（肾呈大理石样）。肾小管和输卵管扩张，充满白色尿酸盐（彩图 8B-1 至 B-5），泄殖腔内沉积白色石灰样物；有的心包及内脏表面甚至喉气管、关节面都有尿酸盐沉积；全身皮肤和肌肉发绀，有时气管可见轻微出血并有黏液；直肠黏膜条状出血，直肠后段沉积尿酸盐。

7.1.1.4　诊断

根据本病的流行特点、临床症状，可做出初步诊断。要确诊必须进行实验室诊断。

7.1.2　鉴别诊断

本病应注意与鸡新城设、鸡传染性喉气管炎、鸡传染性鼻炎、鸡慢性呼吸道病鸡减蛋综合征、鸡曲霉菌病、鸡隐孢子虫病、鸡线虫病、鸡氨气中毒鉴别诊断。

（1）鸡新城疫

相似点：精神不振，翅下垂，昏睡，鼻分泌物增多，常甩头，呼吸困难。

不同点：患鸡新城疫的病鸡症状较为严重，少数可出现神经症状。剖检可见腺胃及小肠黏膜出血等典型病变，产蛋量严重下降。

（2）鸡传染性喉气管炎

相似点：流鼻液，流泪，咳嗽，张口呼吸。

不同点：鸡传染性喉气管炎传播较慢，病鸡气管分泌物混有血液，主要发生于成年鸡。

（3）鸡传染性鼻炎

相似点：流鼻液，打喷嚏，甩头，结膜炎，产蛋率下降。

不同点：鸡传染性鼻炎传播较慢，成年鸡发病较重，鼻腔和鼻窦发炎，多见脸部肿胀。

（4）鸡慢性呼吸道病

相似点：咳嗽，打喷嚏，呼吸啰音，流泪，产蛋量下降。

不同点：鸡慢性呼吸道病传播慢。剖检可见鼻、气管、支气管和气囊有混浊黏稠渗出物。

（5）鸡减蛋综合征

相似点：产蛋量下降，蛋壳质量发生相似的变化。

不同点：患鸡减蛋综合征的病鸡蛋内质量无明显变化。

（6）鸡曲霉菌病

相似点：昏睡，翅下垂，伸颈张口呼吸，摇头甩鼻，腹泻，产蛋量下降等。

不同点：鸡曲霉菌病多发于 4～6 日龄雏鸡，病鸡对外界反应淡漠。剖检可见肺有霉菌结节，周围有红色浸润，切开结节有干酪样物。

（7）鸡隐孢子虫病

相似点：咳嗽，打喷嚏，张口呼吸，眼半闭，气囊混浊，气管水肿，有干酪样物。

不同点：鸡隐孢子虫病的病鸡肺脏腹侧充血严重，表面湿润，常带有灰白色硬斑，切面渗出液多。

（8）鸡线虫病

相似点：呼吸困难，甩头，张口呼吸。

不同点：鸡线虫病病鸡粪检有虫卵，剖检可见到寄生的线虫。

（9）鸡氨气中毒

相似点：流鼻液，甩头，呼吸困难，咳嗽。剖检可见鼻腔、鼻窦有大量黏液，气管、支气管和肺充血、发红。

不同点：鸡氨气中毒为非传染性疾病，会存在鸡密度过大、鸡舍通风不良、空气污浊、氨气过多等病因。

7.1.3 防治措施

目前本病尚无特异性的治疗方法，平时要做好消毒工作，加强饲养管理，减少诱发因素，保证采食量，防止鸡体质差等，可降低传染性支气管炎造成的损失。

7.1.3.1 预防

（1）鸡场除了要严格执行兽医卫生综合防治工作外，鸡舍要注意通风换气，防止过挤，注意保温，加强管理，补充维生素和矿物质饲料，增强鸡体抵抗力。

（2）目前中草药预防传染性支气管炎已经取得了有效的进展，在雏鸡日粮中添加适量的中草药可预防鸡肾型传染性支气管炎的发生。

（3）预防本病最有效的方法就是免疫接种，选择有效的疫苗是关键。

7.1.3.2 治疗

（1）发病后可适当投喂抗菌药物防止继发感染，也可使用提高肾功能的药物，起到辅助治疗的作用，减少死亡。

（2）在日常饮水中加适当电解质如柠檬酸钾，补充维生素，对控制本病有良好的效果。

7.2 鸡绿脓杆菌病

鸡绿脓杆菌病是由绿脓杆菌引起的一种急性、败血性传染病，特征是发病急、发病率和死亡率均很高。临床特征为鸡呼吸困难、腹泻和脸部水肿。该病在世界各地都有发生，在我国的发病也呈上升趋势。

7.2.1 诊断要点

7.2.1.1 流行病学

鸡绿脓杆菌病一年四季各种年龄的鸡均可发生，以雏鸡最为多见，且病程短、死亡率高。7日龄的雏鸡多呈暴发性发病，病雏成批死亡，死亡率一般为30%～50%，严重时可高达85%以上。发病特点多在1日龄注射鸡马立克氏病疫苗后出现，而且在同批鸡中公雏发病少，母雏发病多。鸡绿脓杆菌病潜伏期为0.5～2d，病程3～14d。

主要传播方式是：种蛋在孵化过程中受污染；通过创伤或外伤感染，例如，在注射疫苗和注射药物时注射器消毒不严格，以及其他原因造成的外伤，雏鸡脐带愈合不良等。

7.2.1.2 临床表现

鸡的年龄不同，症状有很大的差别。雏鸡感染后，最急性的不表现任何症状而突然死亡。急性的表现为精神沉郁，食欲下降或废绝，体温升高到43℃以上，羽毛蓬乱，两翅下垂；结膜充血、化脓，有干酪样物；腹部膨大，柔软，外观呈绿色；排黄绿色或白色水样稀粪，并出现呼吸困难，很快死亡。有的病鸡眼睑、面部、肉髯甚至颈部皮下水肿。部分病鸡表现为倒地不起、颤抖、抽搐等运动失调症状，最后衰竭而死。成年鸡感染以慢性、局部感染为主。如眼炎型病鸡则可见到眼睑肿胀，有角膜炎和结膜炎，严重的引起一侧或两侧眼睛失明。关节炎型的病鸡关节肿大，跛行。若是创伤感染，则伤口处流出黄绿色脓液。

7.2.1.3 病理剖检变化

最急性死亡的雏鸡剖检后看不到明显变化。急性的可见头、颈部皮下有淡黄色或黄绿色胶冻样渗出物，皮肤、肌肉有出血点或出血斑，以颈部最明显。脑膜水肿，实质有点状出血。腹部膨大的腹水增加，呈绿色、混浊，卵黄吸收不良，呈黄绿色。肺部有炎性病变，呈紫红色或大理石样变化。肝脏肿大、质脆，呈黄红色或淡黄色，有大小不等的出血点或出血斑。心包积液浑浊，心冠状沟脂肪、心内外膜有出血点。脾脏充血、肿大。肾脏淤血、肿大、色浅，输尿管有尿酸盐沉积。肌胃黏膜有出血斑，消化道呈卡他性或出血性炎症。

7.2.1.4 诊断

根据该病的流行特点、临床症状和剖检变化可做出初步诊断，确诊需要进行实验室的病原分离和鉴定。

7.2.2 鉴别诊断

本病应注意与鸡副伤寒、禽霍乱、鸡葡萄球菌病、肉鸡腹水综合征等病鉴别诊断。

（1）鸡副伤寒

相似点：精神不振，腹泻，粪便水样，眼睑水肿，呼吸困难。剖检可见脾脏充血、肿大。

不同点：患鸡副伤寒的病鸡嗜睡，呆立，结膜炎，失明。

（2）禽霍乱

相似点：呼吸促迫，腹泻，粪便呈灰黄色或灰绿色，关节炎，跛行。剖检可见心内膜有出血，直肠有坏死点，肠黏膜充血、出血。

不同点：患禽霍乱的病鸡冠黑紫、水肿。剖检皮下组织、肠系膜浆膜、黏膜均有出血点，胸腔、腹腔、气囊、肠黏膜上有纤维素性或干酪样渗出物，十二指肠严重出血。

（3）鸡葡萄球菌病

相似点：精神萎靡，眼半闭，腹泻，粪便呈黄绿色，嗉囊和大腿内侧水肿，关节炎，跛行。剖检可见肝脏有坏死点、皮下胶冻样浸润。

不同点：患鸡葡萄球菌病的病鸡皮下水肿，呈紫色或紫褐色，皮下组织大量红色或粉红色胶冻样液，脚底肿大。剖检肝肿大、呈淡紫红色，有花纹样坏死灶。

（4）肉鸡腹水综合征

相似点：食欲减退，羽毛松乱，腹部膨大，后期行走艰难，呼吸困难。

不同点：患肉鸡腹水综合征的病鸡、皮肤变薄、发亮，体温正常，鸡冠紫红，行动迟缓如企鹅状。剖检可见腹腔大量液体。全身淤血，心肌迟缓，肝肿大、呈紫红色、表面有灰白色或黄白色胶冻样物。

7.2.3　防治措施

7.2.3.1　预防

对本病的预防关键在于平时要加强孵化的卫生和消毒工作，做好对种蛋的熏蒸消毒和鸡舍带鸡消毒。进行马立克氏病疫苗稀释和注射时，必须做好消毒工作。

7.2.3.2　治疗

绿脓杆菌很容易产生耐药性，因此最好进行药敏试验。一般可用庆大霉素、阿米卡星、链霉素等进行治疗。部分发病雏鸡可采用庆大霉素针剂注射的方法进行治疗。

7.3　鸡曲霉菌病

鸡曲霉菌病也称为霉菌性肺炎，主要是由烟曲霉及黄曲霉、黑霉菌等引起的一种急性或慢性的、以侵害呼吸器官为主的真菌病，本病的特征是雏鸡以急性型多见，成年鸡多为慢性型。

7.3.1　诊断要点

7.3.1.1　流行病学

一年四季均可发生，但闷热潮湿的夏季较多发。本病的潜伏期为 1～3d，急性病例多在出现症状后 2～3d 死亡，死亡率为 5%～50%。本病所有日龄鸡都可感染（尤其是雏鸡），也感染其他禽类、野鸟、哺乳动物和人类。被曲霉菌污染的垫料和发霉的饲料是本病的传染源。本病的传播途径以呼吸道为主，鸡吸入一定量的孢子便可发病，但也有通过种蛋传染的。

7.3.1.2　临床表现

病鸡呈抑制状态，多卧伏，不食，对外界反应淡漠，病程较长，可见呼吸困难，伸颈张口，可闻气管啰音，鸡冠、肉髯颜色暗红或发紫。饮欲增加，常有下痢、离群独立、昏睡、精神委顿症状，并很快窒息死亡。当侵害眼时，可出现一侧或两侧眼球发生灰白色浑浊，或引起眼部肿胀，眼睑下有干酪样物质。种蛋被污染可降低孵化率。成年鸡感染发病，病程长，多为慢性经过，有类似喉气管炎症状，产蛋量下降，死亡率低。

7.3.1.3 病理剖检变化

一般以肺部病变为主，肺脏有粟粒大至绿豆大的黄白色或灰白色结节。气囊都呈现灰白色或黄白色结节，结节为针头大到米粒大，质地较硬，气囊壁厚，壁上有干酪样斑块并逐渐增多、增大，有的融合在一起，形成霉斑。严重病例在腹腔、浆膜、肝、肾等表面有灰白色结节或灰绿色斑块。还有的病雏在肺部有局限性肝变或弥漫性肺炎。个别病例在肝和肠系膜上有灰白色结节，气管黏膜上也有大小不一的结节。

7.3.1.4 诊断

根据本病的流行特点、临床症状，可做出初步诊断。要确诊必须进行实验室诊断。

7.3.2 鉴别诊断

本病应注意与鸡传染性支气管炎、鸡白痢、鸡慢性呼吸道病、鸡副伤寒、鸡隐孢子虫病及鸡线虫病鉴别诊断。

（1）鸡传染性支气管炎

相似点：精神不振，羽毛松乱，嗜睡，翅膀下垂，打喷嚏，伸颈张口呼吸，摇头甩鼻，腹泻，产蛋量下降。

不同点：鸡传染性支气管炎传播很快，成年鸡产蛋量迅速下降，产畸形蛋。剖检可见生殖器官病变明显。

（2）鸡白痢

相似点：精神萎靡，翅膀下垂，减食或废食，腹泻，气喘，呼吸困难，成年鸡贫血、产蛋量下降。

不同点：患鸡白痢的病鸡排出石灰样白色粪便，同时心脏、肝脏、消化道都受到侵害，但不形成曲霉菌病的特征性结节。

（3）鸡慢性呼吸道病

相似点：打喷嚏，呼吸有啰音，摇头甩鼻，眼睑肿大，结膜炎，产蛋量下降。

不同点：患鸡慢性呼吸道病的病鸡咳嗽，一侧或两侧眶下窦肿胀。剖检可见鼻腔、眶下窦、气管、肺有浆液性、黏液性分泌物。

（4）鸡副伤寒

相似点：二者均具有羽毛松乱、嗜睡、呆立、翅膀下垂、腹泻、结膜炎等临床表现。

不同点：鸡副伤寒的病鸡饮水增加，呈水样腹泻。剖检可见肝、脾充血，有出血条纹和出血点、坏死点，心包粘连。

（5）鸡隐孢子虫病

相似点：精神不振，打喷嚏，闭目嗜睡，翅膀下垂，张口呼吸。

不同点：鸡隐孢子虫病病鸡咳嗽。剖检可见喉和气管水肿、有较多泡沫性液体和干酪样物，肺严重充血，有灰白色硬斑。

（6）鸡线虫病

相似点：精神萎靡，减食或废食，张口呼吸，摇头甩鼻。

不同点：患鸡线虫病的病鸡口内充满泡沫状唾液，剖检可见口腔和喉头有虫体。

7.3.3　防治措施

7.3.3.1　预防

（1）不用发霉的垫草，不喂发霉的饲料。

（2）长霉时可用福尔马林熏蒸消毒。

（3）育雏室的温度不宜过大，要保持通风良好，在梅雨季节要特别注意防止垫草和饲料发霉。

7.3.3.2　治疗

治疗本病可选用制霉菌素、硫酸铜、磺化钾、克霉唑等药物，会有一定疗效。

7.4　鸡疏螺旋体病

鸡疏螺旋体病是由鸡疏螺旋体引起的一种急性、热性、败血性传染病。其主要特征是急性、败血性经过，发病率不等，死亡率高。该病在世界各地均可发生。

7.4.1　诊断要点

7.4.1.1　流行病学

鸡疏螺旋体病的易感动物有鸡、火鸡、鹅、鸭及野禽等。各种日龄的禽类均易感，但较大日龄的禽抵抗力强。

本病传播方式有直接接触传播和通过蜱传播。波斯锐缘蜱是重要传播媒介，它首先饮吸病禽血液，螺旋体进入蜱体内繁殖，当蜱叮咬健康禽时将病原体传播给健康禽。此外，鸡螨和鸡虱也可传播该病。鸡疏螺旋体病一年四季均可发生，以温暖、潮湿的季节多发。康复鸡不携带病原菌。

7.4.1.2　临床表现

自然状态下鸡疏螺旋体病的潜伏期为 3～12d。鸡感染弱毒株后不一定发病。感染强毒株后表现出明显的症状：精神沉郁，体温升高到 43℃，食欲废绝，饮水增加，鸡体消瘦明显，不愿活动。肉垂发绀或苍白、皱缩。腹泻，排绿色水样稀便，后期病鸡发生麻痹，不能站立，出现嗜睡和昏迷症状。蛋鸡群产蛋量下降或完全停止产蛋。病程 4～14d，死亡率 30%～90%。耐过的鸡消瘦、虚弱，一侧或两侧翅、腿麻痹。

7.4.1.3　病理剖检变化

病鸡的特征性病变是脾脏明显肿大，颜色斑驳；肝脏明显肿大，并有出血点和白色点状坏死灶；肾肿大且苍白，输尿管有白色尿酸盐沉积；肠道表现为卡他性炎症，肠内容物为绿色黏液样；腺胃和肌胃交界处有出血点；有时可见到轻度纤维素性心包炎。

7.4.1.4　诊断

根据禽疏螺旋体病的特点，如多发于温热潮湿季节，发热，排绿色稀便，肝、脾显著肿大等，可做出初步诊断。确诊要进行实验室诊断。

7.4.2　鉴别诊断

本病应注意与鸡伤寒、禽霍乱、鸡衣原体病、鸡溃疡性肠炎等鉴别诊断。

（1）鸡伤寒

相似点：二者均具有精神萎靡、困倦、腹泻、厌食、饮水多、翅膀下垂等临床表现。

不同点：鸡伤寒主要发生在成年鸡，腹膜炎时如企鹅站立。剖检可见肝肿大，呈棕绿色或古铜色。

（2）禽霍乱

相似点：精神萎靡，羽毛松乱，腹泻。剖检可见肝脏肿大、坏死、呈紫褐色。

不同点：禽霍乱病鸡体温升高，肉髯肿胀，剖检可见肝脏表面坏死点呈圆形点状突起，脾脏无变化，肠黏膜很少出血。

（3）鸡衣原体病

相似点：精神不振，食欲减退，腹泻，粪便绿色，消瘦。剖检可见肝、脾出现白色坏死点。

不同点：患鸡衣原体病的病鸡鼻有黏液性分泌物，冠、髯苍白，眼睑、下颌水肿。剖检可见皮下胶冻样浸润，眶下窦有干酪样物，纤维素性心包炎，气囊有纤维素性渗出物，肝呈棕黄色、质脆，肺呈紫红色，脾呈深紫色。

（4）鸡溃疡性肠炎

相似点：精神萎靡，消瘦，腹泻。剖检可见肠炎、肝有坏死灶、脾有淤血等病变。

不同点：鸡溃疡性肠炎的典型变化为盲肠溃疡，除链霉素外其他抗生素防治均无效。

7.4.3 防治措施

7.4.3.1 预防

在有禽疏螺旋体病流行的地区，防止将有蜱寄生的禽只引进健康鸡群；平时对禽舍和周围环境用 0.5% 马拉硫磷水溶液高压喷雾，每月 1 次。在免疫接种方面，有条件的可以用病鸡的血液、器官或鸡胚进行匀浆等处理，制成自家灭活疫苗，在禽 8～10 周龄时免疫注射，有良好的免疫效果。

7.4.3.2 治疗

对病鸡采用抗生素疗法。效果较好的药物有青霉素、链霉素、卡那霉素、土霉素、四环素、泰乐菌素等。

7.5 一氧化碳中毒

本病又称为煤气中毒。一氧化碳俗称煤气，是煤炭在氧气供应不足的情况下燃烧所产生的一种无色、无臭、无味的气体，吸入后易与血红蛋白结合使其失去携带氧的能力，导致全身组织缺氧而中毒。临床上本病以全身组织缺氧为特征。

7.5.1 诊断要点

7.5.1.1 病因

育雏室如果使用燃煤的方式提高鸡舍温度，在没有烟囱的情况下容易产生一氧化碳；

烟囱堵塞、呛风倒烟，鸡舍通风不良等都可造成一氧化碳在鸡舍内蓄积。一氧化碳经呼吸道进入鸡体后，因它与血红蛋白的亲和力比氧大 200～300 倍，造成血液失去载氧作用，导致鸡全身缺氧。雏鸡在含 0.2% 的一氧化碳环境中 2～3h、成年鸡在含 3% 的一氧化碳环境中数十分钟可中毒死亡。

7.5.1.2 临床表现

雏鸡轻度中毒时，表现为精神不振、运动减少，采食量下降，羽毛松乱，生长发育缓慢。严重中毒时，首先是烦躁不安，接着出现呼吸困难症状，以及运动失调，昏迷、嗜睡，头向后仰，死前出现肌肉痉挛和惊厥（彩图 9A-1、A-2）。

7.5.1.3 病理剖检变化

轻度中毒的病鸡无明显的病理变化。中毒较重的，剖检可见血液呈鲜红色或樱桃红色（彩图 9B），肺颜色鲜红，嗉囊、胃肠道内空虚，肠系膜血管呈树枝状充血，皮肤和肌肉充血和出血，心、肝、脾肿大，心肌坏死。

7.5.1.4 诊断

根据发病鸡舍有燃煤取暖的情况、病鸡的临床症状及剖检变化，结合实验室检验患鸡血液中血红蛋白含量，即可做出诊断。

7.5.2 防治措施

7.5.2.1 预防

鸡舍和育雏室采用烧煤取暖时应通风换气，保证室内空气流通，经常检查取暖设施。防止烟囱堵塞、倒烟、漏烟；舍内要有通风换气设备并定期检查。

7.5.2.2 治疗

发现鸡群中毒后，应立即打开鸡舍门窗或通风设备进行通风换气，同时还要尽量保证鸡舍的温度，饲养人员也要做好自身防护。病鸡吸入新鲜空气后，轻度中毒鸡可自行逐渐康复。对于中毒较严重的鸡皮下注射糖盐水及强心剂，有一定的疗效。为防止继发感染，可给全群鸡饲喂抗生素类药物。

7.6 氨气中毒

氨气是一种无色而具有强烈刺激性臭味的气体，是因粪便不能及时清除、舍温较高时粪便中含氮物质分解而产生的一种有害气体。当鸡舍内处于高温高湿环境、高饲养密度、垫草反复利用、粪便不能及时清除、通风不良等情况时，都会促使氨浓度增高。鸡对氨气较敏感，当氨气浓度较高时，极易造成鸡氨气中毒。鸡氨气中毒是由一定浓度氨气引起的非传染性疾病。其症状表现为一个渐进发展的过程，根据鸡舍内氨气的累积浓度增大而表现不同的缺氧性中毒症状与呼吸道病变的过程。本病多发生于肉鸡。一般在冬季及早春季多发，现代密闭式鸡舍、集约化鸡场较开放式或散养的多发。中毒轻者可造成鸡生长发育缓慢，饲料转化率降低，产蛋下降，鸡群抵抗力下降，容易诱发鸡新城疫、大肠杆菌病、慢性呼吸道病等疾病；严重者可引起鸡死亡，给养鸡生产造成较大的经济损失。

7.6.1 诊断要点

7.6.1.1 病因

氨气中毒是由于一定量的氨气产生和蓄积的结果。造成氨气产生、蓄积的因素主要包括管理因素、饲料因素、疫病因素等。

(1) 管理因素 当鸡舍内温度较高，湿度较大时，如果不及时清除粪便和通风换气，蓄积的粪便和垫料就会发酵产生大量氨气。氨气的溶解度极高，常被吸附在鸡的皮肤黏膜和眼结膜上，产生氢氧化铵，引起角膜发炎等症状。鸡舍内氨的浓度应低于 20mg/kg，超过这个浓度后，鸡会出现不同程度的中毒现象。浓度在 50～75mg/kg 时，可引起鸡饲料消耗降低，产蛋下降 9% 以上；浓度超过 75mg/kg 后，鸡心率和呼吸异常，气管和支气管出血，产蛋率严重下降。

(2) 饲料因素 现代养鸡业为了使鸡增重加快而缩短饲养期，一般提供营养丰富的全价鸡饲料，特别对肉鸡采用全期的自由采食的饲喂方式，这样在短期内生产积累粪便较多，且粪中含未消化成分也多。当温度、湿度较高时，积累的鸡粪、污染垫料或其他有机物被细菌分解、发酵，在很短的时间内产生大量的氨气和粪臭素等。鸡对氨气较敏感，可对呼吸器官造成不良影响，机体抵抗力下降，诱发一系列呼吸道疾病。

(3) 疫病因素 鸡发生球虫病和肠炎时，其肠腔内环境、微生物群落发生改变，消化机能紊乱，导致粪便中未消化的蛋白质成分含量增加，在细菌的作用下可产生较多的氨气。

7.6.1.2 临床表现

轻度中毒时，鸡有角膜炎和结膜炎，畏光流泪，呼吸加快，粪便变稀，采食量下降，生长发育减缓，消瘦，产蛋率下降。严重中毒时，鸡羽毛无光泽，食欲降低甚至废绝，鼻流稀薄黏液，稀便、绿便增多，出现严重的呼吸症状，伸颈深呼吸，有的甩头，打呼噜，呼吸麻痹，头颈后仰或前伸，倒地，突然出现大批死亡。

7.6.1.3 病理剖检变化

尸体松软，不易僵化；冠及颜面发绀，眼结膜炎；皮肤、腿和胸肌苍白，皮下有出血点；血液稀薄；喉头水肿、充血并有渗出物蓄积，气管和支气管黏膜充血、出血，流鼻涕并伴有灰白色分泌物；肺水肿、淤血，深紫色，有坏死，气囊轻度混浊；心包积水，心肌柔软，心冠状沟脂肪有点状出血；肝、脾、肾肿大，有腹水，颜色为淡黄色或红色。

7.6.1.4 诊断

根据本病的临床症状和病理剖检变化，结合鸡舍内氨味较浓，人进去后刺鼻、刺眼，可做出诊断。

7.6.2 防治措施

对于氨气中毒，应采取防重于治的原则。平时注意在多发季节、多发舍内监测氨气的浓度，采取必要的预防措施，及时消除可能造成氨气产生或蓄积的因素。

7.6.2.1 预防

(1) 为了防止氨气中毒，鸡舍的粪便和垫料应及时清除。特别是肉鸡，在饲养时更应注意粪便、垫料的清除，并及时更换垫料。

（2）加强通风换气，保持鸡舍内空气新鲜。特别是冬季，除做好保温工作外，要重视鸡舍内的排污除湿。饲养人员平时要注意鸡舍内氨气的浓度变化。

（3）为防止鸡氨气中毒，可用 0.1％～0.2％过氧乙醇喷雾，每周 2 次，每立方米鸡舍用 30mL，喷雾时雾滴越小越好，避免直接喷向鸡，鸡舍内各个空间角落都应均匀喷洒。

（4）在饲料中添加微生态制剂，可有效提高饲料转化率，减少粪便中含氮物质的总量，从而有效降低氨气产生的量。一般添加量为 0.5％～1％。

（5）在鸡舍内撒磷肥（过磷酸钙），可减少氨气的产生。

（6）做好肠道疾病的防治工作，防止鸡发生球虫病、肠炎、白痢等导致消化机能紊乱的疾病。

（7）在本病多发季节，有条件的可在肉鸡和蛋鸡饲料中添加丝属植物丝兰竹，能达到抑制氨气释放到鸡舍内的效果。

7.6.2.2 治疗

若初诊为鸡氨气中毒，应及时采取有效措施，消除病因，通风换气，减轻症状，及时治疗并发症或继发症，才能把损失降到最低水平，特别对于有可能恢复正常生产性能的鸡群。

（1）发现鸡群有氨气中毒症状时，要马上打开门窗、排气孔和排气扇等所有通风设备，对鸡舍进行通风换气；要清除鸡舍粪便和垫料，同时用草木灰铺撒地面，有条件的可以把鸡转移至环境较好的另一鸡舍。

（2）当鸡舍内氨气浓度较高而通风不良时，可以用稀盐酸向舍内墙、棚壁上喷雾，降低氨气浓度。

（3）饮水中按 0.03％浓度加入硫酸铜；全群鸡饮服或灌服 1％稀醋酸，每只 5～10mL，或 1％硼酸水溶液洗眼，涂擦氯霉素眼膏，并供饮 5％糖水，口服维生素 C 片 0.05～0.1g/只，一般经 1～2d 即可痊愈；对于已出现诸如咳嗽、腹泻等中毒症状的鸡，饮水中加入适量的环丙沙星，以防继发感染。

7.7 硬嗉

硬嗉又称嗉囊阻塞、嗉囊积食、嗉囊秘结等，以嗉囊肿大、坚硬，嗉囊内食物积滞，不能向腺胃推进和运动为特征。本病任何年龄的鸡都可发生，但易发生于雏鸡和体质衰弱的鸡。

7.7.1 诊断要点

7.7.1.1 临床表现

病鸡嗉囊明显膨大、坚硬，充满食物，长期不消化。精神沉郁，食欲减退或废绝，时常饮水，排便减少，体弱，两翅下垂，母鸡产蛋下降或停止。严重病鸡表现为呼吸困难，鸡冠、肉髯发紫，若不及时采取治疗措施，常因呼吸衰竭而死亡。本病如果是继发于其他疾病，则病鸡还表现有原发疾病的特征。

7.7.1.2 病理剖检变化

剖检时，主要病变是嗉囊内积有大量坚硬的食物或异物造成堵塞，严重时腺胃、肌胃和十二指肠也发生堵塞。

7.7.1.3 诊断

根据本病的临床症状和剖检特征，不难做出诊断。本病与软嗉的相同点是嗉囊都膨大，但软嗉触诊时柔软而有弹性。

7.7.2 防治措施

7.7.2.1 预防

本病在预防方面要注意加强饲养管理，干硬的谷物籽实要加工、粉碎后再合理搭配饲料，定时定量饲喂，防止饥饱不均。鸡舍内的异物要及时清除，防止鸡食入后引发硬嗉。饮水要清洁而充足。

7.7.2.2 治疗

发现鸡发病后，应及早治疗，治疗方法如下：

（1）挤压法 病初阻塞不严重时，用注射器消毒后将适量植物油注入嗉囊，并用手轻轻按压嗉囊，使内容物润滑软化后，将鸡头朝下，后躯抬高，轻挤嗉囊使内容物向食管方向推进，最后经口排出。

（2）手术法 用上述方法不能排除嗉囊内容物时，只有采取手术法。方法是将嗉囊部位拔毛后用 70%酒精消毒，用手术刀切开皮肤，接着切开嗉囊，取出所积硬物后，用 0.1%高锰酸钾水冲洗，用针线缝合，创口撒消炎粉，或用 2%碘酊涂擦。术后 12h 内禁止饲喂饲料和饮水，每天喂给土霉素片，以防感染，手术后 2～3d 喂给易消化的食物，并加喂食母生，一般 1 周左右即恢复健康。

7.8 软嗉

软嗉又称为嗉囊胀气、嗉囊卡他，是嗉囊黏膜表层的一种炎症，多发于雏鸡，成年鸡也可发生。

7.8.1 诊断要点

7.8.1.1 临床表现

病鸡嗉囊膨大，突出于颈的下部，触诊柔软而有弹性，充满气体和液体，鸡有痛感。挤压时从口中流出酸臭、黄色的带气泡黏液。病鸡精神不振，食欲废绝，饮欲增加，羽毛松乱，由于消化机能障碍，病鸡迅速消瘦。严重的引起呼吸困难，在数小时内窒息死亡。慢性的嗉囊膨大下垂，失去收缩力，形成袋状。

7.8.1.2 病理剖检变化

病变仅限于嗉囊，黏膜充血、出血，严重的溃烂，囊壁松弛，失去弹性，嗉囊内仅有少量食物或异物，其余为酸臭的黏液。

7.8.1.3 诊断

根据本病的症状与病理变化，不难做出诊断，与硬嗉的区别见硬嗉部分。

7.8.2 防治措施

7.8.2.1 预防

严禁饲喂发霉变质饲料；饮水要清洁卫生；防止食入异物和各种毒物；对于原发病要积极治疗。

7.8.2.2 治疗

对于发病鸡，采用挤压的方法。将鸡倒提，使嗉囊内酸臭液体和气体排出，再灌入0.2%高锰酸钾溶液，进行冲洗，排出药液后，口服土霉素。

7.9 热射病

热射病是鸡群在气候炎热、鸡舍内温度过高，同时通风不良、缺氧的情况下，因机体产热增加，而散热不足所导致的一种全身机能紊乱的疾病。本病以夏季发生较多，雏鸡和成年鸡都易发生。

7.9.1 诊断要点

7.9.1.1 病因

鸡缺乏汗腺，所以在气温过高的情况下只能依靠张口呼吸散热及翅膀张开来散热，在气温高、湿度大的闷热潮湿环境中，或鸡舍饲养密度过大、通风不良、饮水供应不足、长途密闭运输等情况下容易引起热射病。

7.9.1.2 临床表现

本病多表现为急性经过，病鸡呼吸加快，张口伸颈呼吸，体温升高，翅膀张开下垂，大量饮水，随后出现呼吸困难、卧地不起、眩晕、颤抖、痉挛和昏迷，最后惊厥而死。

7.9.1.3 病理剖检变化

剖检可见血液凝固不良，全身静脉淤血，心外膜出血，大脑和脑膜出血。

7.9.1.4 诊断

根据气候、鸡舍的环境情况、临床症状、病理剖检变化等进行综合判断，可做出诊断。

7.9.2 防治措施

7.9.2.1 预防

预防本病的措施主要有：在炎热季节注意防暑降温，通风换气；供应充足的饮水；运动场要搭建凉棚；注意鸡群饲养密度，防止密度过大。

7.9.2.2 治疗

发现病鸡后要立即将病鸡转移到阴凉、通风、安静的场所，病情较轻的鸡可逐渐康复；对于病重鸡饮水中加入藿香正气水，三倍稀释，每只成年鸡3mL，雏鸡酌减用量，每天 2 次，并给病鸡针刺放血少许。

7.10　皮下气肿

皮下气肿又称为气囊破裂，是由于呼吸道的任何一部分损伤破裂或发育缺陷，造成空气蓄积于皮下而引发本病。常见于雏鸡和育成鸡。

7.10.1　诊断要点

7.10.1.1　临床表现

病鸡全身皮下充满气体，膨大如气球状。有时仅发生于体躯的一部分，如头颈部、胸背部。触之稍硬，富有弹性。患鸡饮水、食欲正常，轻者并无大碍，但严重者或持续时间长则行走不便，精神不佳，日渐消瘦，呼吸急促，可能并发其他疾病，最后死于窒息。

7.10.1.2　病理剖检变化

整个前躯嗉囊、颈部及头部皮下充满气体，膨大如气球状。

7.10.1.3　诊断

根据病史调查、发病特点及临床症状可做出初步诊断。气体窜入皮下引起。主要表现为颈部、胸部或腹部皮下有大小不等的气泡，气泡部位皮肤显著鼓起，严重的鸡宛如气球。病鸡精神、食欲尚可。

7.10.2　防治措施

为了预防本病的发生，抓鸡时动作要轻柔；添料时不要声响过大，防止惊群；饲料密度要适宜；阉割鸡时防止气囊受损。

本病治疗意义不大，可以用针头穿刺放气，但过后不久，即重新恢复穿刺前的状态。

7.11　胸囊肿

本病又称为胸水疱、胸骨前滑液囊炎、肉鸡妄长损伤症，是由于鸡生长过快而引起的一些外损伤性应激病。以增重迅速的肉鸡高产品种发病多，公鸡比母鸡发病严重。本病在商品肉鸡中普遍存在，因为影响肉品质，所以会给肉鸡养殖者带来一定的经济损失。

7.11.1　诊断要点

7.11.1.1　病因

肉鸡生长速度过快，体重增长迅速，而腿部的发育不能较好地跟上，或腿部有外伤，不能负重或经常蹲伏于地，胸部受压或摩擦，时间一长就会引起胸囊肿。另外，有时为了保温，鸡舍封闭过严，常造成舍内通风换气不良，使有害气体积聚，这也是引起胸囊肿的原因。

7.11.1.2　临床表现

病鸡没有明显的临床症状，仅表现胸部皮肤发红、增厚、粗糙。

7.11.1.3 病理剖检变化

剖检时剪开并剥离胸部皮肤后可看到患部形成空腔，内有透明或血染的液体，或呈白色、黄色、棕黄色的黏液或浓稠脓汁，大小不一，与鸡体重大小、蹲伏于地的时间长短有密切关系。

7.11.1.4 诊断

根据临床表现和病理剖检变化可进行初步诊断。

7.11.2 防治措施

7.11.2.1 预防

（1）为了防止胸囊肿的发生，3～4 周龄的鸡要控制饲料中的能量水平，防止鸡体内蓄积过多的脂肪。4 周龄后再加速育肥，增加体重。

（2）饲料必须营养全面，各种营养成分充足而不过量。配制饲料的原料必须新鲜，最好改颗粒料为粉料。

（3）减少鸡只伏卧时间。肉仔鸡食欲旺盛，采食速度快，吃饱就休息。鸡伏卧时体重的 60％是由胸部支撑着，胸部受压时间长、压力大，很容易形成胸囊肿。为了减少肉鸡伏卧时间，必须增加鸡只的活动和喂料次数。在饲养过程中可以用驱赶的方法来促进鸡只活动，但动作要缓慢，避免鸡只惊群造成应激死亡。喂料时少添多喂，以增加鸡的运动。

（4）注意饲养密度和饲养方式。鸡体重在 1kg 以上的，鸡的数量要少于 12 只/m²。改网上饲养为厚垫料平养，可减少仔鸡胸部与硬的铁丝网或塑料网的摩擦。饲槽和饮水器与鸡的大小应配套，以防止饲槽或饮水器过高时，在鸡吃料或饮水时饲槽或饮水器边缘与鸡胸部的摩擦。

（5）选择优质的垫料。良好的垫料是减少胸囊肿发生的重要措施之一。良好的垫料应当质地柔软、干燥、吸水性强，无霉变、无致病菌，有良好的生物降解能力。在饲养过程中，要经常翻动垫料，以保持垫料松软，发现潮湿结块的垫料要立即清理出去。

（6）加强通风，及时排出有害气体。

（7）防止鸡的体重过大，适时出栏，不仅可提高经济效益，也可减少胸囊肿的发生。实践表明，鸡的体重越大，胸囊肿发生率越高。

7.11.2.2 治疗

发现鸡群中有病鸡时，要挑出，隔离单独饲养，精心照料。已有较多积液时，应局部切开，排出囊中积液，用过氧化氢或 3％硼酸液冲洗消毒，撒上氨苯磺胺粉，用纱布包扎，隔天换药 1 次。一般 1 周左右即可康复。必要时给鸡服用庆大霉素等抗生素类药物，防止大肠杆菌、葡萄球菌等继发感染。

7.12 鸡呼吸道疾病综合征

鸡呼吸道疾病综合征又称为多因子呼吸道病，是由包括传染性因子、营养缺乏、饲养管理不良等因素共同作用引起的严重影响鸡生产性能的疾病。

7.12.1 诊断要点

7.12.1.1 流行病学

肺炎支原体经常存在于患该病病鸡、康复鸡的体内，通过呼吸道排菌，健康鸡可以通过呼吸道感染而发生水平传播；支原体也存在于卵巢、输卵管内，或公鸡的精液内，发生交配传播和垂直传播；有时一些非 SPF 鸡胚制作的活疫苗内含有败血支原体，接种过程有可能造成败血支原体的人为传播。一些养鸡业发达的国家在控制了败血支原体后，所面临的主要问题是滑液囊支原体的感染。呼吸道疾病综合征多发生于 21～35 日龄鸡。

7.12.1.2 临床表现

病鸡表现为眼结膜出血、流泪、流鼻液、咳嗽、甩鼻、呼吸道啰音，严重时可见颜面部肿胀，特别是眶下窦肿胀。种鸡产蛋率下降，种蛋合格率降低，孵化率降低，死亡率升高。

7.12.1.3 病理剖检变化

喉、气管内有黏液，喉头有出血点，气管黏膜明显或严重出血，鼻腔和气管有黄色干酪样物，气管还会出现假膜或血痰。肺水肿并有积液，气囊混浊，囊壁增厚，囊腔内有干酪样渗出物，多有心包炎、肝周炎、腹膜炎。卵巢变性或卵泡坏死，输卵管有炎症。

7.12.1.4 诊断

根据流行病学、临床症状和病理剖检变化可做出初步诊断，根据实验室检查结果确诊。

7.12.2 防治措施

由于鸡呼吸道疾病综合征是一类多病因的疾病，因此应该采取综合性的防治措施，早发现，早治疗，并且重在预防。因为本病的主要病原是败血支原体和大肠杆菌，因此应该着重控制这两种病原。

7.12.2.1 预防

（1）生物安全　生物安全是一切疾病预防的根本，包括场址选择、人员管理、害虫（鼠类、蚊蝇等）控制、饲料和饮水的卫生等。

（2）改善饲养管理　必须做到鸡场，特别是鸡舍的全进全出饲养方式。严格控制鸡舍的环境温度（育雏期间鸡舍的温差不能太大，最好不超过 2℃）、湿度，加强通风换气，保证鸡群有非常高的抗病力。定期带鸡消毒，力争将环境中的病原体数量降到最低，减少疾病传播的机会。

（3）加强营养　不仅要保证饲料中不缺乏蛋白质、氨基酸等常量营养物质，而且要保证营养平衡，更不能缺乏任何一种维生素或微量元素，特别是维生素 A。

（4）预防免疫抑制性疾病的发生　传染性法氏囊病、马立克氏病等通过合适的免疫程序预防。传染性法氏囊病的疫苗毒株的毒力不能太强，特别是首次免疫。因为虽然毒力稍强的法氏囊疫苗有非常好的保护力，但这类疫苗可造成免疫抑制，对其他疾病的保护率就会降低。饲料中霉菌毒素污染，可以通过在饲料中添加霉菌毒素吸附剂来减轻，或者通过原料的采购、储藏等降低霉菌毒素的含量。

（5）免疫预防　病毒病如新城疫、禽流感、传染性支气管炎、传染性喉气管炎主要依靠免疫预防，并结合生物安全措施，减少疾病的传播机会。败血支原体感染也可以通过免疫预防，但免疫过程中存在很多造成免疫失败的因素，且败血支原体疫苗只能控制败血支原体感染，对滑液囊支原体无效。在使用支原体弱毒苗的前后很长时间不能使用任何抗生素类药物，从而造成其他细菌性疾病的发病率升高。大肠杆菌病疫苗的保护率太低，很少有人使用。

（6）定期投药，控制支原体包括败血支原体和滑液囊支原体，以及大肠杆菌等细菌性病原体。

7.12.2.2　治疗

发病鸡必须用针对支原体和大肠杆菌的药物，如支原净、环丙沙星等药物，通过饲料或饮水添加。

8 鸡的神经障碍类疾病

鸡常见的神经障碍类疾病包括：鸡传染性脑脊髓炎、鸡李氏杆菌病、呋喃类药物中毒、喹乙醇中毒、马杜拉霉素中毒、食盐中毒、黄曲霉毒素中毒、鸡维生素 B_6 缺乏症、鸡维生素 B_1 缺乏症、叶酸缺乏症、鸡硒和维生素 E 缺乏症、肉鸡猝死综合征等。

8.1 鸡传染性脑脊髓炎

鸡传染性脑脊髓炎也称为流行性震颤病，是由细小核糖核酸病毒科肠道病毒属的病毒引起的一种传染病。常见于 1～3 周龄的雏鸡，50～60 日龄的鸡很少发病。本病的特征是运动失调和震颤，有的表现轻瘫和全身麻痹，母鸡感染后产蛋率急速下降。本病除感染雏鸡外，也感染雏鸭、雏火鸡、雏雉、雏鹑和雏鸽等。

8.1.1 诊断要点

8.1.1.1 流行病学

本病无明显的季节性，一年四季均可发生。大多在冬末春初，同一群雏鸡中，母雏的发病率明显高于公雏。主要感染 1～20 日龄雏鸡。病鸡排毒约为 5d，经口、接触传播，带毒鸡大多在 10d 内发病。经胚胎感染的潜伏期为 1～7d，接触和经口感染的潜伏期为 11d。

该病的传播方式有两种，一种是垂直传播，即种鸡感染后可通过蛋传给后代，传染源为感染病毒的种蛋。另一种是水平传播，传染源为发病鸡及带病毒鸡所排出的粪便、污染的器具等。卵传播多在胚胎时期就死亡，即使孵出雏鸡，也多在 1～20 日龄死亡（主要）；水平传播为病鸡污染的器具等（次要），经消化道而传染，也可通过直接接触传播。

8.1.1.2 临床表现

雏鸡出壳后不久就可发病。早期病雏表现精神不振，发育不良，不愿走动。继而由于肌肉不协调引起渐进性共济失调，病鸡常用跗关节着地或蹲卧，病雏步态不稳，不时地侧卧或跌倒。或出现一侧或双侧腿麻痹，一侧腿麻痹时，走路跛行，双侧腿麻痹则完全不能站立，双腿呈一前一后的劈叉姿势，或双腿倒向一侧。经口感染的雏鸡，精神沉郁，羽毛松乱，无光泽，双翅下垂。运动失调，或不完全麻痹。部分病鸡的腿、翼，尤其是头颈部，可见明显的阵发性肌肉震颤，腹泻，呈水样便。但病雏食欲、饮欲正常。由于肢脚软化而不能站立行走，严重的呈瘫痪状态，如游泳状。最后因不能采食和饮水，再加上雏鸡相互踩踏导致死亡。部分存活鸡可见一侧或双侧眼的晶状体混浊或呈浅蓝色褪色，眼球增大或失明。成年鸡感染该病毒时，不出现雏鸡症状，只有产蛋减少及羽毛松乱等现象。部分病鸡可耐过而继续生长发育，有些鸡症状可完全消失。雏鸡发病率为 40%～60%，死亡率 20%～30%或更高些。

8.1.1.3　病理剖检变化

死于本病的鸡，一般内脏器官没有明显的特征性病变。鸡感染此病时眼结膜出血，胸部肌肉和股肌有针尖状出血点。肝实质变性，表面出血，心肌松弛无力，肌壁变薄。脾髓和肾髓质脆、多汁。法氏囊肿大。大脑和小脑水肿，沟回不清，脑膜下有针尖状或树枝状出血点。骨骼肌萎缩。荐关节和胫关节内液体增多，骨髓稀薄，黑白色与黄白色相间。病后期，雏鸡全身水肿，其渗出液为白色胶冻样，同时有脂肪肝病变。唯一肉眼可见的特征性变化是病雏肌胃有带白色的区域，它由浸润的淋巴细胞团块所致，这种变化不是很明显，容易被忽视。

8.1.1.4　诊断

根据本病的流行特点、临床症状，可做出初步诊断。要确诊必须进行实验室诊断。

8.1.2　鉴别诊断

本病应注意与鸡马立克氏病、病毒性关节炎、维生素 E 缺乏症、维生素 A 缺乏症、维生素 D 缺乏症、维生素 B$_2$ 缺乏症鉴别诊断。

（1）鸡马立克氏病

相似点：病鸡共济失调，双肢麻痹，脱水，消瘦，且具有神经症状。

不同点：鸡马立克氏病发病日龄较晚，剖检可见外周神经变粗，各脏器均有大小不等的肿瘤。

（2）病毒性关节炎

相似点：病鸡不愿走动，逐渐消瘦，生产受阻，产蛋量下降。

不同点：鸡病毒性关节炎多见于 4～7 周龄雏鸡，病鸡跗关节肿胀，皮下组织呈紫红色。剖检可见关节腔内有黄色或血色渗出液或脓液。

（3）维生素 E 缺乏症

相似点：病鸡精神沉郁，共济失调，行走不便，产蛋量下降。剖检可见脑膜充血、出血。

不同点：维生素 E 缺乏症病鸡常伴有白肌病及渗出性素质。剖检可见小脑水肿，有出血点，脑内有黄绿色混浊的坏死区。

（4）维生素 A 缺乏症

相似点：病鸡精神沉郁，羽毛松乱，生长缓慢，消瘦，共济失调，驱赶、刺激时出现神经症状。

不同点：维生素 A 缺乏症病鸡流泪，角膜混浊、软化或穿孔，口腔有白色小结节。剖检可见咽、喉黏膜有白色结节，肾灰白色，肾小管、输尿管充满白色尿酸盐。

（5）维生素 D 缺乏症

相似点：病鸡精神沉郁，共济失调，行走不便，成年鸡产蛋量及种蛋孵化率下降。

不同点：维生素 D 缺乏症病鸡出现明显的佝偻病而瘫痪，但不出现头、颈部神经性震颤的症状。

（6）维生素 B_2 缺乏症

相似点：病鸡不愿走路，常以跗关节着地，腿麻痹，生长受阻。

不同点：患维生素 B_2 缺乏症的病鸡以飞节着地，以翅膀保持平衡，发生足趾向内卷，皮肤干燥粗糙。

8.1.3 防治措施

目前本病尚无有效的治疗方法。鸡群一旦发病，必须立即将病雏隔离，加强消毒。

8.1.3.1 预防

（1）防止从疫区引进种蛋与种鸡，加强消毒与隔离。用 0.5% 过氧乙酸或 0.1% 高锰酸钾消毒病雏舍，以减少传染来源。

（2）免疫接种。免疫接种可产生坚强的免疫力，并且通过卵黄将抗体传给雏鸡，使孵出的雏鸡在 4～6 周内具有抵抗力，而防止本病的发生。目前有弱毒疫苗和灭活疫苗两种可供选择。弱毒苗只能在本疫区内使用，非疫区不能使用，以免病毒污染环境，产蛋鸡不能接种该疫苗。免疫程序：8～10 周龄进行首次免疫，用弱毒疫苗滴鼻或滴眼；18～20 周龄进行二次免疫，可用弱毒疫苗饮水或用灭活疫苗肌内注射。灭活疫苗的免疫期可维持 9 个月，对子代的被动保护可达 6～10 周龄。

8.1.3.2 治疗

本病尚无特效药物进行治疗。在饲料中添加 B 族维生素、维生素 E、维生素 C 等，加强饲养管理，提供充足的水分和饲料，可减少死亡。

8.2 鸡李氏杆菌病

鸡李氏杆菌病是由单核细胞增多症李氏杆菌引起的多种家禽和哺乳动物的败血性疾病，主要特征是全身感染和心肌坏死。

8.2.1 诊断要点

8.2.1.1 流行病学

多种畜禽均对本病有易感性，如猪、牛、羊、家兔、豚鼠、大鼠、犬、猫、鸡、火鸡、鸭、鹅等，人也可感染。患病动物及带菌动物是李氏杆菌病的主要传染源。

传播途径目前尚不清楚，可能是通过消化道、呼吸道、眼结膜及皮肤创伤等感染。幼禽的死亡率高，可达 40%，而成年禽常表现为亚临床感染。

8.2.1.2 临床表现

李氏杆菌病主要表现为败血症，雏鸡多突然死亡，急性病禽表现为精神不振、采食停止、下痢，1～2d 内死亡。病程长的表现为斜颈、痉挛等中枢神经损伤症状。

8.2.1.3 病理剖检变化

李氏杆菌病呈现败血症的特征，剖检常见有皮下水肿、坏死性心肌炎、心包炎；肝肿大，有坏死灶；脾肿大，呈斑驳状；肌胃角质层下有出血；脑出血，有时有纤维素性腹膜炎和肠炎。

8.2.1.4 诊断

本病的临床诊断有较大的难度，确诊必须进行实验室检验。

8.2.2 鉴别诊断

本病应注意与伴有败血症和神经症状的疾病鉴别诊断。

（1）鸡链球菌病

相似点：病鸡精神萎靡，羽毛松乱，仰头，腿部痉挛。剖检可见心冠状沟脂肪有出血点，肝肿大、有紫色淤血斑和坏死灶，肾肿大。

不同点：鸡链球菌病病鸡冠、髯苍白，跗关节肿大、跛行，足底皮肤组织坏死。剖检可见脾有出血性坏死，肺淤血、水肿，喉干酪样坏死，气管、支气管充满黏液。

（2）鸡弓形虫病

相似点：病鸡食欲不振，腹泻，行动不稳，阵发性抽搐。

不同点：患鸡弓形虫病的病鸡冠苍白，贫血，歪头，失明。剖检可见心内膜有圆形结节，小肠壁增厚、有结节，脾坏死。

（3）鸡维生素 B_1 缺乏症

相似点：病鸡食欲不佳，羽毛松乱，两肢无力，行动不稳，两翅下垂。

不同点：患鸡维生素 B_1 缺乏症的病鸡脚趾屈肌先麻痹，随后向大腿、翅、颈发展，体温降低。

（4）鸡维生素 B_6 缺乏症

相似点：病鸡无目的地乱跑，翻倒在地抽搐，衰竭死亡。

不同点：鸡维生素 B_6 缺乏症病鸡生长不良，贫血，惊厥乱跑时用翅膀扑击。

（5）鸡呋喃类药物中毒

相似点：病鸡行动不稳，头颈弯曲，尖叫，腿部痉挛。剖检可见出血性肠炎的病变。

不同点：患鸡呋喃类药物中毒的病鸡做圆圈运动，头颈伸直或反转做回旋运动，抽搐，角弓反张。剖检可见口腔充满黄色泡沫，嗉囊扩张，肠内容物呈黄色。

（6）鸡一氧化碳中毒

相似点：病鸡精神萎靡，羽毛松乱，呆立，瘫痪，阵发性抽搐。剖检可见出血性肠炎的变化。

不同点：鸡一氧化碳中毒病鸡流泪、呕吐，重时昏睡，死前痉挛或惊厥。剖检可见血管及脏器内血液鲜红，心肌纤维坏死。

8.2.3 防治措施

8.2.3.1 预防

采取综合性防治措施，如加强饲养管理，做好驱虫和灭鼠工作，鸡场内不能饲养牛、羊、猪等动物。目前该病尚无有效的生物制品预防。

8.2.3.2 治疗

发病后可以用四环素、新霉素、卡那霉素或氨苄西林等进行治疗。

8.3 呋喃类药物中毒

呋喃类药物有呋喃西林和呋喃唑酮（痢特灵），这类药物毒性较大，误食容易发生中毒，甚至死亡。以雏鸡中毒常见且严重。

8.3.1 诊断要点

8.3.1.1 临床表现

急性中毒的雏鸡，在服药3～4h或更长的时间后出现症状。病鸡表现为精神沉郁、食欲废绝、饮欲增加。排黄色水样稀便，闭眼缩颈呆立，或兴奋鸣叫，运动失调，转圈运动，不时摇头，反转头颈，丧失平衡，背着地，两腿伸直，作游泳姿势，有的病鸡兴奋症状与抑制症状反复发作，最后衰竭死亡。严重病鸡在飞奔、转圈时，突然摔倒，痉挛、抽搐而死。中毒较轻者可缓慢恢复。成年鸡发病后的症状与雏鸡相似。

8.3.1.2 病理剖检变化

剖检可见口腔黏膜黄染，口腔、嗉囊、腺胃、肌胃中有黄色黏液，肌胃内容物呈深黄色，肌胃角质层呈黄色，部分脱落；有的小肠内有黄色泡沫及水液，肠黏膜充血、出血、易剥落，肠管浆膜面呈黄褐色；肝脏颜色发黄，稍萎缩，且散布有星网状白色坏死灶；肾脏肿胀，呈土黄色；心肌坚实，胆囊肿大，充满胆汁；肺脏呈淡红色，切面有红色泡沫样液体，腹腔积液。

8.3.1.3 诊断

根据有服用呋喃类药物的病史，以及上述症状和病理变化，可做出诊断。

8.3.2 防治措施

8.3.2.1 预防

使用这类药物时，要严格控制剂量，防止用药剂量过大，连续用药时间过长或拌料不均匀。用药期间要注意观察鸡群，如有食欲及精神方面的异常，应立即停止饲喂。

8.3.2.2 治疗

本病没有特效解毒药，发现鸡群中毒后，可用0.5%～1%的百毒解饮水，连用3～5d，或饮5%葡萄糖水，或0.01%～0.05%的高锰酸钾水；必要时肌内注射维生素C和维生素B_1混合物。

8.4 喹乙醇中毒

喹乙醇又名快盲诺，由于具有促进生长和抗菌的作用，且价格便宜，使用方便，不易产生耐药性等优点，在养鸡业中得到了广泛应用，但是如果使用剂量过大或用药时间过长都会引起中毒。

8.4.1 诊断要点

8.4.1.1 临床表现

一般中毒情况下，常是强壮鸡突然抽搐或角弓反张，倒地死亡。有时可见中毒的鸡精神沉郁，食欲减退或废绝，缩头闭眼呆立，动作迟缓，排黄白色稀便，鸡冠呈紫黑色，死前痉挛，拍翅挣扎，角弓反张，尖叫而死。一般患鸡在中毒后 1～3d 死亡，死亡率最高可达 98%。

8.4.1.2 病理剖检变化

剖检可见口腔内有多量黏液，血凝不良；肝脏肿大，色泽暗红，质脆，切面糜烂多血，胆囊肿大，充满绿色胆汁；心外膜严重充血、出血，心肌扩张；脾、肾肿大，质脆；肌胃角质层下有出血点，十二指肠弥漫性出血，腺胃及肠黏膜糜烂呈糊状，泄殖腔黏膜出血；成年母鸡卵泡变形，多汁，有的破裂。

8.4.1.3 诊断

根据病鸡冠呈紫黑色，不食或食欲差，排绿色稀便，血凝不良，消化道糜烂出血等症状和病理变化，结合询问用药史，可做出诊断。

8.4.2 防治措施

8.4.2.1 预防

应严格按照喹乙醇规定的添加量使用。98%的喹乙醇使用剂量为：预防量每吨饲料加 25～50g，治疗量加倍，连用 1 周，停药 3～5d。必要时可重复使用一个疗程。避免使用其他抗菌类药物。

8.4.2.2 治疗

一经发现鸡群中有中毒症状，应立即停喂含有喹乙醇的饲料。加倍量饲喂多种维生素，尤其是维生素 C、维生素 E。供应充足的 0.5%～1%百毒解饮水，连用 3～5d，有一定的疗效。也可用绿豆熬水配合 5%葡萄糖水饮用。中毒较重的，可酌情配合口服补液盐饮用，以促进排泄，减少吸收。

8.5 马杜拉霉素中毒

马杜拉霉素又称为克球皇、加福、抗球王等，主要用于球虫病的预防。如果重复用药，或用药剂量过大，拌料不均匀，就会引起马杜拉霉素中毒。

8.5.1 诊断要点

8.5.1.1 临床表现

轻度中毒者表现为食欲锐减，互相啄羽，精神沉郁，脚爪皮肤干燥，呈暗红色，死亡率低；中毒严重的鸡出现神经症状，鸡颈后仰，转圈或两腿僵直后伸；少数病鸡兴奋异常，乱扑乱跳，原地转圈，后期两腿瘫痪；有的鸡突然死亡。

8.5.1.2 病理剖检变化

剖检可见胸肌、腿肌均有不同程度的出血或充血；肝脏肿大，表面有出血点；心脏表面有出血点；肠黏膜呈弥漫性出血。

8.5.1.3 诊断

根据发病特点、临床表现和病理剖检变化可初步诊断。

8.5.2 防治措施

8.5.2.1 预防

为了防止中毒发生，必须严格控制马杜拉霉素的用药剂量。马杜拉霉素的使用标准是5mg/kg，即1kg饲料添加纯品马杜拉霉素5mg。且马杜拉霉素无预防量和治疗量之分，因马杜拉霉素使用量超过6.5mg/kg就不再安全，所以在使用上切勿随意加大用量。添加在饲料中一定要搅拌均匀，连续用药不能超过7d。肉仔鸡连续用药7d后要停用3～5d，且在上市前1周一定要停用。因为马杜拉霉素商品名有很多，在用药时应注意药物标签中的主要成分，防止重复用药。

8.5.2.2 治疗

一旦发现中毒，立即停用马杜拉霉素，改用5％葡萄糖水和0.02％维生素C饮水，以提高机体抗病力和解毒能力。重病鸡可肌内注射维生素C，每天2次，同时在饲料中添加多种维生素，有较好的疗效。

8.6 食盐中毒

食盐的主要成分是氯化钠，它是鸡生长发育不可缺少的物质之一。饲料中有适量的食盐，可增加饲料的适口性，增进食欲，强化消化机能，保持体液的正常酸碱度。但是，鸡对食盐比较敏感，特别是雏鸡，使用过量容易发生食盐中毒。

8.6.1 诊断要点

8.6.1.1 临床表现

轻微中毒的症状表现为饮水增加，粪便稀薄，鸡舍地面潮湿。中毒较重时，病鸡精神沉郁，羽毛蓬乱，无食欲，口鼻流出大量的分泌物，嗉囊扩张，腹泻，大量饮水，惊恐不安，尖叫，运动失调，转圈或倒地，两脚无力，行走困难或瘫痪，后期呼吸困难，昏迷，最后衰竭而死。死前有阵发性痉挛、头颈前伸、肌肉抽搐等症状。

8.6.1.2 病理剖检变化

病死鸡血液黏稠，凝固不良；皮下组织水肿；腹腔和心包积水；肝硬化，肾肿大，色淡，肾脏和输尿管中有尿酸盐沉积，肺水肿，心肌和心冠状沟脂肪上有出血点；脑膜血管充血扩张，并有针尖大的出血点和脑炎变化；嗉囊中充满黏液性液体，黏膜易脱落，整个消化道都有充血和出血，以小肠病变最严重。

8.6.1.3 诊断

根据病鸡饮水量大增，排水样稀便，口鼻流出大量黏液，呼吸困难和神经症状，结合剖检变化特征，测定饲料中盐的含量，即可做出诊断。

8.6.2　防治措施

8.6.2.1　预防

预防本病的主要方法是严格控制饲料中食盐的含量，注意搅拌均匀，日常供应充足清洁的饮水。雏鸡饲料中食盐的含量应占有饲料的 0.25%～0.5% 为宜，防止食盐含量过高。

8.6.2.2　治疗

发现可疑病鸡，立即停喂原来的饲料，改换新鲜的饮用水和低盐饲料，饮水中加 5% 葡萄糖水；严重中毒鸡要适当控制饮水，间断地逐渐增加饮水量，同时皮下注射 20% 安钠咖，成年鸡 0.5mL/只，幼鸡 0.1～0.2mL/只，饮水中加 10% 葡萄糖和维生素 C，连用数天。

8.7　黄曲霉毒素中毒

黄曲霉毒素是黄曲霉菌的代谢产物，广泛存在于各种发霉变质的饲料中，对畜禽和人类都有很强的毒性，鸡对黄曲霉毒素比较敏感，中毒后以急性或慢性肝中毒、全身性出血、腹水、消化机能障碍和神经症状为特征。

8.7.1　诊断要点

8.7.1.1　流行病学

黄曲霉菌属于真菌，广泛存在于自然界中，在温暖、潮湿的环境中容易生长繁殖，以花生、玉米、黄豆、棉籽等作物及其副产品最易感染。在潮湿、温暖的条件下，饲料发霉变质后霉菌可大量繁殖，产生黄曲霉毒素，鸡食入这些发霉变质的饲料后即可引起发病。

黄曲霉毒素的毒性相当于氰化物的 100 倍。它在正常的饲料和食物中相当稳定，对漂白粉敏感。

8.7.1.2　临床表现

2～6 周龄的雏鸡对黄曲霉毒素最敏感，很容易引起急性中毒。病鸡主要表现为精神不振，食欲减退，嗜睡，生长发育缓慢，消瘦，贫血，体弱，冠苍白，翅下垂，腹泻，粪便中混有血液，共济失调，角弓反张，最后衰竭而死。最急性中毒者，常没有明显症状而突然死亡。

成年鸡中毒后一般引起慢性中毒，病鸡表现为精神委顿，运动减少，食欲不佳，羽毛松乱，开产期推迟，产蛋量减少，蛋小，蛋的孵化率降低。中毒后期鸡有呼吸道症状，伸颈张口呼吸，少数病鸡有浆液性鼻液，最后卧地不起，昏睡，最终死亡。

8.7.1.3　病理剖检变化

本病主要病变表现在肝脏上。急性中毒的雏鸡可见肝脏肿大，色泽变淡，呈黄白色，表面有出血斑点，胆囊扩张。肾脏苍白，稍肿大。胸部皮下和肌肉常见出血。成年鸡慢性中毒时，剖检可见肝脏萎缩变小，质地变硬，色泽变黄，肝脏中可见到白色小点状或结节状病灶。中毒时间在 1 年以上的，可形成肝癌结节。心包积液，皮下有胶冻样渗出物。有的鸡腺胃肿大。凝血时间延长，血液中红细胞减少，白细胞增多。

8.7.1.4 诊断

根据本病的流行特点、特征性剖检变化、临床症状，结合血液化验和检测饲料发霉情况，可做出初步诊断。确诊需要对饲料用荧光反应法进行黄曲霉毒素测定。

8.7.2 防治措施

8.7.2.1 预防

为了预防本病的发生，主要措施是做好饲料保管工作，仓库注意通风换气，防潮。玉米等作物收割后应充分晾晒，使之尽快干燥。坚决不用发霉变质饲料喂鸡。饲料仓库若被黄曲霉菌污染，最好用福尔马林熏蒸或用过氧乙酸喷雾，才能杀灭霉菌孢子。凡被毒素污染的用具、鸡舍、地面，用2%次氯酸钠消毒，中毒死亡的鸡及其内脏、排泄物等要妥善处理，以防二次污染饲料和饮水。

8.7.2.2 治疗

发现鸡群有中毒症状后，立即对可疑饲料和饮水进行更换。本病目前尚无特效药物，对鸡群只能采取对症治疗：如给鸡饮用5%的葡萄糖水，有一定的保肝解毒作用。灌服高锰酸钾水，破坏消化道内毒素，以减少吸收。同时对鸡群加强饲养管理，有利于鸡的康复。

8.8 鸡维生素 B_6 缺乏症

维生素 B_6 缺乏症是由于维生素 B_6 缺乏引起的。以病鸡食欲下降、生长不良、骨短粗和神经症状为特征的一种营养代谢性疾病。维生素 B_6 包括吡哆醇、吡哆醛、吡哆胺三种化合物，三者均为吡啶衍生物。维生素 B_6 为无色结晶，易溶于水。在酸性环境中稳定，在碱性溶液中极易破坏，对光很敏感，易被破坏，在空气中很稳定。

动物体内的吡哆酸可转化为吡哆醛和吡哆胺，最后以磷酸吡哆醛和磷酸吡哆胺的形式存在于组织中，并参与体内各种物质的代谢过程，如氨基酸的代谢、不饱和脂肪酸的代谢和无机盐的代谢等。

各种谷类籽实及其加工副产品、酵母和鱼粉中含维生素 B_6 较为丰富。块根块茎类饲料中含量较少。饲料中存在的维生素 B_6 很容易被鸡吸收利用，故一般不会导致缺乏。

8.8.1 诊断要点

8.8.1.1 临床表现

发病时雏鸡表现为食欲减退，生长发育不良，羽毛粗乱无光，冠、髯苍白。特征性的表现是神经症状。病鸡兴奋性增强，不由自主地、无目的地向前奔跑，时而痉挛，肌肉震颤，运动失调，两脚离地乱蹬，拍打翅膀，常发生激烈的痉挛性抽搐，以死亡告终。有的病鸡呈现骨短粗病。成年鸡缺乏维生素 B_6 时，表现为食欲减退，体重下降，贫血，产蛋量和孵化率下降，甚至衰竭死亡。

8.8.1.2 病理剖检变化

病理剖检可见皮下水肿，内脏器官肿大，脊髓和外周神经变性。

8.8.1.3　诊断

根据雏鸡生长发育不良、贫血、兴奋不安、无目的地奔走、肌肉震颤、运动失调等症状，结合日粮中蛋白质含量过高史，可做出诊断。

8.8.2　鉴别诊断

本病应注意与维生素 E 缺乏症鉴别诊断。

相似点：二者均会引起鸡食欲减退，发育不良，精神沉郁，运动失调。

不同点：维生素 E 缺乏症雏鸡出现神经症状时更激烈，通常会导致完全衰竭而死亡。

8.8.3　防治措施

8.8.3.1　预防

在饲料中补给足够的维生素 B_6，玉米、豆饼、麦麸等常用饲料中维生素 B_6 的含量都较多，可满足鸡的需要；当喂给高蛋白水平的日粮时，维生素 B_6 的需要量也应增加，应注意补充。

8.8.3.2　治疗

若鸡已发生本病，可在饲料中添加维生素 B_6，剂量为每千克饲料中加 $10\sim20mg$，连用数天，一般都可收到较好的效果。也可用维生素 B_6 注射液，每只成年鸡皮下或肌内注射 $5\sim10mg$。

8.9　鸡维生素 B_1 缺乏症

本病是由维生素 B_1 缺乏引起的，以神经组织的病变和碳水化合物代谢障碍为主要临床特征的一种营养代谢性疾病。维生素 B_1 又称为硫胺素、抗神经炎维生素。人工合成的维生素 B_1 为盐酸盐，溶于水，味微苦，在酸性环境下稳定，而在碱性和中性环境中易被氧化。维生素 B_1 是动物体内许多酶的辅酶，参与碳水化合物的代谢，对维持神经组织及心肌的正常功能，维持正常的肠蠕动及消化道内的脂肪吸收均起到一定作用。维生素 B_1 广泛存在于植物性饲料中，特别是糠麸类饲料含有较多的维生素 B_1。根茎类饲料含量少，干酵母中的含量最为丰富。

8.9.1　诊断要点

8.9.1.1　临床表现

雏鸡缺乏维生素 B_1 约 1 周即可发病，而且突然，表现为厌食、消瘦，生长发育不良，羽毛蓬乱无光泽，两腿无力，步态不稳，有的病鸡出现下痢。随着病情的发展，逐渐出现多发性神经炎的症状，病鸡的腿、翅、颈的伸肌痉挛，以尾部着地，坐于地上或倒地侧卧，头向后极度扭曲，呈特殊的"观星"姿势，病鸡体温异常，严重的衰竭死亡。成年鸡发病缓慢，多在缺乏维生素 B_1 3 周后出现症状，病初食欲减退，羽毛松乱，腿软无力，鸡冠呈蓝紫色，以后逐渐出现神经症状，脚趾的屈肌、腿、翅，以及颈部的伸肌逐渐麻痹，有的病鸡有贫血和腹泻症状。

8.9.1.2　病理剖检变化

病理剖检可见皮肤广泛水肿；肾上腺肥大，母鸡比公鸡明显；生殖器官萎缩，公鸡比母鸡明显；心脏轻度萎缩，右心扩张；胃肠壁严重萎缩；十二指肠溃疡。

8.9.1.3　诊断

根据本病的特殊临床症状（"观星"姿势）及病理剖检变化，结合测定病禽的血、组织或饲料中维生素 B_1 的含量即可确诊。

8.9.2　防治措施

8.9.2.1　预防

对本病的预防主要是饲料配合要全价，避免减少含维生素 B_1 丰富的糠麸类饲料；避免对饲料进行不适当的加工调制；对影响维生素 B_1 摄入、吸收的疾病要积极治疗；饲料中添加破坏或与维生素 B_1 拮抗的物质时，要适当增加糠麸类饲料的比例，或添加人工合成的维生素 B_1 粉。

8.9.2.2　治疗

对病鸡可用维生素 B_1 进行治疗，每千克饲料加 10～20mg，连用 1～2 周。病重鸡可采用口服或肌内注射的方法，每只鸡 5～10mg，每天 1～2 次，连用 3d。经过治疗，多数病鸡可康复。

8.10　叶酸缺乏症

叶酸又称为维生素 B_{11}，因普遍存在于植物绿叶中而得名。本病的特征为生长发育不良、贫血、羽毛色素缺乏及伸颈、麻痹。叶酸为鲜黄色固体物质，微溶于水，在水溶液中易被光破坏。叶酸在体内转变为四氢叶酸后才具有生物学活性。叶酸参与嘌呤的合成，而嘌呤是核酸的重要物质，所以叶酸对血细胞的形成有促进作用。叶酸对于某些氨基酸（如组氨酸、丝氨酸、蛋氨酸等）在动物体内的代谢是不可缺少的。除块根、块茎类饲料外，叶酸广泛存在于动植物饲料中，但鸡只能利用饲料中 20％～30％的叶酸。鸡体内也能合成一部分叶酸。

8.10.1　诊断要点

8.10.1.1　临床表现

（1）雏鸡　表现为食欲减退，生长发育不良，体重减轻，羽毛生长不良，蓬乱无光。头颈麻痹，颈软，平直前伸，喙着地，闭目发呆，腿蹲地。骨短粗。有贫血表现，冠、髯苍白，血液稀薄。羽毛脱色或有异常色彩的羽毛。往往在出现症状后 2～3d 内死亡。

（2）成年鸡　患病后产蛋量和蛋的孵化率降低，胚胎有先天性的骨短粗症。死亡鸡胚呈现骨营养障碍，体型变小，鹦鹉嘴，胫骨严重弯曲，跗、跖骨短而扭曲，趾爪出血。

8.10.1.2　病理剖检变化

病死鸡剖检可见肝、脾、肾贫血，胃有小点状出血，肠黏膜有出血性炎症。

8.10.1.3　诊断

根据雏鸡生长发育不良、羽毛生长不良、贫血等症状，结合日粮成分分析进行诊断。

8.10.2 防治措施

8.10.2.1 预防

预防本病的措施主要是保证日粮的全价、平衡，防止单一用玉米做饲料。积极防治影响叶酸摄取、吸收和代谢的疾病。以玉米为主配合日粮，或长时间使用肠道抑菌药时，要特别注意补充富含维生素 B_{11} 的饲料。

8.10.2.2 治疗

治疗病鸡可用叶酸肌内注射，每只鸡一次 $50\sim100mg$，连用 1 周。也可在每千克饲料中加入 5mg 叶酸，同时配合使用维生素 B_1 和维生素 C 进行治疗，可收到更好的疗效。

8.11 鸡硒和维生素 E 缺乏症

鸡硒和维生素 E 缺乏可引起雏鸡脑软化症、渗出性素质及肌营养不良等疾病。本病一年四季均可发生，但以冬末和春初多发。

8.11.1 诊断要点

8.11.1.1 临床表现

雏鸡发生本病多集中在 $15\sim30$ 日龄，主要表现为肌肉营养不良、脑软化和渗出性素质等三种病型。成年鸡缺乏维生素 E 时一般无明显的临床症状，常表现为种蛋孵化率降低，鸡胚早期死亡。公鸡表现为睾丸变小，性欲降低，精液品质差和生殖机能减退。

（1）肌肉营养不良 又称为白肌病，是由维生素 E 和硒、含硫氨基酸共同缺乏时造成的。多发于 30 日龄左右的鸡。病鸡表现为两腿无力，消瘦，站立不稳，运动失调，翅下垂，全身衰弱，最后衰竭死亡。

（2）脑软化症 病鸡表现为共济失调，头向后或向下萎缩或向侧面扭转，后仰，步态不稳，时而向前或向后冲，两腿发生痉挛性抽搐，翅膀和腿呈不完全麻痹，采食减少或不食，最后衰竭而死。

（3）渗出性素质病 是由于维生素 E 和硒同时缺乏而引起的一种皮下组织水肿。多发生于 $20\sim60$ 日龄的鸡，比脑软化症稍晚。主要特征是全身皮下组织水肿，尤以股部和腹部多见，症状轻的可见病变部皮下有黄豆大至蚕豆大的紫蓝色斑块，严重时水肿加剧，病鸡两腿叉开，穿刺或剪开病变部可流出蓝绿色黏性液体。

8.11.1.2 病理剖检变化

（1）肌肉营养不良 剖检可见肌肉外观苍白、贫血，并有灰白色条纹。病变主要发生在胸肌和腿肌。

（2）脑软化症 剖检病变主要是脑膜、小脑与大脑充血、肿胀，脑回展平，表面散在出血点，或有黄绿色不透明的坏死区。上述病变也可能发生在大脑、延髓和中脑。

（3）渗出性素质病 剖检时可见心包积液和扩张，胸部和腿部肌肉均有轻度出血。

8.11.1.3 诊断

因为本病有多种类型，因此在诊断上必须依据流行特点、临床症状、病理剖检变化和饲料中维生素 E 的含量检测结果进行综合分析，做出诊断。

8.11.2 鉴别诊断

本病应注意与传染性脑脊髓炎进行鉴别诊断。

相似点：二者均能引起鸡食欲不振、共济失调。

不同点：传染性脑脊髓炎主要病变在中枢神经和部分内脏器官，而周围神经无病变，且不引起渗出性素质病和白肌病。

8.11.3 防治措施

本病初期多呈慢性经过，出现症状后常急性发作，治疗难以收效，故应重视预防工作。

8.11.3.1 预防

在预防上主要有以下几项措施：

（1）防止饲料贮存期过长，不使用发霉的饲料喂鸡。

（2）饲料中应含足够的维生素 E 和硒。维生素 E 在新鲜的青绿饲料中含量较多，在植物种子胚芽、植物油、豆类等中含量也很丰富，所以日粮中谷实类、油饼类应占一定比例，并加喂充足的新鲜青绿饲料。一般在雏鸡饲料中每千克饲料添加 0.1～0.2mg 的亚硒酸钠和 20mL 维生素 E 即可保证鸡的正常需要。但添加时也不能超过太多，而且要搅拌均匀，以防中毒。

（3）母鸡必须靠维生素 E 保证良好的孵化率和雏鸡质量。所有种鸡饲料都应含有足量的维生素 E，以保证后代的健康成长。

（4）在饲料中添加抗氧化剂，减少维生素 E 的破坏。

8.11.3.2 治疗

患脑软化症的雏鸡无法治疗，但对鸡群可用维生素 E 治疗，以防止发生新病例；渗出性素质、肌肉营养不良在治疗中除喂给维生素 E 之外，还应配合硒制剂和含硫氨基酸予以治疗。

（1）当鸡发生本病时，可在每千克饲料中添加维生素 E 20～40mL、亚硒酸钠 0.2～0.4mg，蛋氨酸 3g，连用 7～10d，停药 6d，再用 7～10d，一般可收到较好的疗效。

（2）注射用维生素 E-硒制剂，每毫升含维生素 E 50IU，硒 1mg。使用时，将 1mL 本品加 19mL 灭菌水稀释 20 倍后，每只肌内或皮下注射 1mL，注射一次即可。

8.12 肉鸡猝死综合征

肉鸡猝死综合征又称为急性死亡综合征、翻筋斗病，以肉仔鸡发病较多，肉种鸡、蛋鸡和火鸡也有发生。本病以体况良好、突然死亡为特征。

本病一年四季均有发生，无明显的流行规律。公鸡较母鸡、生长快的鸡较生长慢的鸡发病率高。本病在世界各地的养鸡生产中均有发生，发病率为 0.5%～4.0%，目前在我国也普遍存在，对肉鸡生产的危害也越来越严重。

8.12.1　诊断要点

8.12.1.1　临床表现

发病前鸡并无明显的征兆，采食、活动、饮水等一切正常。鸡经常是在采食、饮水或活动过程中，突然发病，平衡失调，倒地，蹦跳，剧烈扑动翅膀，发出尖叫声，持续 1～2min 后死亡。死后鸡绝大多数呈仰卧状态，腹部朝上。少数鸡呈侧卧或俯卧状态，腿颈伸展。

8.12.1.2　病理剖检变化

病死鸡一般体型大且肥，嗉囊和肌胃内充满采食不久的饲料。肝脏稍肿大，有时出现破裂；心脏扩张，心房尤其显著，内有凝血块，心室一般表现紧缩，心室内无血液，心肌松弛，心包液增多。本病的特征性剖检变化见于肺脏，肺明显淤血肿大，呈暗红色；其他器官无明显眼观变化。血液中磷和钾的浓度皆显著低于正常值。

8.12.1.3　诊断

根据本病特征性的临床症状和病理变化可进行诊断，如死亡鸡体况良好；主要剖检变化集中在肺脏和心脏，鸡死前突然发病、尖叫、蹦跳、扑动翅膀而死亡。排除传染病、中毒病等的可能性后，可做出诊断。

8.12.2　防治措施

肉鸡猝死综合征由于发病突然，死亡快，所以并无有效的治疗方法。

在预防方面应注意以下几个方面：

（1）减少各种应激因素，给鸡创造良好环境。

（2）适当限制饲喂，在 8～14 日龄时，每天给料时间控制在 16h 以内；15 日龄后恢复 24h 给料，可减少本病的发生。

（3）在本病的易发日龄段，每吨饲料中添加 1kg 氯化胆碱，1 万 IU 的维生素 E，12mg 维生素 B_1 和维生素 B_{12}，3.6kg 的碳酸氢钾及适量维生素 AD_3，可使肉鸡猝死综合征的发生率降低。

（4）降低饲料中植物性蛋白质（如豆饼）的比例，适当增加动物性蛋白质的比例。

9 鸡的运动障碍类疾病

鸡常见的运动障碍类疾病包括：鸡病毒性关节炎、鸡传染性矮小综合征、鸡葡萄球菌病、鸡传染性滑膜囊炎、鸡住白细胞原虫病、鸡维生素 D 缺乏症、胆碱缺乏症、维生素 B_2 缺乏症、钙和磷缺乏症、锰缺乏症、鸡痛风症、笼养鸡疲劳症、肉鸡腹水综合征等。

9.1 鸡病毒性关节炎

鸡病毒性关节炎是由呼肠孤病毒引起的鸡的传染性疾病。病毒主要侵害关节滑膜、腱鞘和心肌，使胫跗关节上方的腱索肿大，趾屈腱鞘和跖伸腱鞘肿胀。病鸡蹲坐，不愿走动或跛行。病鸡因运动障碍而生长停滞，消瘦衰竭，鸡群的饲料利用效率下降，淘汰率增高，因而鸡病毒性关节炎给养鸡业带来巨大的经济损失。

9.1.1 诊断要点

9.1.1.1 流行病学

鸡是呼肠孤病毒的已知自然宿主。5～7 周龄的鸡易感。呼肠孤病毒在鸡群中的传播有两种形式：即垂直传播和水平传播。在自然感染后，病毒首先在呼吸道和消化道复制，24～48h 后出现毒血症，随后即向体内各组织器官扩散，但以关节腱鞘及消化道的含毒量较高。排毒途径主要经消化道。试验表明：由口腔感染 SPF 成年鸡，4d 后可从呼吸道、消化道、生殖道和股关节分离到病毒。

用不同浓度的病毒接种 1～4 日龄鸡胚，高浓度病毒致死鸡胚，但低浓度病毒不致死鸡胚，这样的出壳雏鸡体内仍可分离到病毒。由此可见，该病可经种蛋垂直传播，但这种传递率不高。

9.1.1.2 临床表现

该病潜伏期的长短因毒株的毒力、接种途径及鸡敏感性的不同而异。不同接种途径接种后的潜伏期：接触感染潜伏期为 13d 至 7 周，足垫内 1～21d，肌肉内 11～30d，消化道内 3～7d，气管内 9d，鼻内 2～6 周，皮下不超过 5 周。

该病多发生于肉用型或肉蛋兼用型等体型较大的鸡中，但在轻型鸡也有发病的报道。各日龄的鸡均可能发生本病，临床上多见于 4～6 周龄鸡。

大多数感染鸡呈隐性经过，只有血清学和组织学的变化而无临床症状。在感染的鸡群中，有症状的病例一般占鸡群总数的 1%～5%，也有 10% 或高于 10% 的报道。在屠宰场，因发育受阻或关节损害而废弃的病鸡比例高达 25%～30%。

病鸡食欲和活力减退，不愿走动，驱赶时可勉强移动，但步态不稳，继而出现跛行或单脚跳跃。病鸡因得不到足够的水分和饲料而日渐消瘦、贫血、发育迟滞，少数病鸡逐渐衰竭而死。检查病鸡可见单侧或双侧跖部、跗关节肿胀，慢性病例跖骨歪扭，趾向后屈曲。

种鸡群或蛋鸡群感染后，产蛋量可下降 10％～15％。有资料报道，种鸡群感染后种蛋受精率下降，这可能是因病鸡运动功能障碍而影响正常的交配所致。病变主要在跗关节、趾关节、趾屈肌腱和跖伸肌腱。

9.1.1.3　病理剖检变化

病的急性期，关节囊及腱鞘水肿、充血或点状出血，关节腔内含有少量淡黄色或带血色的渗出物，少数病例的渗出物为脓性，这可能与某些细菌合并感染有关。慢性病例的关节腔内的渗出物较少，关节硬固，不能将跗关节伸直到正常状态，关节软骨糜烂，滑膜出血，肌腱破裂、出血、坏死，腱和腱鞘粘连等。有时还可见到心外膜炎，肝、脾和心肌上有细小的坏死灶。

急性病例的关节囊、腱鞘和滑膜水肿、坏死，异嗜性白细胞聚集，血管周围细胞浸润，滑膜细胞肥大增生，淋巴细胞和巨噬细胞浸润，网状细胞增生，滑膜腔内积聚大量的异嗜性白细胞、巨噬细胞和脱落的滑膜细胞，以及心肌纤维间异嗜性白细胞浸润，这是该病较为恒定的组织学变化。在血液学上，可能有异嗜细胞百分比上升而淋巴细胞百分比下降的变化。在慢性病例，可见滑膜的结缔组织增生，网状细胞、巨噬细胞、浆细胞的大量渗出和增生，滑膜形成纤毛状突起等。

9.1.1.4　诊断

根据流行病学、临床症状和病理变化可做出假定性诊断。跖部腱鞘的肿胀同时伴有心肌纤维间的异嗜性白细胞浸润具有诊断意义。根据病毒的分离与鉴定可进行确诊。

9.1.2　鉴别诊断

本病应注意与鸡大肠杆菌性关节炎及滑膜炎、鸡支原体病、关节炎型葡萄球菌病鉴别诊断。

（1）鸡大肠杆菌性关节炎及滑膜炎

相似点：二者均出现跗关节病变。

不同点：大肠杆菌性关节炎及滑膜炎症状较轻，且不出现腓肠肌腱断裂的现象。使用抗生素和磺胺类药物治疗有一定的效果。

（2）鸡支原体病

相似点：二者均出现关节病变。

不同点：鸡支原体病有明显的咳嗽、喷嚏、流鼻液等呼吸道症状。使用多西环素、壮观霉素对其有效。

（3）关节炎型葡萄球菌病

相似点：二者均出现关节炎病变。

不同点：关节炎型葡萄球菌病病鸡足趾病变严重，可出现趾瘤。使用抗生素对其治疗有效。

9.1.3 防治措施

对病鸡尚无有效的特异性治疗方法。预防上主要采取对病毒性传染病的常规生物安全措施。在接种疫苗方面，目前国内外已有多种灭活或弱毒疫苗可供选择使用，接种时间的安排也不尽相同。禽呼肠孤病毒存在着多个血清型的差别，这在选择疫苗时必须考虑到。在未确定当地病毒的血清型之前，一般宜选择抗原性较广的疫苗。对于种鸡群，一般 1～7 日龄、4 周龄时各接种一次弱毒疫苗，开产前接种一次灭活疫苗。对于肉鸡群，多在 1 日龄时接种一次弱毒疫苗。弱毒疫苗多经饮水免疫，灭活疫苗的接种则经肌内注射。1 日龄时接种 S1133 弱毒株病毒性关节炎疫苗，有人认为对马立克氏病疫苗有干扰作用，对此必须引起重视。

9.2 鸡传染性矮小综合征

鸡传染性矮小综合征又名吸收不良综合征、苍白鸡综合征、脆弱骨病或直升机病、生长障碍综合征等。目前对本病的病因尚未研究清楚，有学者认为病原是禽呼肠孤病毒。本病以病鸡身体弱小、精神不振、羽毛生长差、腿部软弱无力而瘸腿为特征。

9.2.1 诊断要点

9.2.1.1 流行病学

本病主要发生于肉仔鸡，1 周龄雏鸡即可出现症状，但 3～4 周龄更为明显。病鸡和带毒鸡是传染源，既可水平传播又可垂直传播，水平传播迅速。本病在一个地区或鸡场一旦发生，则很难彻底消灭。发病率为 5％～20％，病死率为 12％～15％。6～14 日龄死亡率最高。

9.2.1.2 临床表现

本病的临床症状以鸡体矮小、精神倦怠、羽毛蓬乱和腿部疾患等为特征。急性病例的鸡啄食粪便，腹泻，有的鸡呈角弓反张而死。大多数鸡转为慢性，羽毛蓬乱，腹围增大，生长发育迟缓，个体矮小（约为正常雏鸡的 1/3），3 周龄以上的病鸡骨骼变化较明显，表现为站立无力或瘸腿，嘴、脚苍白，色素消失，患鸡身上仍保留着雏鸡的绒毛。

9.2.1.3 病理剖检变化

本病的病理剖检变化有多种。病鸡腺胃增大，肌胃缩小并有糜烂和溃疡。肠道肿胀，肠壁变薄，肠内有未消化的饲料。胰腺萎缩，质地坚硬苍白。大腿骨骨质疏松，股骨头坏死或断裂。多数病鸡还可见到法氏囊和胸腺的萎缩。

9.2.1.4 诊断

本病的病原学较复杂，仅分离到呼肠孤病毒尚不足以确诊，还必须结合本病的发病年龄、临床症状和剖检变化等特征进行综合判断。

9.2.2 鉴别诊断

本病应注意与鸡传染性贫血、鸡病毒性关节炎、关节炎型葡萄球菌病、鸡白痢、鸡球虫病、鸡维生素 A 缺乏症和鸡维生素 D-钙-磷缺乏症等鉴别诊断。

（1）鸡传染性贫血

相似点：精神不振，羽毛松乱，生长不良。

不同点：患鸡传染性贫血的病鸡普遍腹泻，血液稀薄。剖检可见肌肉和内脏器官苍白，肝、肾肿大、褪色或呈淡黄色，大腿骨髓呈淡黄色或粉红色，胸腺萎缩，呈深红褐色。

（2）鸡病毒性关节炎

相似点：二者均出现精神不振、羽毛松乱、生长不良、瘸腿、腹泻等临床表现。

不同点：鸡病毒性关节炎多见于 4～7 周龄的鸡，病鸡跗关节肿胀，皮下组织呈紫红色。剖检可见滑液囊充血、出血，关节腔有黄色或血色渗出液或脓液，肌腱断裂且与周围组织粘连。

（3）关节炎型葡萄球菌病

相似点：均出现羽毛松乱、生长不良、瘸腿等临床表现。

不同点：关节炎型葡萄球菌病主要病变在足趾，可出现趾瘤，抗生素对本病有效。

（4）鸡白痢

相似点：均出现食欲减退、生长不良、腹泻等临床表现。

不同点：患鸡白痢的病雏肛门沾污白色粪便，有气喘和关节炎。剖检早期死亡的病雏可见肝肿大、充血，有条纹状出血，卵黄吸收不好。病程长的在心、肝、肺、盲肠、大肠和肌胃有坏死灶，盲肠有干酪样物质。

（5）鸡球虫病

相似点：均出现精神不振、羽毛松乱、生长不良、腹泻等临床表现。

不同点：患鸡球虫病的病鸡嗉囊积食，排含血稀便。剖检可见小肠发炎、肿胀、有黏稠液、有小血块，盲肠肿胀、肥厚、呈棕红色或暗红色。

（6）鸡维生素 A 缺乏症

相似点：均出现精神沉郁、羽毛松乱、生长缓慢、消瘦等临床表现。

不同点：患维生素 A 缺乏症的病鸡流泪，角膜混浊，口腔有白色小结节，覆有豆渣样薄膜。剖检可见咽喉黏膜有白色结节，肾灰白色，输尿管有白色尿酸盐。

（7）鸡维生素 D-钙-磷缺乏症

相似点：均出现精神沉郁、羽毛松乱、生长缓慢、消瘦、腹泻、瘸腿等临床表现。

不同点：患维生素 D-钙-磷缺乏症的病鸡两腿无力，步态不稳，喙和趾变软弯曲。剖检可见肋骨失去正常硬度，椎肋与肋骨结合处、肋骨的内侧有界限明显的球状突起，呈串珠状，一些肋骨发生自发性折裂。

9.2.3 防治措施

本病尚无有效的治疗方法，也没有疫苗可用。预防的措施主要是加强饲养管理，改善鸡场的卫生条件，认真坚持做好平时的清洁消毒工作，严格执行全进全出制，并防止从外地引入本病。对于发病鸡群，在饲料中添加硫酸铜、维生素 A、维生素 D 及杆菌肽等可减轻症状，降低死亡率。

9.3　鸡葡萄球菌病

鸡葡萄球菌病是由金黄色葡萄球菌或其他葡萄球菌引起的一种急性或慢性传染病。本病的主要特征为雏鸡呈急性型，发生败血症；中雏及成年鸡多为慢性型，表现为关节炎和趾瘤。雏鸡和中雏死亡率较高，是养鸡业中危害严重的疾病之一。本病除感染鸡外，也感染其他家禽，如鸭、鹅、火鸡等。哺乳动物及人类也能感染，故本病又称为人畜共患病。

9.3.1　诊断要点

9.3.1.1　流行病学

本病一年四季均可感染，但在鸡痘高发期的夏、秋时节发生较多，其他季节发生较少。

本菌的传染源主要是病鸡及康复鸡，另外自然界也广泛存在，皮肤和黏膜的创伤是主要的传播途径。肉用仔鸡最易感，危害最严重的是 40～80 日龄的中雏。白色鸡易感，褐色鸡较少。平养和笼养均可发生，笼养发病率较高。卫生条件差、通风不良、鸡群拥挤、饲料中缺乏维生素等相关因素均可促进鸡葡萄球菌病的发生。鸡痘和外伤均可诱发本病的发生。

9.3.1.2　临床表现

根据病菌的种类及菌种的强弱、鸡的日龄、感染部位的不同，临床上分为"三型"雏鸡：急性败血型、脐炎型、关节炎型。

（1）急性败血型　病鸡出现全身症状，体温升高。多见于雏鸡，发病急，病程短，死亡快。病鸡表现精神不振，呆立，翅下垂，缩颈，闭眼，羽毛松乱，少数病鸡排出灰白色或黄绿色的稀便。食欲减少或不食。特征症状是胸、腹、股内侧皮下浮肿，滞留数量不等的血样渗出液，外观呈黑色或青紫色，皮下疏松组织较多部位蓄积血样渗出液，触摸有波动感，该处的羽毛易脱落，用手轻摸即可脱落。破溃时流出茶色或紫红色液体，周围羽毛沾污。在翅膀背侧及腹面、翅尖、尾、眼睑、背及腿部皮肤上出现大小不等的出血点（彩图 10A）、炎症及坏死。局部干燥结痂。病程为 2～5d，快的 1～2d 死亡。

（2）脐炎型（大肚脐）　脐炎又称为"大肚子病"，主要在出壳不久的雏鸡中发生，病程短，死亡率高。病雏腹部膨大，脐孔发炎、肿大、外翻，有黄红色或暗红色液体流出，以后变为脓样干涸坏死物。局部呈紫黑色、质硬，病雏在出壳后 2～3d 死亡。

（3）关节炎型　可见关节炎症状，多处关节发生炎性肿大，特别是跗关节及趾关节较多见，呈紫色或紫黑色（彩图 10B）。病鸡行走不便，跛行，喜卧。重者患肢不敢着地，单肢跳跃。病鸡离群，逐渐消瘦，最后死亡。

9.3.1.3　病理剖检变化

（1）急性败血型　剖检发现病雏胸腹部皮下组织增厚、充血、溶血，呈弥漫性紫红色，切面有大量黄红色胶冻样水肿液。胸腹部肌肉有出血斑点和条纹，特别是胸骨柄处肌肉严重；肝肿大，呈淡紫色，有花纹。病程长的，肝表面有白色坏死点。脾肿大，呈紫红色，表面有白色坏死点。心包积液有黄红色半透明液体，心冠状沟脂肪及心外膜出血。

（2）脐炎型　脐部肿大，呈紫红色，内有暗红色或黄红色液体，后变为脓样干涸坏死物。肝有出血点。卵黄吸收不良，呈黄红色或暗灰色液体，或内有絮状物。

（3）关节炎型　病鸡关节肿大，滑膜增厚、充血或出血，关节腔内有浆液性渗出物或有浆性纤维素性渗出物。后期为干酪样物质，关节结构畸形。

9.3.1.4　诊断

根据临床症状和发病病理变化可做出初步诊断。分离出致病性葡萄球菌才能确诊。

9.3.2　鉴别诊断

本病应注意与鸡绿脓杆菌病、硒-维生素 E 缺乏症、鸡维生素 K 缺乏症、鸡痛风及肉鸡腹水综合征鉴别诊断。

（1）鸡绿脓杆菌病

相似点：精神沉郁，眼半闭，蹲伏，跛行，腹泻，排黄绿色粪便，关节炎等。剖检可见皮下有胶冻样浸润。

不同点：患鸡绿脓杆菌病的病鸡水肿部不显红色，破溃后不流粉红色或红色液体。

（2）硒-维生素 E 缺乏症

相似点：二者均具有关节肿大、跛行、不喜站立等临床表现。

不同点：患鸡硒-维生素 E 缺乏症的病鸡渗出性素质，腹部皮下水肿，针刺流蓝绿色稠液。剖检可见骨骼肌、心肌、胸肌有灰白色条纹。

（3）鸡维生素 K 缺乏症

相似点：胸腹皮肤呈紫色，腹泻，蜷缩等。

不同点：患鸡维生素 K 缺乏症的病鸡翅膀皮下出血、有紫斑，冠、髯苍白，凝血时间延长。

（4）鸡痛风

相似点：关节肿胀，不愿走动，跛行等。

不同点：患鸡痛风的病鸡排白色黏液状稀便，含有大量尿酸盐，关节出现豌豆、蚕豆大结节，破溃后流黄色干酪样物。剖检可见内脏表面和胸、腹膜有石灰样尿酸盐结晶薄膜，关节有白色尿酸盐结晶。

（5）肉鸡腹水综合征

相似点：羽毛松乱，皮肤发紫，翅膀下垂，不愿走动等。剖检可见皮下有淤血、肝肿大、心包积液等病变。

不同点：肉鸡腹水综合征的病因是缺氧、寒冷，病鸡腹部膨大，皮肤变薄，有波动感，穿刺腹腔流出大量液体。

9.3.3　防治措施

9.3.3.1　预防

（1）要按时预防接种鸡痘疫苗。

（2）接种多价葡萄球菌灭活油乳剂疫苗注射，30 日龄雏鸡皮下注射 1mL，保护率可达 90% 以上，有较好的预防效果。

9.3.3.2 治疗

治疗本病可选用庆大霉素、环丙沙星、红霉素等药物。注射药物过程中，要注意消毒，防止人为传播。

9.4 鸡传染性滑膜囊炎

鸡传染性滑膜囊炎又称为鸡传染性支原体病，是由滑膜支原体引起的一种鸡传染病，其主要特征是关节滑膜炎和腱鞘炎。

9.4.1 诊断要点

9.4.1.1 流行病学

该病主要感染禽类，特别是感染 4～6 周龄的鸡，偶尔见于成年鸡。传播途径主要是经垂直传播，也可经呼吸道和直接接触传播。

9.4.1.2 临床表现

病原体主要侵害鸡的关节。发病初期病鸡表现跛行、喜卧地、飞节和趾关节肿大变形、鸡冠苍白、生长停滞，严重的鸡冠萎缩、发绀，全身羽毛蓬乱、精神萎靡、食欲差、消瘦，排泄混有大量尿酸盐的青绿粪便。有时可见鸡轻度的呼吸道症状。成年鸡产蛋量下降 20%～30%，死亡率一般低于 10%。

9.4.1.3 病理剖检变化

剖检时可见关节和足垫肿胀，在关节的滑膜、滑膜囊和腱鞘内有大量炎性渗出物，初期渗出物黏稠、呈灰白色或黄色，慢性病鸡后期变为干酪样渗出物。肝脏、脾脏肿大，肾脏肿大呈苍白的斑驳状，呼吸道一般无明显变化。

9.4.1.4 诊断

根据该病临床和病理剖检特点可做出初步诊断。实验室诊断与败血支原体的诊断方法相同。

9.4.2 鉴别诊断

本病应注意与鸡病毒性关节炎、鸡关节炎型葡萄球菌病、鸡烟酸缺乏症及鸡痛风鉴别诊断。

（1）鸡病毒性关节炎

相似点：跗关节肿胀，跛行，不愿走动，精神不振，生长受阻等。剖检可见跗关节、软骨发生溃疡等变化。

不同点：鸡病毒性关节炎多发于 5～7 周龄的鸡，发病部位主要在跗关节和趾关节，无明显的全身症状及肝、脾、肾变化。

（2）鸡关节炎型葡萄球菌病

相似点：跗关节肿胀，跛行，不愿走动，精神不振，生长受阻等。

不同点：患鸡关节炎型葡萄球菌病的病鸡表现腿、趾患部红、肿、热、痛严重，呈急性炎症。

（3）鸡烟酸缺乏症

相似点：羽毛松乱，生长缓慢，关节炎，腹泻等。

不同点：鸡烟酸缺乏症病鸡羽毛稀少，皮肤发炎，有化脓结节，腿弯曲，骨粗短，雏鸡口膜发炎。跗关节轻度肿胀，有针尖大出血点。剖检可见肝肿大、色黄、质脆、有出血点。

（4）鸡痛风

相似点：关节肿胀，跛行，冠苍白，消瘦，贫血等。

不同点：痛风病鸡跗关节疼痛肿胀，皮下有豌豆大或蚕豆大结节。剖检可见胸膜及内脏表面有薄膜状尿酸盐附着。

9.4.3　防治措施

预防和治疗方法参考鸡败血支原体感染，但使用的疫苗是鸡滑膜支原体病菌苗。

9.5　鸡住白细胞原虫病

鸡住白细胞原虫病又称为鸡白冠病，是由血变科、住白细胞虫属的多种鸡住白细胞孢子虫寄生于鸡的白细胞和红细胞内所引起的一种血液原虫病。特征是内脏器官及肌肉组织广泛出血，并有明显的季节性流行。我国从20世纪80年代初开始，各地均有本病发生的报道。本病对雏鸡和幼鸡危害严重，发病后可造成大批死亡，造成较大的经济损失。

目前，我国发现的鸡住白细胞原虫主要有两种，即沙氏住白细胞原虫和卡氏住白细胞原虫。其中沙氏住白细胞原虫的致病力较弱，呈慢性发病，卡氏住白细胞原虫对鸡的危害大。

卡氏住白细胞原虫的成熟配子呈圆形，寄生于宿主的血细胞中，大配子直径 $12\sim14\mu m$，有一直径为 $3\sim4\mu m$ 的核，小配子直径为 $10\sim12\mu m$，核的直径为 $10\sim12\mu m$。沙氏住白细胞原虫的成熟配子为长形，大小为 $24\mu m\times4\mu m$，宿主细胞呈纺锤形，大小为 $6\mu m\times6\mu m$，细胞核呈深色狭带状，围绕虫体一侧。

9.5.1　诊断要点

9.5.1.1　流行病学

鸡住白细胞原虫的生活史需要中间宿主蚋或库蠓，分为裂殖生殖、配子生殖和孢子生殖三个阶段。首先是库蠓在吸血时将唾液腺中的卡氏住白细胞原虫的子孢子注入鸡体内，随血液流到全身各器官的血管内皮细胞内寄生，并发育为第一代裂殖体。裂殖体成熟后释放出的裂殖子进入新的内皮细胞发育为第二代裂殖体，到此完成裂殖生殖阶段。第二代裂殖体成熟后释放出的裂殖子进入配子生殖阶段。第二代裂殖子在血细胞中形成雄性和雌性配子体。当库蠓吸血时，雌雄配子体进入库蠓体内，迅速发育成雌雄配子，然后雌雄配子结合为合子，进入孢子生殖阶段，最后形成卵囊。成熟卵囊内含有大量的子孢子，当库蠓再次吸血时，子孢子进入鸡体内，而使鸡受到感染，然后又重复裂殖生殖阶段，如此循环。沙氏住白细胞原虫以蚋为中间宿主，其发育过程与卡氏住白细胞原虫相似。

本病的发生、传播和流行与库蠓和蚋的活动密切相关。因此鸡住白细胞原虫病的流行有明显的季节性，在气温 20℃ 以上时，本病的发生和流行比较严重。

鸡住白细胞原虫只感染鸡，其他禽类未见到自然感染。任何品种、年龄、性别的鸡都对鸡住白细胞原虫易感，但日龄较小的鸡（3～6 周龄）和轻型蛋鸡易感性最强，死亡率可高达 50%～80%；成年鸡感染多呈亚急性或慢性经过，死亡率一般为 2%～10%。本病在一个地区一旦发生，在较长的时间内难以根除。本病常呈散发性流行，有时呈严重的地方性流行。

9.5.1.2 临床表现

根据症状表现可分为急性型、亚急性型和隐性型三种。

（1）急性型 多见于流行初期和 3～6 周龄的雏鸡。病鸡精神委顿，鸡冠苍白（彩图 11A），翅下垂，食欲减退或不食，渴欲增强，呼吸急促，粪便稀薄、呈黄绿色；双腿无力行走，轻瘫；体温 42℃ 以上，翅、腿、背部大面积出血；部分鸡临死前口鼻流血，常见水槽和料槽边沿有病鸡咳出的红色鲜血。病程 1～3d，死亡率可达 50%～90%。少部分转为慢性。

（2）亚急性型 青年鸡多呈亚急性型。病鸡精神不振，羽毛松乱，行走困难，粪便稀薄且呈黄绿色，贫血，消瘦；主要特征变化是鸡冠苍白（故称白冠病）；少数鸡的鸡冠变黑，萎缩。病程 1 周以上，最后衰竭死亡，死亡率为 5%～30%。

（3）隐性型 成年鸡感染多呈隐性型，不表现肉眼可见的临床症状，贫血不严重，产蛋率无明显下降，病程 1 个月左右，死亡率很低。

9.5.1.3 病理剖检变化

（1）急性型 全身皮下脂肪、肌肉广泛出血，尤其以翅、腿、胸和肛门部为多；内脏器官广泛出血，以肺脏、肾脏和肝脏明显（彩图 11B～E）。肺脏严重出血，肺膜下有严重的凝血块；气管、支气管内充满凝血块；肾包膜下大片出血，肾脏呈苍白或土黄色；肝脏有粟粒至黄豆大的黄白色结节，或是不规则的血肿、出血斑；胆囊肿大，胆汁浓稠；心内膜下有针尖大至米粒大的出血点，且心内膜表面有黄白色小结节（彩图 11F）；胸腺、胰腺有出血点；脾肿大，有针尖大的出血点；肠黏膜，特别是直肠黏膜呈暗红色，有弥漫性出血点，肠腔内充满凝血块。

（2）亚急性型 鸡体消瘦，冠、髯苍白，肌肉因失血颜色变淡；血液稀薄，血凝不良；肝脏呈暗红色与土黄色相间，质地脆弱，散在有粟粒大黄白色结节；胆囊肿大，胆汁充盈；卵巢出血，萎缩或有变性卵泡；脾、肺、肾、肠黏膜等均有散在小出血点。

9.5.1.4 诊断

根据本病的流行特点、临床症状和病理变化，可以做出初步诊断。确诊需要做血液涂片，瑞氏染色，置高倍镜下检查，若发现住白细胞原虫体，或挑取肌肉和内脏器官中的白色小结节做压片，在显微镜下找到裂殖体即可确诊。

9.5.2 防治措施

9.5.2.1 预防

对本病的预防措施主要是消灭中间宿主，切断传播途径。防止库蠓或蚋进入鸡舍侵袭鸡，要经常用药液驱杀蠓类。

药物预防一般是根据在本病当地的流行特点，在流行前期于饲料中添加药物进行预防和控制，主要有乙胺嘧啶、氯吡醇。

9.5.2.2 治疗

治疗可使用乙胺嘧啶、磺胺间甲氧嘧啶、氯苯胍、二盐酸奎宁等。

9.6 鸡维生素D缺乏症

维生素D缺乏症是由于维生素D供应不足，或其他因素引起的，以骨骼、喙和蛋壳发育异常为特征的一种营养代谢性疾病。维生素D是类固醇衍生物，不易被酸、碱和氧化所破坏，但脂肪酸败，易引起维生素D的破坏。

维生素D的生理功能主要与鸡的钙、磷代谢有关，它可以调节钙、磷代谢，能在鸡的肠道中形成一种酸性环境，增加肠道对钙、磷的吸收，同时又可调节肾脏对钙、磷的排泄，改善骨骼储备中钙、磷的活动状态，从而影响骨骼与喙的正常发育。

9.6.1 诊断要点

9.6.1.1 临床表现

雏鸡缺乏维生素D时，最早可在10日龄左右即出现临床症状，但大多在3～4周龄后出现症状。病鸡表现为生长发育受阻，羽毛蓬乱无光，食欲尚好，但两腿无力，步态不稳，不愿走动，喜卧地，喙和脚爪变软、弯曲、变形，腿骨变脆，易发生骨折。成年鸡缺乏维生素D时，一般在2～3个月后才出现症状，前期表现为蛋壳变薄，或产软壳蛋，产蛋减少，种蛋孵化率显著降低，病程越长越严重。严重时鸡喙、脚爪、腿骨均可变软、变形，两腿无力，常蹲伏于地。

9.6.1.2 病理剖检变化

维生素D缺乏症的病理剖检变化主要表现在骨骼和甲状旁腺。甲状旁腺因为增生而体积变大。骨骼变软、变形，易于折断。胸骨呈S状弯曲，与肋软骨连接处的肋骨内侧面明显肿大，形成数个圆形结节，似串珠状。椎骨和肋骨交接处也有类似情况。维生素D严重缺乏时，骨骼出现明显变形，胸骨在其中部急剧内陷，脊柱在荐骨与尾椎区向下弯曲，从而使胸腔体积变小。

9.6.1.3 诊断

主要根据临床症状如喙、腿骨变软，两腿无力，不愿走动，成年鸡产薄壳蛋、无壳蛋；剖检变化如胸骨弯曲，肋骨与肋软骨连接处有串珠状肿大等，结合实验室检验，血清中的钙明显减少即可做出诊断。

9.6.2 防治措施

9.6.2.1 预防

本病的主要预防措施是在饲料中按鸡不同发育阶段补给足量的维生素D；鸡饲料不要存放时间过长，并且注意锰的用量不能过多；同时防治好影响维生素D吸收、转化等的一些疾病；饲料中钙、磷比例合适。

9.6.2.2 治疗

对病鸡治疗时，可在饲料中添加鱼肝油，同时在饲料中适当多添加一些多种维生素，也可用维生素 D₃ 注射液，肌内注射，也有良好的疗效。病重瘫痪鸡，可肌内注射维丁胶酸钙，保证饲料中维生素 D₃ 含量，尽量让鸡多晒太阳。

9.7 胆碱缺乏症

本病是由胆碱缺乏引起脂肪代谢障碍，临床上以脂肪肝为特征的一种营养代谢性疾病。胆碱也称为维生素 B₄，具有碱性，不稳定。胆碱是动物代谢的重要物质，是合成乙酰胆碱和磷脂的必需物质，是卵磷脂的组成成分，与脂肪的代谢密切相关。作为乙酰胆碱的成分与神经传导有关。正常饲料中胆碱的含量充足，尤其是动物性饲料含量更丰富，玉米中含量较少，鸡本身也能合成一部分胆碱。

9.7.1 诊断要点

9.7.1.1 病因

(1) 饲料中胆碱供给不足。鸡与其他家畜相比，对胆碱的需求量大，特别是幼鸡，自身合成胆碱的能力不足，易发生胆碱缺乏。

(2) 饲料中叶酸、维生素 B₁₂、蛋氨酸等缺乏时，由于它们参与胆碱的合成，故体内胆碱的合成减少，易引起胆碱缺乏。

(3) 饲料中维生素 B₁ 与胱氨酸增多时，也容易抑制胆碱的合成。

(4) 鸡长期服用抗生素和磺胺类药物时，也能抑制胆碱的合成，造成鸡胆碱缺乏。

9.7.1.2 临床表现

雏鸡缺乏胆碱时，生长发育缓慢，羽毛蓬乱无光，腿关节肿大，主要是胫跗关节肿大。腿骨变短粗，弯曲，以及滑腱症，病鸡站立困难，蹲伏于地。成年鸡缺乏胆碱时，产蛋率下降，蛋的孵化率降低。有的病鸡因肝破裂发生急性死亡。

9.7.1.3 病理剖检变化

剖检可见到肝脏肿大，外观呈土黄色，脂肪浸润，表面有出血点，质地脆弱。肾脏及其他内脏器官表面也常有出血点和脂肪浸润。关节周围有出血点，胫、跗骨弯曲变形，腓肠肌脱位。突然死亡的病鸡，剖检可见肝包膜破裂，肝表面及腹腔中有大的凝血块。

9.7.1.4 诊断

根据本病的临床症状、病理变化特征，结合饲料化验及治疗诊断即可确诊。

9.7.2 防治措施

9.7.2.1 预防

对本病的预防主要是针对病因做出相应的措施，即可防止本病的发生。如增加富含胆碱和蛋氨酸的动物性饲料，以及富含 B 族维生素的饲料，并在日粮中添加一定量的植物油、卵磷脂和胆酸盐；在日粮中蛋白质含量低或混合饲料中玉米含量高的情况下，应在饲料中添加氯化胆碱粉剂。

9.7.2.2　治疗

治疗时可用氯化胆碱，疗效较好。

9.8　鸡维生素 B_2 缺乏症

维生素 B_2 缺乏症是以病鸡趾爪向内蜷曲、物质代谢障碍为特征的一种营养缺乏病。维生素 B_2 又称为核黄素，呈橘黄色结晶，味苦，微溶于水，易溶于碱性溶液，对光、碱、重金属敏感，易被破坏。核黄素是机体内许多氧化还原酶类的辅助因子，调节细胞呼吸的氧化还原过程，对碳水化合物、蛋白质和脂肪代谢具有十分重要的作用。常用的鸡饲料原料中维生素 B_2 的含量有限，谷实类饲料中的含量均满足不了鸡的需要，故在配合饲料中应补充维生素 B_2。

9.8.1　诊断要点

9.8.1.1　病因

（1）饲料中维生素 B_2 的供应不足。

（2）饲料保存时间过长，或饲料中含有能破坏维生素 B_2 的物质，均可造成维生素 B_2 的缺乏。

（3）饲养管理不当。如饲喂高脂肪低蛋白日粮时，在低温下饲养时，鸡对维生素 B_2 需要量增加，若不注意对维生素 B_2 的补充，也会引起发病。

（4）影响维生素 B_2 摄取、吸收的疾病出现后，若不及时治疗，也会引起维生素 B_2 的缺乏。

9.8.1.2　临床表现

雏鸡多发生于 1～3 周龄。病鸡生长缓慢，消瘦，羽毛蓬乱无光，绒毛减少，随后出现消化系统功能障碍，食欲减退，腹泻，不愿行走，衰弱。本病特征性症状是足跟肿胀，趾爪向内蜷曲，腿部肌肉萎缩无力，翅膀下垂，不能保持正常的姿势，皮肤干而粗糙。强制驱赶时，病鸡以飞节着地，负重行走，以展翅来维持身体平衡。到后期病鸡两腿瘫痪，完全卧地不起，最后因吃不到食物，衰竭死亡。成年母鸡饲料中缺乏维生素 B_2 时，两周后出现产蛋率和孵化率明显降低，种蛋入孵后胚胎死亡率增加，未能出壳的鸡胚体型矮小，水肿。勉强出壳的病雏，绒羽发育不全，羽毛特征性地弯绕，不能撑破羽毛鞘。

9.8.1.3　病理剖检变化

剖检病变是坐骨神经和臂神经显著肿大、松弛，坐骨神经的肿大更为明显，有时比正常粗 3～5 倍。病死鸡的胃肠黏膜萎缩，胃肠壁变薄，肠内有大量泡沫状内容物，肝脏大而柔软，脂肪含量增加。

9.8.1.4　诊断

根据本病的特征性症状（趾爪向内蜷曲）和剖检病变（坐骨神经显著增粗），以及饲料化验结果等可做出诊断。

9.8.2　鉴别诊断

本病应注意与神经型马立克氏病及传染性脑脊髓炎进行鉴别诊断。

（1）神经型马立克氏病

相似点：精神沉郁，腹泻，消瘦，共济失调，坐骨神经肿大。

不同点：神经型马立克氏病病鸡除坐骨神经增粗外，内脏也有肿瘤，而且有"大劈叉"姿势。

（2）传染性脑脊髓炎

相似点：病鸡食欲降低，消瘦，不愿走动。

不同点：传染性脑脊髓炎病鸡头颈震颤，趾部没有蜷曲现象，无坐骨神经增粗的变化。

9.8.3 防治措施

9.8.3.1 预防

预防本病的主要措施是在配制日粮时，注意配给足够的含维生素 B₂ 的饲料，如新鲜青绿饲料、优质草、叶粉、谷类籽实、糠麸、鱼粉、酵母和乳制品等，以保证日粮中有足够的维生素 B₂；根据不同饲养条件及时增减维生素 B₂ 的用量，避免混合料中某些碱性物质对维生素 B₂ 的破坏；饲料贮存时间不能过久，避免风吹、日晒、雨淋，在调制时更应避免阳光的破坏作用；及时治疗和预防影响维生素 B₂ 摄入、吸收的疾病。

9.8.3.2 治疗

对于病重鸡，治疗很少见到康复。治疗病情较轻的鸡，可在每吨饲料中添加维生素 B₂ 6～9g，连续 1～2 周。也可采用口服或肌内注射的方法，每只鸡每次 1～2mg，连续 2～3d，有一定的疗效，成年鸡治疗一周后，产蛋率和孵化率回升，基本恢复到正常水平。

9.9 钙和磷缺乏症

钙和磷缺乏症是由于钙、磷缺乏或钙、磷比例不当所造成的以骨骼形成障碍和产蛋异常为特征的疾病。幼鸡表现为佝偻病，成年鸡表现为骨软症和产软壳蛋、无壳蛋等。钙和磷是鸡体内矿物质中的主要成分。它们除了是骨骼等的重要成分之外，钙对维持神经和肌肉组织的正常功能起重要作用。此外，钙还参与凝血过程，并是多种酶的激活剂。磷主要以磷酸根形式参与许多物质代谢过程，如糖代谢，还参与氧化磷酸化过程。植物中以豆科牧草的含钙量较高，谷实类和块根、块茎类饲料中含钙贫乏，含磷量虽很丰富，但绝大部分不能被鸡所利用。动物性饲料如鱼粉、肉骨粉中含钙和磷丰富。常用的用来补充钙和磷的矿物质饲料有石粉、贝壳粉、蛋壳粉、骨粉和磷酸氢钙等。在补充钙、磷时，其比例应控制2.1：1.1的范围之内，这样吸收率更高。饲料中如果钙的含量过高，可干扰其他元素如磷、锌、锰等的吸收和利用。

9.9.1 诊断要点

9.9.1.1 病因

（1）饲料中钙和磷的含量不足，或钙、磷比例失调。一般雏鸡和青年鸡饲料中钙的含量应为 0.9% 左右，有效磷应为 0.55%～0.5%，产蛋鸡饲料中含钙量为 3%～3.5%，有效磷含量 0.4％左右，即可基本上符合鸡的需要。

（2）饲料中维生素 D 缺乏。当饲料中维生素 D 供应不足时，可引起钙、磷的吸收和代谢发生障碍。

（3）饲料中蛋白质过高，或脂肪、植酸盐过多，或者环境温度高、鸡运动少、光照不足等因素，都可造成本病的发生。

9.9.1.2 临床表现

雏鸡和育成鸡缺乏钙、磷时发生佝偻病。一般在 1 月龄左右出现症状，病鸡喜欢蹲伏，不愿走动，跗关节肿大，两腿软而无力，食欲不振，异嗜，羽毛生长不良，喙和爪变软，易弯曲，严重时不能采食饲料。生长发育迟缓或停滞，有的鸡出现腹泻症状。成年鸡缺乏钙、磷时，引起骨软症。主要发生在产蛋高峰期，产薄壳蛋、软壳蛋，严重时产无壳蛋。产蛋量下降，蛋的孵化率也显著降低，病鸡双腿无力，常蹲于地上，有时会发生自发性骨折。

9.9.1.3 病理剖检变化

剖检主要病变在骨骼和关节。骨骼和喙发生软化，似橡皮样。骨骺的生长盘变宽和畸形。与脊柱连接处的肋骨呈明显球状隆起，呈串珠状，肋骨增厚、弯曲，造成胸廓两侧变扁。骨体容易折断。关节膨大，常出现二重关节。关节面软骨肿胀，有纤维样物质附着。

9.9.1.4 诊断

根据发病特点、症状及病理剖检变化可做出初步诊断，通过分析饲料成分，测定病鸡血钙和血磷水平确诊本病。正常幼鸡、中鸡的血钙含量为 9～12mg（以 100mL 计），成年蛋鸡为 14～17mg（以 100mL 计），病鸡血钙、血磷水平低于正常值。

9.9.2 防治措施

9.9.2.1 预防

主要是保证饲料中有充足的可利用的钙、磷和维生素 D，根据鸡的不同生长阶段确定饲料中钙、磷的供应量。一般对于雏鸡和育成鸡，要求配合饲料中含鱼粉 5％～7％，骨粉 1.5％～1.8％，贝壳粉 0.5％。对于成年鸡，饲料中含骨粉 1.5％、贝壳 5.5％，基本上可以满足鸡的要求。在中雏鸡饲料中，维生素 D 的含量要达到 200IU/kg，大型鸡要达到 500IU/kg。饲料中钙、磷也必须平衡，防止钙过多或磷过量。

9.9.2.2 治疗

对于发病鸡，一般在饲料中补充骨粉或鱼粉进行治疗，效果较好。同时检查饲料配方。若钙多磷少，在补钙的同时，重点补充磷，过磷酸钙较为合适；若磷多钙少，则重点补钙，同时在饲料中加喂鱼肝油，加倍饲喂维生素 D_3，连用 1～2 周。也可给鸡注射维丁胶酸钙。让鸡多晒太阳，也有很好的效果。

9.10 锰缺乏症

本病又称为脱腱症或骨短粗症，是锰缺乏引起的，以脱腱症、骨短粗、生长发育受阻和种蛋孵化率明显降低为特征的一种营养代谢性疾病。本病多见于幼鸡。

9.10.1 诊断要点

9.10.1.1 病因

锰缺乏症的主要原因有以下几方面：饲料中锰的含量不足，又没有补充微量元素添加剂；饲料中钙、磷、铁含量过多，造成肠道中锰的正常吸收发生障碍；饲料中烟酸、胆碱、生物素等供应不足时，机体对锰的需求增加，若仍按正常时的添加量补充，也可造成锰的缺乏；鸡患球虫病等胃肠疾病时影响锰的吸收、利用。

9.10.1.2 临床表现

雏鸡和青年鸡缺锰时，在一侧或双侧跗关节以下部位明显错位，胫骨远端和跖骨近端向外侧扭转，即脱腱症。胫、跖关节异常肿大，胫骨变粗短，膝关节扁平，病鸡跛行，尚可采食和饮水，若两侧都发生病变，则卧地不起，得不到食物和饮水而很快衰竭而死。

成年鸡缺锰，产蛋量下降，孵化率降低，蛋壳变薄、变脆、强度降低，胚胎发育畸形，表现为腿变短而粗，翅膀变短，头呈圆球形或呈鹦鹉喙，腹部突出，胚体明显水肿，大多在后期出壳前的几天大批死亡。孵出的雏鸡也常表现神经机能障碍、运动失调和头骨变短等症状。

9.10.1.3 病理剖检变化

剖检变化在患病早期，患肢跗关节仅变扁变宽，稍肿大；患病后期，常见到跗关节肿大，跖骨向内或外侧弯转，导致腓肠肌腱脱出而引起脱腱症，腿和翅的长骨缩短、变粗，胫骨下端的关节软骨可能变位。

9.10.1.4 诊断

根据本病的临床症状、典型的脱腱症、剖检病变特点可做出初步诊断，结合饲料分析和治疗试验有助于确诊。

9.10.2 防治措施

9.10.2.1 预防

注意饲料的全价、平衡，适量添加含锰丰富的糠麸、小麦等，而且饲料中钙和磷的补充应适当，防止过量。饲料中锰的含量在 40～60mg/kg 即可。在饲养过程中应排除或尽量减少与骨畸形有关的因素，如饲养密度过大等。

9.10.2.2 治疗

对于病鸡，可在饲料中添加硫酸锰进行治疗。除补充锰外，还应补充胆碱、生物素及有关维生素。也可用高锰酸钾溶液饮水，用高锰酸钾饮水时，浓度要严格把握，防止过高刺激消化道。

9.11 鸡痛风症

随着养鸡生产向工厂化、集约化发展，笼养鸡的比重随之增大，致使鸡痛风症的发生率呈上升趋势。鸡痛风症是由于体内蛋白质代谢障碍所引起的以尿酸盐沉积为特征的一种代谢障碍病。在鸡的内脏中、关节中或内脏和关节中均有尿酸盐沉淀。本病也称为尿酸盐沉积症。据此将鸡痛风症分为内脏型痛风、关节型痛风和混合型痛风。成年鸡、青年鸡和雏鸡都有发生，严重影响着养鸡业的发展，因此应引起高度重视。

9.11.1 诊断要点

9.11.1.1 病因

鸡痛风症的致病原因较为复杂，据文献报道的多达 20 多种，并仍不断地有新的致病因素被发现和证实。引起鸡痛风症的病因可归纳为以下几种：饲料原因、遗传因素、饲养管理因素、疾病因素、中毒性因素。

a. 饲料原因：

（1）大量饲喂富含蛋白质的饲料　如动物内脏、鱼粉、肉骨粉等，这是造成鸡痛风症的主要原因。由于鸡摄入蛋白质的代谢终产物是尿酸，若血液中尿酸浓度升高，经肾脏排出，肾的负担加重，肾功能受到损害，造成尿酸的排泄受阻，在体内形成尿酸盐，沉积于肾脏、输尿管、内脏等器官，引起痛风。

（2）饲料中钙、磷比例不当或含量过高　钙含量过高对雏鸡和青年鸡的危害较大，因为钙过多时会形成钙盐在肾脏的沉积，损害肾脏，阻碍尿酸排泄。在生产中，青年鸡误喂蛋鸡料，添加钙过量，用石灰消毒鸡舍或饲料中钙、磷比例不合适等都有可能造成高钙或低磷而引起痛风症的发生。

（3）维生素 A 缺乏　维生素 A 缺乏能引起内脏型痛风。患慢性维生素 A 缺乏症的幼龄鸡，在其肾小管内可见明显的尿酸盐沉积物；严重缺乏维生素 A 时，在心脏、心包、肝脏和脾脏也有尿酸盐沉积。

b. 遗传因素：在某些品系的鸡中，存在着对关节型痛风的遗传易感性。

c. 饲养管理因素：

（1）饮水不足　由于各种原因使鸡不能喝到充足的饮水，机体呈脱水状态时尿液浓缩，肾脏常出现尿酸盐沉积。

（2）运动不足　笼养鸡或饲养密度过大，鸡运动量小，又给予高能量饲料，血液黏稠度升高，易诱发本病。

（3）饲养环境的温度低　低温时机体代谢发生变化，尿液浓缩，尿酸盐浓度增高，易诱发本病。

（4）长途运输　由于长途运输引起机体出现应激反应，机体代谢功能紊乱，又不能喝到充足的饮水，因而常发生尿酸盐沉积症。

d. 疾病因素：引起肾脏功能障碍的疾病，如鸡肾型传染性支气管炎、鸡传染性法氏囊病、鸡白痢、鸡蓝冠病、鸡球虫病、鸡滑液囊支原体感染、盲肠肝炎等可引起本病发生。

e. 中毒性因素：包括一些嗜肾性的化学毒物、药物和霉菌毒素。能引起肾脏损伤的化学毒物很多，如重铬酸钾、锌、钴、丙酮等。霉菌毒素在中毒性因素中更显得重要，如黄曲霉毒素，常可造成饲料的污染而引起鸡肾脏损害发生痛风。此外，磺胺类药物、庆大霉素、喹诺酮类和感冒通等药物也可引起尿酸盐沉积症。

9.11.1.2 临床表现

本病按尿酸盐在鸡体内沉积的部位不同，可分为内脏型和关节型两种，有时两者可同时发生。

（1）内脏型 病鸡初期无明显临床症状，逐渐出现精神、食欲不振，消瘦，羽毛松乱，贫血，鸡冠萎缩，排白色稀便、开始呈水样、后期呈白色石灰样，肛门松弛，收缩无力，泄殖腔下部的羽毛被污染，数天后死亡。有的鸡无明显症状而突然死亡，这种情况多见于肥胖鸡。本病如不及时救治，死亡率很高。

（2）关节型 一般表现为慢性经过，病鸡食欲下降，生长迟缓，羽毛松乱，衰弱，脚和腿部关节肿胀，行走困难，后期卧地不起。

9.11.1.3 病理剖检变化

（1）内脏型 剖检变化可见到肾脏肿大（彩图 12A），色淡，表面有白色斑点，即尿酸盐沉积部位、输尿管变粗、变硬，管腔内充满石灰样的沉淀物。严重的病鸡，在肝、心、脾及肠系膜的表面也沉积有尿酸盐，形成一层粉状薄膜（彩图 12B-1、B-2）。尿酸盐沉积物镜检可见大量针尖状的尿酸盐结晶。血液中尿酸、钾、钙、磷的浓度升高，钠的浓度降低。

（2）关节型 剖检时可见到关节腔和关节周围组织中有白色尿酸盐沉积，呈白色黏稠液体，或呈结石样沉积，严重时关节组织糜烂、坏死。常可见到肾脏和输尿管中也有尿酸盐沉积。关节型痛风较少发生，一般是鸡群发生内脏型痛风时，个别鸡同时出现关节型痛风。

9.11.1.4 诊断

根据本病的临床症状与剖检变化，可做出初步诊断，结合实验室检验，鸡血清中尿酸水平正常值为 2～5mg（以 100mL 计），若检测值在 10mg（以 100mL 计）以上，即可确诊为痛风。

9.11.2 防治措施

9.11.2.1 预防

可根据发病原因采取相应的有效措施，如饲料中蛋白质含量不能过高，严格按照鸡不同生长阶段的饲养标准配合饲料；饲料中钙、磷比例要适当，防止钙的含量过高；饲料要妥善保存，防止各种维生素成分的丧失；磺胺类药物防止超期后过量使用，以免造成对肾脏的损害；加强饲养管理，鸡舍光照和密度要合理，积极治疗和预防引起肾功能不全的各种疾病。

9.11.2.2 治疗

对于发病鸡群，应分析病因，同时采取对症疗法。对症疗法的关键是解决肾脏排泄障碍的问题。

（1）若饲料中蛋白质含量过高引起痛风，应立即调整饲料配方，降低蛋白质含量（特别是动物性蛋白质饲料）。在饮水中可加入 0.05% 的碘化钾，连饮 3～5d。

（2）可选用增强尿酸排泄的药物，如阿托品。也可使用肾肿解毒药，嘌呤醇可减少尿酸的形成，对于继发性痛风，应积极治疗原发病。

（3）使用氢氯噻嗪，并适当供给 0.1% 的氯化钾水溶液饮水，可防低钾血症的发生。

（4）由于维生素 A 缺乏引起的痛风，可用鱼肝油。

（5）煎制中草药，车前草、金钱草，煎水候温供鸡只饮服。

该病愈后易复发，在控制死亡后，还应定期用上述药物的预防量（治疗量减半）进行预防，这样能更好地控制病情，减少死亡。

9.12 笼养鸡疲劳症

本病又称为笼养蛋鸡瘫痪、软腿病或骨软化症，是笼养鸡由于物质代谢障碍而发生的以腿软弱、麻痹，易骨折为特征的一种代谢障碍病。主要发生于高产母鸡或产蛋高峰期。本病在世界各地均有发现，给蛋鸡生产造成了一定的损失。

9.12.1 诊断要点

9.12.1.1 病因

笼养鸡本身没有活动余地，缺乏足够的运动，长期站立，是引起本病的重要原因；高产蛋鸡因产蛋率高，对饲料中钙、磷的需要量也就增大，若未能及时补充钙、磷，或钙、磷比例不当，都会使鸡被迫消耗骨骼中的钙，造成骨质疏松、骨骼易折断，引起本病；高能量饲养、鸡舍环境温度较高等因素也会造成钙、磷的摄入减少，从而促使本病的发生。

9.12.1.2 临床表现

疾病发展到一定程度时，病鸡出现精神不振、嗜睡，产蛋量减少，产软壳蛋和破壳蛋，种蛋的孵化率降低。病鸡出现啄蛋癖，腿软无力，站立困难，负重时以飞节或尾部支撑身体，严重时发生骨折，或瘫痪于笼中。病鸡极度消瘦，最后衰竭死亡。若及时将病鸡移至地面饲养，多数病鸡会自然康复。

9.12.1.3 病理剖检变化

剖检时，常见到第四、五胸椎易折断；在胸骨与背侧肋骨接头处增生形成串珠状，与幼鸡佝偻病相同；胫骨和股骨等长骨的骨质疏松变脆，有的病鸡胫骨、股骨有自发性骨折，骨断面上有凝血块；血液稀薄，凝固不良。甲状旁腺肥大，比正常时肿大数倍。

9.12.1.4 诊断

根据本病多发生于高产蛋鸡或产蛋高峰期，临床症状如腿无力，站立困难，易骨折；剖检时看到胫骨和股骨疏松变脆，以及肋软骨处呈串珠状等变化，结合饲料中钙、磷比例和含量的测定，可做出确诊。

9.12.2 防治措施

9.12.2.1 预防

预防本病的主要措施是：笼养鸡饲料中钙、磷含量要充足，比例要适当。随着鸡群产蛋率的提高，逐步增加饲料中钙、磷含量。维生素 D 及其他矿物质和维生素也要充足供应。注意饲养管理。笼养密度防止过大，鸡笼尺寸要合适，以免鸡运动不足，鸡舍内保持安静，夏季做好防暑降温工作。

9.12.2.2 治疗

对于发病鸡，可增加饲料中的钙、磷含量，同时添加维生素 AD_3 粉，连用数天。将发病鸡转至宽松笼内或地面饲养，一般几天后腿麻痹症状即可以消失。

9.13 肉鸡腹水综合征

腹水综合征又称为"心衰综合征""肺高压综合征"，是以浆液性液体过多聚积在腹腔，右心扩张肥大，肺部淤血、水肿和肺脏病变为特征的非传染性疾病。肉鸡腹水综合征多发生于 4～6 周龄的肉鸡，在冬季和春季多发，死亡率和发病率在 10%～35%。据统计，由本病引起的肉鸡死亡数占肉鸡上市前总死亡数的 40%～80%，造成极为惨重的经济损失，已成为肉鸡养殖业的一个世界性的问题。

9.13.1 诊断要点

9.13.1.1 病因

本病的病因相当复杂，目前仍未完全研究清楚。概括起来主要有以下几个方面。

（1）遗传因素 主要与鸡的品种和年龄有关，有的肉鸡生长速度过快，则机体需氧量增加，这是引起腹水综合征的潜在原因。随着体重的增长，肉鸡心脏正常的功能不能完全满足机体代谢需要，导致相对缺氧，使肉鸡体内的氧代谢失调，心肌逐渐衰竭，血液回流不畅而导致各组织器官淤血，使体液调节失衡，体液大量渗入腹腔中而出现腹水症。

（2）饲养管理因素 鸡舍饲养密度大，通风透气不良，造成鸡舍内有毒有害气体和尘埃的浓度升高，空气中氧含量降低，导致机体慢性缺氧。同时，随着肉鸡日龄的增长，采食量逐渐增多，在能量的吸收、代谢、利用等的过程中耗氧量也在逐渐升高，红细胞携氧和营养运送的能力无法满足机体需要也可引发腹水综合征。

（3）营养因素 饲喂高能量饲料，饲喂颗粒饲料，饲料配合不当，蛋白含量过高等因素可引起肠道氨浓度升高；某些营养物质的缺乏或过剩，如硒和维生素 E 缺乏，食盐过量等，引起原发病的基础上都可继发腹水综合征。

（4）疾病因素 呼吸系统疾病或漂浮性污染物较多等可导致肉鸡肺脏气体交换发生障碍，继而引起肺部血管血压升高而致病。

（5）中毒因素 霉菌毒素、有毒脂肪、痢特灵、莫能霉素、植物毒素等中毒，或饲料中食盐含量过高引起中毒等，对心、肺、肾等器官有直接或间接的影响，从而引发腹水综合征。

（6）环境因素 在高海拔地区，气候寒冷，氧分压低，造成慢性缺氧，可引发本病。海拔越高，空气越稀薄，则引发本病的概率越大。

9.13.1.2 临床表现

病初，鸡表现为食欲减退，精神不振，羽毛蓬乱，缩头呆立。随后，病鸡出现呼吸困难，有时发生腹泻，排白色或黄色稀便，典型症状是腹部膨大下垂，发紫，触压有明显的波动感，行动困难，常以腹部着地，呈"企鹅状"，出现腹水后数天内死亡。

9.13.1.3 病理剖检变化

本病的突出病变是腹腔内蓄积大量淡黄色或淡红色胶冻样液体，其中混有大小不等的红黄色胶冻样絮状纤维素，腹腔浆膜充血。肝脏肿大，呈黄白色，表面覆盖有灰白色胶冻样纤维素性假膜，个别病鸡肝脏萎缩、硬化，表面粗糙，胸腔也有上述积液，心包混浊、增厚，心包液增多，心脏体积增大；肺脏苍白或淤血、水肿，肺支气管周围结缔组织增生，呼吸性毛细支气管萎缩，同时呼吸性毛细支气管周围的毛细血管狭窄；脾脏常萎缩变小。由于肺循环障碍伴发心力衰竭，造成全身血循环障碍而引起腹水综合征的发生，故肉鸡腹水综合征又称为"肺心病"。

9.13.1.4 诊断

根据本病的发病特点、临床表现，特别是病理剖检变化，很容易做出诊断。

9.13.2 防治措施

9.13.2.1 预防

根据本病的发生原因，采取相应的措施。如加强饲养管理，注意通风换气；防止饲养密度过大；合理搭配饲料，保证饲料营养适宜，防止维生素 E 和硒的缺乏；早期适当限饲；防止药物中毒；不喂发霉变质的饲料；饲料中食盐的含量不能过高等。

9.13.2.2 治疗

本病无有效的治疗方法。为了消除或减少腹水，可使用利尿剂和限制饮水，促进水分的排出，同时努力消除引起腹水的因素。

10

皮肤与被毛异常类疾病

皮肤与被毛异常类疾病：禽痘、虱病、鸡螨病、鸡蜱病、鸡组织滴虫病、鸡维生素B₃缺乏症、生物素缺乏症、锌缺乏症、啄癖等。

10.1 禽痘

禽痘是由禽痘病毒引起的家禽和鸟类（鸡、火鸡、鸽等）的一种高度接触性传染病。以体表无羽毛部位出现散在的、结节状的增生性皮肤病灶为特征（皮肤型），也可表现为上呼吸道、口腔和食管部黏膜的纤维素性、坏死性增生病灶（黏膜型），两者皆有的称为混合型。此病流行于世界各地，根据感染鸡的龄期、病型及有无混合感染，死亡率在5%～60%，可影响幼鸡生长和产蛋鸡的产蛋性能，造成较严重的经济损失。

10.1.1 诊断要点

10.1.1.1 流行病学

本病一年四季都可发生，夏、秋季多发生皮肤型禽痘，冬季则以黏膜型禽痘多见。南方地区春末夏初由于气候潮湿，蚊虫多，更多发生，病情也更为严重。

本病主要发生于鸡和火鸡，鹅、鸭虽能发生，但不严重。许多鸟类，如金丝雀、麻雀、鸽、鹌鹑、和一些野鸟都有易感性。各种龄期、性别和品种的鸡都能感染，但以雏鸡和中雏最常发病，且病情严重，死亡率高。成年鸡较少患病，但在某些应激因素的作用下，也可感染。

禽痘的传染常通过病禽与健康家禽的直接接触而发生，脱落和碎散的痘痂是禽痘病毒散播的主要形式之一。禽痘的传播一般要通过损伤的皮肤和黏膜而感染，常见于头部、冠和肉垂外伤或经过拔毛后从毛囊侵入。黏膜的破损多见于口腔、食管和眼结膜。库蚊、疟蚊和按蚊等血吸虫，以及如鸡刺皮螨等体表寄生虫在本病的传播途径起重要作用。蚊虫吸吮过病灶部的血液之后随即带毒，带毒时间可长达数周，其间易感染的鸡被带毒的蚊虫刺吮后而传染，这是夏秋季节禽痘流行的主要传播途径。某些不良环境因素，如拥挤、通风不良、阴暗、潮湿、体外寄生虫、啄癖或外伤、饲养管理不良、维生素缺乏症等，可使禽痘加速发生或病情加重，如有慢性呼吸道病等并发感染，则可造成大批家禽的死亡。

10.1.1.2 临床表现

禽痘潜伏期为4～6d，有时可长达2周后才出现症状。发病经过通常为3～4周，并逐渐恢复，而发生混合感染时病程延长。皮肤型和黏膜型均能恢复良好。

（1）皮肤型　皮肤型禽痘的特征是在身体的无羽毛部位，如冠、肉垂、嘴角、眼皮、耳球和腿、脚、泄殖腔及翅的内侧等部位形成一种特殊的痘疹。最初痘疹为细小的灰白色小点，随后体积迅速增大，形成如豌豆大、灰色或灰黄色的结节。痘疹表面凹凸不平，结节坚硬而干燥，有时结节的数目很多，可互相联结而融合，产生大的痂块。如果痘痂发生在眼部，可使眼缝完全闭合；若发生在口角，则影响家禽的采食。这些痘痂突出于皮肤表面，在体表皮肤存在稍短的时间或大约2周之后，在病变的部位产生炎症并有出血，从痘痂的形成至脱落需3~4周，脱落后留下一个平滑的灰白色疤痕而痊愈。如果在疤痕未痊愈之前强行剥离，皮肤上留下红色的出血性病灶，痘痂被化脓菌侵入，引起感染，则会有化脓、坏死，严重的病例还可引起死亡。皮肤型禽痘，一般无明显的全身症状，但感染严重的病例或体质衰弱者，则表现为精神萎靡，食欲不振，体重减轻，生长受阻，产蛋鸡则产蛋减少或完全停产。

（2）黏膜型　黏膜型禽痘的痘疹多发生于口腔、咽部、喉部、鼻腔、气管及支气管，病鸡表现为精神委顿、厌食，眼和鼻孔流出的液体初为浆液黏性，后变为淡黄色的脓液。时间稍长，若波及眶下窦和眼结膜，则眼睑肿胀，结膜充满脓性或纤维蛋白性渗出物。鼻炎出现2~3d后，口腔和咽喉等处的黏膜发生痘疹，初呈圆形的黄色斑点，逐渐形成一层黄白色的假膜，覆盖在黏膜上面。这些假膜是由坏死的黏膜组织和炎症渗出物凝固而成的，像人的"白喉"，所以也称为白喉型禽痘。随着病程的发展，口腔和喉部黏膜的假膜不断扩大和增厚，阻塞口腔和喉部，影响病禽的吞咽和呼吸，嘴往往无法闭合，病禽频频张口呼吸，发出"嘎嘎"的声音；严重时，脱落的破碎小块痂皮掉进喉和气管，进一步引起呼吸困难，直至窒息死亡。

（3）混合型　有些病禽皮肤、口腔和咽喉黏膜同时受到侵害和发生痘斑，称为混合型，有时还可见到败血型。病禽表现出严重的全身症状，并伴随肠炎发生，病禽可迅速死亡，或急性症状消失后，转为慢性肠炎，腹泻致死。

10.1.1.3　病理剖检变化

（1）皮肤型　皮肤型的特征性病变是局部表皮及其下层的毛囊上皮增生，形成结节。结节起初表现湿润，后变为干燥，外观呈圆形或不规则形，皮肤变得粗糙，呈灰色或暗棕色。结节干燥前切开，切面出血、湿润。结节结痂后易脱落，并出现瘢痕。

（2）黏膜型　黏膜型禽痘，其病变出现在口腔、鼻、咽、喉、眼或气管黏膜上。发病初期只见黏膜表面出现稍微隆起的白色结节，后期连片，并形成干酪样假膜，可以剥离。有时全部气管黏膜增厚，病变蔓延到支气管时，可引起附近的肺部出现肺炎病变。

实质脏器变化不大，但当发生败血型禽痘时，可出现内脏器官萎缩，肠黏膜脱落。

病理组织学检查，最为特征性的是感染细胞的细胞质内出现大型的嗜酸性包涵体。由于病毒在表皮细胞和黏膜上皮细胞内增殖，使细胞本身增大，细胞质淡染和空泡化，中央部位出现包涵体，包涵体急速增大，逐渐使细胞核崩解，细胞死亡。多数场合，细胞会发生二次感染，最后形成无结构的痂皮而脱落。

10.1.1.4　诊断

禽痘在皮肤、黏膜上形成典型的痘疹和特殊的痂皮及假膜，结合其发病情况，如蚊虫多发的夏季、初秋以皮肤型多见，而冬季以黏膜型多发；成年鸡有一定的抵抗力，而1月龄或开产初期产蛋鸡有多发的倾向，常可做出初步诊断。

10.1.2 鉴别诊断

本病应与白色念珠菌病、毛滴虫病、维生素 A 缺乏症、啄损及外伤鉴别诊断。

（1）白色念珠菌病

相似点：白色念珠菌的感染与黏膜型禽痘引起的口腔黏膜病变相似。

不同点：白色念珠菌的感染病变是较松脆的干酪样物，容易剥离，且剥离后不留痕迹。

（2）毛滴虫病

相似点：毛滴虫病与黏膜型禽痘引起的口腔黏膜病变相似。

不同点：毛滴虫病的病变是较松脆的干酪样物，容易剥离，且剥离后不留痕迹。

（3）维生素 A 缺乏症

相似点：维生素 A 缺乏症病鸡眼和口腔黏膜有与禽痘相似的病变。

不同点：患维生素 A 缺乏症的病鸡，全身症状较为明显，眼明显肿胀，有大量的干酪样渗出物，且食管有白色的小脓灶，肾脏肿大，充斥着大量尿酸盐，呈网状结构，输尿管肿胀。

10.1.3 防治措施

10.1.3.1 预防

对本病的预防应着重做好平时的卫生防疫工作。在蚊子等吸血昆虫活动期的夏、秋季应加强鸡舍内的驱杀昆虫工作，以防感染；不同龄期、不同品种的家禽应分群饲养，栏舍的布局应合理，通风要良好，饲养密度不宜过大，饲料应全价，避免各种原因引起啄癖或机械性外伤；新引进的家禽要经过隔离饲养观察，证实无禽痘的存在方可合群。预防本病最有效的方法是接种禽痘疫苗，在种禽场和经常有本病发生的养禽场，应对易感幼禽进行接种。

在接种后 3～5d 可发痘疹，7d 后达高峰，以后逐渐形成痂皮，3 周内完全恢复。接种后必须检查发痘情况。发痘好，说明免疫有效；发痘差，则需要重复接种。在一般情况下，疫苗接种后 2～3 周产生免疫力，免疫期可持续 4～5 个月。

上述鸡痘疫苗与新城疫或马立克氏病疫苗已被成功联合应用，但需用非肠道途径接种。

10.1.3.2 治疗

一旦发生本病，应严格隔离病禽，进行治疗，严重的应淘汰，并经无害化处理（深埋或焚烧）。病禽舍、运动场和用具要进行严格的彻底消毒。由于残存禽体内的禽痘病毒对外界环境因素的抵抗力很强，不易杀灭，所以禽群发病时，经隔离的病禽应在完全康复 2 个月后才能合群。

对于禽痘的治疗，目前尚无特效药物，对有治疗价值的可采用对症疗法，以减轻病禽的症状和防止继发细菌性感染。

雏鸡刚发现痘疹时，用免疫鸡或痊愈鸡的血清进行治疗（每只鸡注射 0.5mL），有较好的效果。

发生鸡痘后也可视鸡日龄的大小，紧急接种新城疫Ⅰ系或Ⅳ系疫苗，以干扰鸡痘病毒的复制，达到控制鸡痘的目的。

10.2 虱病

虱是鸡常见的一种永久性外寄生虫，分布广泛，严重侵害时对鸡的危害极大。

一般常见的虱有鸡体虱、头虱和羽干虱等。羽虱的形体很小，小的不到 1mm，大的一般不超过 6mm，呈淡黄色或灰色，头宽，头部、胸部和腹部分界明显，无翅，头部有一对触角，咀嚼式口器，胸部有 3 对足。虱为不完全变态，其发育过程包括卵、若虫、成虫三个阶段。自卵发育到成虫需 30～40d。每年可繁殖 6～15 代。雌虱产卵后死亡。雄虱交配后死亡。全部生活发育过程均在鸡体上进行。一对雌雄虱在数月内能产生 12 万个后代。

10.2.1 诊断要点

10.2.1.1 流行病学

虱在鸡体上的寿命有几个月，离开鸡体仍能生存 5～6d。虱主要通过直接接触传播，此外还可通过各种用具、褥草、饲养人员等间接传播。饲养管理与卫生条件不良的鸡群，虱较多。一年四季均可感染，冬季较严重。

10.2.1.2 临床表现

鸡体感染虱后，引起痒觉、不安，影响采食和休息。因啄痒而伤及皮肤，羽毛脱落。常引起食欲减少、消瘦和生产性能降低。鸡头虱对雏鸡的危害相当严重，可使雏鸡生长发育停止，甚至引起死亡。

10.2.2 防治措施

在预防上主要是加强饲养管理，保持鸡舍的清洁卫生和通风、干燥，定期检查鸡体表，及时治疗。

10.2.2.1 涂粉法

可用 0.5％敌百虫（有机磷化合物）、5％氟化钠、2％～3％除虫菊酯粉或 5％硫黄粉。将药物喷洒在鸡翅下、两腿内侧、胸前、腹下等部位，应注意使药物喷洒均匀。

10.2.2.2 药浴法

在北方仅能在夏天等气候温暖的季节应用，南方则一年四季均可应用。常用药剂为 1％氟化钠、0.5％马拉硫磷液或 0.1％敌百虫溶液。药浴要用温水，洗浴时握住鸡的翅膀，把鸡体浸入药液内几秒钟，使药液能接触到鸡的皮肤，再把鸡头浸浴 1～2 遍，然后将鸡提出。

一般杀虫剂不能杀灭虱卵，因此，在第 1 次治疗后相隔 10d 左右再进行第 2 次治疗，才能达到彻底杀灭虱的目的。同时，必须对鸡舍及一切用具进行消毒。消毒可用 0.1％溴氰菊酯或 0.3% 杀灭菊酯喷洒。

10.2.2.3 中草药法

（1）用脱脂棉球蘸取胡麻油适量，轻轻擦拭病鸡患部。

（2）百部，加水煎煮，用药液药浴患鸡。操作方法是：将药液加热到 35℃，一次药浴几秒钟，连续 2 次即可灭虱。

10.3 鸡螨病

螨病是由疥螨科、痒螨科、皮刺螨科和蠕形螨科的螨类寄生于家禽的体表或表皮内所引起的慢性皮肤病，以接触传染并引起宿主发生剧烈的痒觉，以及各种类型的皮肤炎为特征。鸡螨的种类很多，能寄生在家禽身上的约 20 种，危害较大的主要有鸡刺皮螨、林禽刺螨、突变膝螨、鸡新勋恙螨和鸡脱羽膝螨等。

10.3.1 鸡刺皮螨病

鸡刺皮螨又称鸡螨、红螨或栖架螨，广泛分布于全世界，在温暖地区多有此螨存在。我国各地均有发现，在现代化大型商业性的多层笼养鸡中也普遍存在。鸡刺皮螨白天躲在鸡舍砖缝或鸡笼焊接处，夜晚出来叮咬鸡群，吸饱血后离开鸡体返回休息地。

鸡刺皮螨呈椭圆形，有 8 只脚（幼虫 6 只脚），棕褐色或棕红色，前端有长的口器。雌成虫的大小约为 0.7mm×0.4mm，吸饱血后长度可达 1.5mm。整个生活史周期可于 7d 内完成。雌成虫在第一次吸血后 12~24h 产卵于禽体的外周环境中，气候温暖时，卵在 48~72h 孵化，6 只脚的幼虫不吸血，经过 24~48h 的蜕化变为吸血的第一期若虫，再经过 24~48h 蜕化为第二期若虫，此后不久蜕化到成虫阶段。鸡螨在没有食物的情况下可存活 4~5 个月。鸡螨最常见的宿主是鸡，但也可以寄生于火鸡、鸽、金丝鸟及几种野鸟，人类也可受到侵袭。

母鸡长期被叮咬和吸血会引起贫血，产蛋量下降，饲料消耗增加，严重的可引起死亡。雏鸡感染后生长发育不良。发现鸡群中鸡只日渐消瘦，鸡冠苍白，饲料消耗增加，产蛋量下降，应注意鸡舍中是否有了鸡刺皮螨。可在鸡舍的墙缝等处查找虫体，或在鸡笼下铺张白纸，然后用棍子敲打鸡笼，饲料渣可掉于白纸上，把纸提起倒去饲料渣，看白纸上有无棕褐色或微黑色的小圆点。鸡体上的刺皮螨需在夜间检查，一般在鸡的腿上可发现此螨。

可采用以下几种药物进行治疗：用 0.2% 敌百虫水溶液直接喷洒于鸡刺皮螨栖息处，或将 2.5% 溴氢菊酯以 1:2 000 倍稀释后喷洒于鸡螨栖息处。也可用 0.5% 马拉硫磷水溶液直接喷洒。用上述药液喷洒一次后，应隔 7~10d 再喷洒一次。

10.3.2 鸡林禽刺螨病

林禽刺螨也称北方羽螨，是一种永久性寄生虫，在各种禽舍极为常见。宿主包括多种家禽、野禽、鼠和人。与刺皮螨不同，林禽刺螨无论白天还是夜间都容易在鸡身上发现。

林禽刺螨的生活史，在禽体上不到 1 周的时间内即可完成。卵产于羽毛上，1d 内孵化，幼虫和两个若虫期在 4d 内发育完成。这种螨与鸡刺皮螨不同之处是在冬天寒冷的季节数量多，而在夏季数量减少，林禽刺螨在脱离宿主的情况下可生存 3～4 周。常寄生于鸡肛门周围羽毛上。

鸡被严重感染时，感觉奇痒，常啄咬患处，影响采食和休息，日渐消瘦，贫血，羽毛变黑，肛门周围皮肤结痂龟裂。检查者抓住鸡时，螨会迅速爬到检查者的手和手臂上。用手分开肛门周围羽毛，即可发现林禽刺螨和螨卵。

在防治方面，如果每月检查 1～2 次，则可降低经济损失，仅需治疗较少的患病鸡。因为林禽刺螨传遍整个禽舍的速度较慢。治疗时可用 2.5％溴氢菊酯以 4 000 倍稀释后喷雾或药浴，或以 20％双甲脒乳油配成 0.05％水溶液喷雾或药浴。

10.3.3　鸡突变膝螨病

鸡突变膝螨即鳞足螨，属于疥螨科，寄生于鸡脚的皮肤鳞片下面，患鸡的脚和脚趾上好像涂了一层石灰的样子，故又称为鸡的石灰脚病。

鸡突变膝螨虫体很小，雌虫呈圆形，直径大约为 0.5mm，雄虫呈卵圆形，大约长 0.2mm。该螨的整个生活史都在鸡的皮肤内完成，通过互相接触或接触到污染的环境而传播。一旦发生，可蔓延全群。

病变主要发生于宿主腿部无羽毛处，偶尔也见于鸡冠及肉垂上，虫体挖掘隧道进入皮肤鳞片下面，引起皮肤发炎，病鸡奇痒，摩擦患部，造成脱皮出血，鳞片隆起，引起增生并形成鳞皮和痂皮，病变部渗出物干涸后形成白色或灰黄色痂皮，外观像涂了一层石灰。严重时病禽行走困难，跛行，影响采食。

鸡舍应经常清扫，特别是栖架、栏舍、产蛋箱，定期用药物喷雾杀虫。引进新鸡时，首先刮取腿部痂皮作为样品送诊断室镜检，如果发现鸡突变膝螨，则先治疗，然后再混群。

治疗前，先将病鸡的脚浸入温热的肥皂水中，使痂皮变软，除去痂皮后涂上 10％硫黄软膏或 2％石炭酸软膏，2 次/d，连用 3～5d。也可将鸡爪浸泡在 10％克辽林、0.1％敌百虫溶液或 0.05％杀灭菊酯中 3～4min，然后除去痂皮，用刷子刷患部，使药液渗入组织内，以杀灭虫体。间隔 2～3 周后，可再药浴一次。同时，将病鸡置于光照和通风良好处，供给充足的饮食，可促进本病的康复。

10.3.4　鸡新勋恙螨病

鸡新勋恙螨又称鸡奇棒恙螨。鸡新勋恙螨属恙螨亚目，恙螨科。主要寄生部位是翅膀内侧、胸肌两侧和腿的内侧皮肤上，尤以雏鸡体表最易感染，是鸡重要的外寄生虫病之一。

鸡新勋恙螨的幼虫很小，不易发现，饱食后呈橘黄色。恙螨在发育过程中，仅幼虫营寄生生活，成虫多生活于潮湿的草地上，以植物汁液和其他有机物为食。幼虫有 6 只足和一个背板，后者生有一对感觉器和 4～6 根刚毛。腿有 7 节，并具有两个爪和一个爪间刚毛。未吃食的恙螨幼虫直径为 0.1～0.45mm，吃饱后肉眼也仅能看到一些红色小点。雌虫受精后产卵于泥土上，约经过两周时间孵出幼虫，幼虫遇到鸡或其他鸟类时，便附着在其体上刺吸宿主的体液和血液，饱食时间为 1～30d。在鸡体上的寄生时间可达到 5 周以上。幼虫饱食后落地，数日后发育为若虫，再经一定时间发育为成虫。

鸡感染恙螨后，患部奇痒，出现痘疹状病灶，周围隆起，中央凹陷呈痘脐形，中央可见一小红点，即恙螨幼虫。大量虫体寄生时，鸡的腹部和翅膀下皮肤布满此种痘疹状病灶。病鸡贫血、消瘦、垂头、不食，严重者可导致死亡。

用小镊子夹取痘疹状病灶的痘脐中心的小红点，显微镜下观察，若为虫体，即可确诊。

本病的预防措施主要是进鸡前对鸡舍或运动场喷洒有机磷、菊酯类杀螨药剂；避免在潮湿的草地上放鸡，以免感染。

治疗时，在鸡体患处涂擦 70％酒精、5％碘酊或 5％硫黄软膏，涂擦一次即可杀灭幼虫，病灶逐渐消失，数日后痊愈。

10.3.5　鸡脱羽膝螨病

鸡脱羽膝螨又称鸡膝螨，在一般结构上与突变膝螨相似，但体型略小，雌虫的直径大约为 0.3mm。背部条纹有间断，并形成隆起的刻痕，寄生于鸡、鸽及雉鸡等的羽毛根部，以背部和翅膀上最多，多在春夏季节流行，主要通过接触迅速传播。

鸡脱羽膝螨在鸡表皮的羽毛根部掘洞，刺激皮肤发痒，引起炎症，皮肤发红，羽毛变脆，脱落，有时寄生部位奇痒，迫使患鸡啄拔身上的羽毛，造成脱羽。严重时，除翅膀和尾部的大羽外，其余羽毛几乎脱光。患鸡消瘦，产蛋量减少。

治疗方法是迅速隔离受侵袭的鸡群，并对鸡舍用菊酯类杀螨剂喷洒，同时对鸡用 0.1％敌百虫温热溶液药浴，充分浸透。

10.4　鸡蜱病

蜱属于蜱螨亚纲、寄螨目、硬蜱科和软蜱科。硬蜱又称壁虱、扁虱、草爬子等，体壁较硬，背面和大多数的腹面均有几丁质硬化而成的板。软蜱体壁较软，无几丁质硬化成的板，表皮呈革质，有皱纹及细颗粒。雌成虫饱血后大小为 10mm×6mm，有 4 对足，虫体不分节。对家禽来说，危害性最大的主要是软蜱。未吸血的蜱体呈扁平卵圆形，颜色为棕黄色到微红棕色。雌雄体形态相似，吸血后迅速膨胀，虫体背面由有弹性的革状外皮组成。

软蜱的发育包括卵、幼虫、若虫和成虫四个阶段，整个发育过程需 1～12 个月。雌虫一生可产卵 500～875 个，分 4 次或 5 次，每产一次后须寻找宿主吸血一次。卵产于隐蔽的缝隙内，包括树皮的下面。在温暖的季节，卵在 6～10d 内孵化成有 3 对足的幼虫，而在凉爽的季节孵化期可达 3 个月。幼虫在不进食的状态下可生存数月，但一般情况下在 4～5d 内即变为饥饿状态并开始寻找宿主。幼虫吸血 4～5d 后离开宿主，经 3～9d 脱皮蜕化为 4 对足的若虫，若虫在不吸血的情况下可生存 15 个月，若虫再次吸血后蜕变为成蜱。成蜱大约 1 周后吸饱血再进行交配，交配后 3～5d 开始产卵。

软蜱的宿主很多，除鸡以外，还有火鸡、鸭、鹅、珍珠鸡、金丝雀、麻雀、鸵鸟，偶尔也见于牛、犬和人。软蜱的吸血时间较短，需要吸血时才爬到鸡体上，吸血后即离开，隐藏在附近的栖架缝隙和墙缝中，吸血多在夜间。

鸡遭受蜱的侵袭后，轻微的可造成羽毛蓬乱，食欲下降，生长发育缓慢，贫血，消瘦，产蛋量下降；严重时可因失血性贫血造成死亡。某些蜱如波斯锐蜱经唾液分泌的麻痹毒素可使鸡发生肌肉松弛、运动麻痹。另外，蜱还是禽螺旋体病、梨形虫病、立克次体病和许多病毒病如脑炎的传播者。

控制蜱的主要措施是对垫料、地面、墙壁、顶棚等进行彻底的喷雾消毒，并且使药物喷入缝隙和蛋箱后面。室外运动场、食槽、木架及树干可用有效的杀虫剂处理。控制蜱的其他方法有采用金属建筑物而废除金属木制栖架，由顶棚悬挂的栖架改为笼养。同时定期对禽舍进行检查。喷洒消毒时常用的药物有：1‰敌百虫液、2‰马拉硫磷、0.2‰溴氰菊酯。使用皮下注射伊维菌素（虫克星）的方法，对蜱也有很好的杀灭效果。

10.5　鸡组织滴虫病

本病是由火鸡组织滴虫寄生于火鸡、雉、鸡、孔雀、珍珠鸡等的盲肠和肝脏引起的原虫病，也称传染性盲肠肝炎、黑头病。多发于火鸡和雏鸡，成年鸡也能感染。

本病的主要特征为盲肠发炎、溃疡和肝脏表面具有特征性的坏死病灶。

10.5.1　诊断要点

10.5.1.1　流行病学

本病多发于春末至初秋的暖季节。鸡、珍珠鸡、孔雀、鹌鹑等都能感染。鸡在2周龄至3月龄发病率较高，成年鸡一般不表现症状，但粪便含有虫体，成为传染源。

10.5.1.2　临床表现

病鸡具有精神沉郁、翅下垂、步态蹒跚、畏寒和下痢等症状。病的末期鸡冠和肉髯发绀，呈暗黑色，因而称之为"黑头病"。成年鸡很少出现症状，但产蛋显著减少。

10.5.1.3　病理剖检变化

病变主要发生在盲肠和肝脏，引起盲肠炎和肝炎。剖检见一侧或两侧盲肠肿胀，肠壁肥厚，内充满浆液性或出血性渗出物，常干酪化形成盲肠芯（彩图13A、B）。肝脏肿大，表面出现黄绿色圆形、下陷的坏死灶（彩图13C-1至C-3），直径可达1cm，单独存在或融合成片。腹腔脏器被淡黄色腐肉样物质粘连。

10.5.1.4　诊断

根据临床症状、病理剖检变化可做出初步诊断，确诊需进行实验室诊断。

10.5.2　鉴别诊断

本病应注意与鸡大肠杆菌病、鸡坏死性肠炎、鸡球虫病、鸡副伤寒等的鉴别诊断。

（1）鸡大肠杆菌病

相似点：病鸡精神沉郁，下痢，肠道发生病变。

不同点：大肠杆菌病病鸡小肠、盲肠、肠系膜和肝等部位出现结节性肉芽肿病变。

（2）鸡坏死性肠炎

相似点：病鸡下痢，食欲减退。

不同点：鸡坏死性肠炎刚病死鸡打开腹腔即可闻到尸腐臭味，小肠浆膜表面可见大量针尖大小的出血点和灰白色小点，肠内充满黑红色渗出物和膜严重纤维素坏死。

（3）鸡球虫病

相似点：病鸡精神沉郁，消瘦，食欲减退，血便和盲肠肿大。

不同点：鸡球虫病病鸡肠管扩增，肠壁增厚，肠黏膜有出血点。

（4）鸡副伤寒

相似点：病鸡厌食，下痢，肝脏肿大，肝脏有坏死灶。

不同点：鸡副伤寒病鸡盲肠内形成"栓子样病理变化"，成年鸡有卵巢炎、腹膜炎病变。

10.5.3　防治措施

治疗本病可使用甲硝唑。加强卫生、消毒和饲养管理。成年鸡、幼鸡分养，鸡与火鸡分养。定期驱除鸡异刺线虫。

10.6　鸡维生素 B_3 缺乏症

维生素 B_3 缺乏症是由于维生素 B_3 缺乏引起机体内辅酶 A 的合成减少，造成糖类、脂肪和蛋白质代谢紊乱的一种营养代谢病。维生素 B_3 又称为泛酸、遍多酸、抗皮炎因子。泛酸是一种二肽衍生物，为黄色黏性油状物，可溶于水。对热、氧化剂和还原剂均稳定。在干热及酸性和碱性介质中加热极易分解。泛酸遍布于所有动植物饲料中，故称遍多酸，而且含量丰富。但在玉米、骨粉、血粉和鱼粉中含量较少。泛酸是辅酶 A 的成分，是体内能量代谢中不可缺少的成分，参与碳水化合物、脂肪和蛋白质的代谢。对脂肪的合成与代谢起着十分重要的作用。

10.6.1　诊断要点

10.6.1.1　病因

因泛酸遍布于动植物饲料中，故一般情况下不会发生维生素 B_3 缺乏症。但有以下几方面的原因时则容易发生本病。

（1）长期饲喂以玉米为主的饲料，又未补给泛酸，可引起雏鸡的维生素 B_3 缺乏症。

（2）鸡体对泛酸的需要量增大，如雏鸡、青年鸡、成年种鸡对泛酸的要求为每千克饲料中含 10mg，而成年商品蛋鸡的需要量为 2.2mg。又如当鸡体缺乏维生素 B_{12} 时，对泛酸的需求量会增加 1 倍。如不加以补充，易引起缺乏症。

（3）饲料中泛酸遭受破坏。饲料在加工过程中受到热、酸、碱的作用，或在饲料中添加酸性、碱性添加剂时，均会使泛酸受到破坏。

（4）当鸡出现胃肠道吸收障碍时，也可能导致泛酸缺乏。

10.6.1.2 临床表现

雏鸡出现泛酸缺乏时，羽毛生长停滞，换毛延迟，羽毛蓬乱无光，易折断脱落，特别是头顶部的羽毛。病雏食欲不振，逐渐消瘦，贫血，头部、趾间和脚底皮肤发炎。外层皮肤脱落，出现裂痕，行走困难，有时可见脚部皮肤增生角化，有时形成疣状隆起物。嘴角、眼睑边缘和肛门附近皮肤形成局灶状的小痂块，眼睑常被黏性渗出物粘着。

产蛋母鸡缺乏泛酸时，所产的蛋孵化时孵化率显著下降，鸡胚在孵化到最后 2～3d 死亡，鸡胚矮小，皮下出血和严重水肿。出壳雏鸡体质弱，多在出壳后 1～2d 内死亡。

10.6.1.3 病理剖检变化

剖检时无特征性的病变。口腔内有脓样坏死物，腺胃内有混浊的灰白色渗出物，肝肿大，呈污黄色，脾萎缩，肾稍肿大，当轻度缺乏泛酸时，不一定出现上述剖检病变。

10.6.1.4 诊断

主要是根据本病的临床症状，结合对饲料中泛酸含量的测定，进行综合分析，做出诊断。

10.6.2 防治措施

10.6.2.1 预防

预防本病的主要措施是根据鸡不同发育阶段添加充足的泛酸，同时注意补充维生素 B_{12}；饲料中加入易使泛酸破坏的物质时，增加泛酸的使用量；在配制日粮时，应注意搭配含维生素 B_3 丰富的饲料，如肝脏、肾脏粉、蛋黄、脱脂乳、酵母、新鲜蔬菜、麸皮、小麦、米糠、花生麸和向日葵饼等。

10.6.2.2 治疗

对病鸡的治疗可使用泛酸钙，按每千克饲料中添加 20～30mg 的泛酸钙，连用 1～2 周。对病重鸡肌内注射泛酸钙，每天 2 次，每次 10mg，连续 2～3d。

10.7 生物素缺乏症

生物素缺乏症是由生物素缺乏引起的以喙、皮肤和脚爪发生炎症及骨骼发育受阻为特征的一种营养代谢性疾病。生物素又称维生素 H，是针状结晶，可溶于水，耐酸、碱和热，在饲料中常和赖氨酸结合。生物素是鸡体内许多羟化酶的辅酶，参与物质代谢过程中的羟化反应，与糖类、能量和蛋白质代谢均有密切关系，是维持鸡正常生长发育，保证被皮系统、神经、肌肉、内分泌及生殖机能所必需的物质。天然生物素以游离和结合两种形式存在。动物不能直接利用结合形式的生物素，而必须经肠道生物素降解酶分解成游离生物素后才能利用。生物素在小肠中可以很好地被吸收。生物素广泛存在于所有含蛋白质的饲料中，青绿饲料中含量也很丰富，但玉米、小麦等禾本科籽实中含量很少。

10.7.1 诊断要点

10.7.1.1 病因

(1) 饲料中生物素的供给不足。如长期饲喂以玉米、小麦等生物素含量低的饲料时，易导致生物素缺乏。

（2）长期使用抗生素类药物，导致肠道中合成的生物素减少，引起鸡缺乏生物素。

（3）饲料贮存时间过长，或饲料中添加了与生物素相拮抗的物质，使饲料中生物素的实际含量减少。

10.7.1.2 临床表现

本病的临床症状有以下几种：

（1）皮肤炎和骨短粗症　主要发生于雏鸡，病鸡食欲不振，生长发育停滞，羽毛蓬乱，足底粗糙，龟裂出血。皮肤呈痂皮样，粗糙，呈鳞片状，以眼睑、口角、肛门周围皮肤较严重。眼部有黏稠分泌物，眼皮肿胀。病雏胫、跗关节肿大，带有腓肠肌腱滑脱症状的骨短粗症。

（2）肝肾脂肪变性综合征　多发生于3～5周龄的肉鸡，发病特征为突然发病，垂头站立，嗜睡，胫部麻痹，吞咽困难，数小时内死亡。死亡率约为6%。

10.7.1.3 病理剖检变化

剖检特征是肝肾苍白、松弛，心包积液。消化道内有棕黑色液体。体内脂肪呈粉红色。

10.7.1.4 诊断

根据本病的症状、剖检变化，结合饲料成分分析和治疗试验，可做出诊断。

10.7.2 防治措施

10.7.2.1 预防

在预防上主要是在饲料中应含有充足的生物素，并针对病因采取相应的措施。

（1）青绿饲料、米糠、豆饼、花生麸、酒糟、糖蜜、酵母、肉骨粉、鱼粉、蛋黄中含有丰富的维生素 H，平时注意加以利用。

（2）注意饲料的保存，避免在长期贮存中维生素 H 受到破坏。

（3）饲料中含有煮熟的蛋白质成分时，可防止本病的发生。

（4）在日粮中含有 75% 以上谷物饼粕时，应注意补充维生素 H。

10.7.2.2 治疗

对于病鸡，可用生物素进行治疗。饲料中的添加剂量为每千克饲料添加 0.3mg，连用数天。

10.8 锌缺乏症

锌缺乏症是鸡由于缺乏锌引起的一种营养代谢病。其特征是生长发育停滞、骨骼发育异常、皮炎和繁殖性能低下等。锌分布于机体的各种组织中，以肌肉、肝脏和毛皮等组织器官中的浓度较高，是动物机体所必需的微量元素之一。锌是多种酶的成分，目前已知与锌有关的酶类不少于 20 种，具有广泛的生理作用。锌还是胰岛素的组成成分，参与碳水化合物的代谢。各种饲料中均含有一定量的锌，鱼粉、糠麸、油饼等饲料中含锌量较丰富，玉米、高粱、块根块茎类饲料中含量很少。

10.8.1　诊断要点

10.8.1.1　病因

饲料中锌的含量不足是原因之一。每千克饲料中含纯锌 65mg 即可满足鸡各阶段的需要。如果饲料中锌缺乏，而又未有效补充，即可引起本病。饲料中含植酸盐过多，钙、磷、镁、维生素 D 含量过高，不饱和脂肪酸的缺乏等，都可造成锌的吸收和代谢障碍。棉籽饼中的棉酚能够与锌结合而使其失去生物活性，造成锌的需要量增加。

10.8.1.2　临床表现

雏鸡发病后表现为生长缓慢，食欲不佳。消化不良，饲料利用率降低；羽毛发育异常，蓬乱无光，易折断，新羽生长缓慢，以翼羽和翅羽最为明显；皮肤过度角化，产生鳞屑，腿和趾上有坏死性皮炎和渗出物，腿脚短粗，飞节增大僵硬。

成年母鸡缺乏锌时，羽毛也会受损，产蛋率和孵化率降低，蛋的破损率升高，鸡胚死亡率增高。

10.8.1.3　病理剖检变化

鸡胚畸形，骨骼不能正常发育，缺脊柱、腿或翅，无体壁。

10.8.1.4　诊断

根据本病的症状和病变，结合饲料成分分析、治疗试验，以及病鸡组织中锌含量的测定，可做出诊断。

10.8.2　防治措施

10.8.2.1　预防

预防本病首先要注意饲料的合理配比，做到营养全价，保证锌的充足供应，必要时在饲料中添加硫酸锌 0.1～0.2g/kg，但应注意不能超量。如果饲料含锌量超过 80mg/kg，就会引起中毒反应，表现为厌食，生长抑制，母鸡产蛋量急剧下降，引起换羽等。其次是积极预防，排除可影响锌吸收和代谢的因素，如防止钙、磷和镁超量过多等。

10.8.2.2　治疗

治疗时在饲料中添加氧化锌或硫酸锌，剂量是每千克饲料中加 60mg，同时采用氧化锌肌内注射。在补锌的同时，适当补充维生素 A 等各种维生素，有利于患鸡的康复。

10.9　啄癖

啄癖又称异食癖、恶食癖等，是鸡体内营养代谢机能紊乱、饲养管理不当等原因引起的多种疾病的总称。啄癖有很多类型，常见的有啄羽、啄肛、啄蛋、啄趾、啄头等。啄癖在任何年龄的鸡都可发生，一般雏鸡发生较多，笼养鸡比平养鸡发生率高。本病个别鸡发病后，其他鸡效仿，难以制止，往往造成创伤，影响生长发育，甚至引起死亡。所以本病的危害性较大，应加以重视。

10.9.1　临床表现

（1）啄羽　可发生于各个年龄的鸡，以产蛋高峰期和幼鸡的换羽期多见。患鸡相互啄翼羽和尾羽，或啄食自身羽毛，严重时鸡的尾羽和翼羽绝大部分都被啄去，几乎成为秃鸡，严重影响鸡的产蛋量和健康。

（2）啄肛　最常发生于雏鸡的育雏阶段和育成鸡。在光线过强、密度过大、鸡群发生鸡白痢时，引起其他雏鸡啄食病鸡的肛门，肛门被啄伤和出血，严重时直肠被啄出，引起鸡死亡。如果不采取措施加以控制，每天都会有因啄肛而死亡的鸡。鸡群还能发现有的鸡头部羽毛被血染红。产蛋母鸡发生啄肛后，可引起输卵管脱垂和泄殖腔炎。

（3）啄蛋　多见于产蛋旺盛的季节，最初是由于蛋被踩破啄食引起，以后母鸡产下蛋就争相啄食，或啄食自己产的蛋。

（4）啄趾　多发生于雏鸡，表现为啄食脚趾，造成脚趾流血、跛行，严重者脚趾被啄光。

10.9.2　防治措施

10.9.2.1　预防

预防措施主要是根据发病原因采取相应的办法。

（1）啄羽癖　饲料中注意添加蛋氨酸、胱氨酸等含硫氨基酸和 B 族维生素、矿物质，发现鸡群有体外寄生虫时，及时使用药物驱除。

（2）啄肛癖　预防措施包括防止光线过强、饲养密度适宜、育雏温度适宜、饲料保证营养全价、保证足够的饮水，雏鸡 7～9 日龄时进行断喙，一般上喙切断 1/2，下喙切断 1/3，70 日龄时再修喙一次。

（3）啄蛋癖　主要预防措施是及时捡蛋，以免蛋被踩破或打破被鸡啄食；注意饲料的合理搭配，保证蛋白质、维生素和矿物质的需要量。

（4）啄趾癖　注意鸡群饲养密度适宜，及时分群，使之有宽敞的活动场所，以充分活动。

10.9.2.2　治疗

发现鸡群有啄癖现象时，立即查找、分析病因，采取相应的治疗措施。将被啄伤的鸡及时挑出，隔离饲养，并在啄伤处涂 2％龙胆紫。治疗啄趾癖和啄肛癖，可将饲料中食盐含量提高到 2％～3％，连喂 3～4d。症状严重的予以淘汰。有啄羽癖的，在饲料中加入 2％的石膏粉，连用 3～5d，同时注意铁和 B 族维生素的补充。有啄蛋癖的立即隔离病鸡，以防群体效仿。如果是因为饲料中的矿物质含量不足，应及时添加维生素和矿物质。

11

鸡的繁殖障碍类疾病

鸡常见的繁殖障碍类疾病包括：减蛋综合征、鸡链球菌病、鸡绦虫病、鸡前殖吸虫病、磺胺类药物中毒、氟中毒、棉籽饼中毒、菜籽饼中毒、鸡维生素 K 缺乏症、烟酸缺乏症、维生素 B_{12} 缺乏症、铜缺乏症、脱肛等。

11.1　减蛋综合征

鸡减蛋综合征是由减蛋综合征病毒引起的产蛋鸡的一种病毒性传染病。其主要特征为产蛋量下降，蛋壳褪色，产软壳蛋或无壳蛋。本病使鸡群产蛋率下降 30％～50％，蛋的破损率可达38％～40％，无壳蛋、软壳蛋达 15％，给养鸡业造成严重的经济损失。

11.1.1　诊断要点

11.1.1.1　流行病学

本病的易感动物主要是鸡。鸡的品种不同，对减蛋综合征病毒的易感性也有差异，产褐壳蛋的种母鸡最易感。自然流行的减蛋综合征主要发生在26～32 周龄的鸡群中。

减蛋综合征病毒可通过种蛋以垂直的方式传播，被病毒感染的精液和受精种蛋可以传播本病。由感染病毒的种蛋孵化出的雏鸡，从肝脏分离到了有感染性的病毒。此外，从患病鸡的输卵管、泄殖腔、粪便和咽黏膜、白细胞中分离到减蛋综合征病毒，病毒可能通过这些途径向外排毒并污染周围环境，鸡粪是水平传播的主要方式。

本病的流行特点是，鸡在性成熟前病毒的感染性不表现出来，也不易检测。性成熟后，在产蛋初期因应激因素而使病毒活化，使产蛋鸡在28～35 周龄时通过卵黄排出病毒并使蛋壳形成机能发生紊乱，产蛋量急剧下降，同时出现无壳软蛋或薄壳蛋等异常蛋。当鸡群中发生减蛋综合征时，可能同时存在传染性支气管炎、呼肠孤病毒感染及鸡慢性呼吸道病的混合感染。

11.1.1.2　临床表现

减蛋综合征的临床症状缓和。有些患鸡呈嗜睡样，有时出现轻微的呼吸道症状，发病初期还可能出现短期的绿色水样腹泻。本病的死亡率低，只有重症时方能达到 3％。

该病的特征性症状主要是在产蛋量达到高峰时突然发病，产蛋量急剧下降，并可持续4～10 周或更长时间。在此期间除产蛋总数减少之外，还可出现大量的无壳软蛋、薄壳变形蛋及表面有灰白、灰黄粉末状物质的畸形蛋，且所有异常蛋均失去色素；蛋的重量减轻、体积明显变小。流行期过后，产蛋量或许能恢复到正常水平，但大多数情况下很难恢复，发病周龄越晚，恢复的可能性就越小。

11.1.1.3　病理剖检变化

　　减蛋综合征缺乏特征性的病理变化，重症死亡者，多因腹膜炎或输卵管炎造成。剖检可见肝脏肿大，胆囊明显增大，充满淡绿色胆汁。病程稍长死亡者，肝脏发黄、萎缩，胆囊也萎缩；卵泡充血，变形或掉落，或发育不全，卵巢萎缩或出血；卡他性肠炎，泄殖腔脱垂的病例增多；子宫和输卵管管壁明显增厚、水肿，其表面有大量白色渗出物或干酪样分泌物。病理组织学检查发现，输卵管无深部组织的病变，黏膜固有层有浆细胞、淋巴细胞和中度异嗜性白细胞浸润，血管周围淋巴细胞浸润；子宫部黏膜上皮细胞变性、坏死、脱落，细胞核内有包涵体；子宫部腺体细胞萎缩、减少，甚至腺体消失；恢复期时在上述部位出现大量的淋巴滤泡增生现象。

11.1.1.4　诊断

　　产蛋鸡群产蛋量突然下降，同时出现无壳软蛋、薄壳蛋及蛋壳失去褐色素的异常蛋，根据鸡群发病的年龄、发病前后产蛋量的统计，并结合临床症状和病理变化，排除其他因素之后，可做出减蛋综合征的初步诊断。确诊要进行病毒分离和血清学检验。

11.1.2　鉴别诊断

　　本病应注意与鸡传染性支气管炎、鸡新城疫、鸡病毒性关节炎、鸡脑脊髓炎、鸡脂肪肝综合征鉴别诊断。

　　（1）鸡传染性支气管炎

　　相似点：鸡的产蛋量减少，产软壳蛋、粗壳蛋、异形蛋。

　　不同点：鸡传染性支气管炎病鸡有明显的呼吸道症状，如咳嗽、气喘、呼吸啰音。

　　（2）鸡新城疫

　　相似点：鸡的产蛋量减少，出现软壳蛋。

　　不同点：患鸡新城疫的病鸡剖检可见到喉头、气管黏膜、腺胃乳头、盲肠扁桃体、直肠及泄殖腔等处出血。

　　（3）鸡病毒性关节炎

　　相似点：鸡的产蛋量下降。

　　不同点：患鸡病毒性关节炎的病鸡表现跗关节肿胀，不愿走动。剖检可见关节有黄色或血色分泌物，肌腱断裂与周围组织粘连。

　　（4）鸡脑脊髓炎

　　相似点：鸡的产蛋量下降。

　　不同点：鸡脑脊髓炎病鸡行动迟缓，常以跗关节着地，眼睛晶状体混浊，失明，剖检可见脑膜充血、出血。

　　（5）鸡脂肪肝综合征

　　相似点：鸡的产蛋量突然下降。

　　不同点：鸡脂肪肝综合征的病鸡，鸡冠苍白，死亡率高。剖检可见肝肿大、易碎，呈黄褐色。

11.1.3　防治措施

11.1.3.1　预防

（1）免疫接种方面，目前主要以灭活疫苗进行预防接种，各国用的疫苗有单价灭活疫苗和二联或三联灭活疫苗，联合疫苗有减蛋综合征与新城疫二联油佐剂灭活疫苗。新城疫和减蛋综合征病毒间无干扰现象，接种鸡群无不良反应。除此之外，还有与传染性支气管炎、传染性法氏囊病等组成的联合疫苗。

（2）杜绝减蛋综合征病毒传入，本病主要是经蛋垂直传播，所以应从非感染鸡群引入种蛋或鸡苗。

（3）要加强对鸡群的饲养管理，提供全价日粮，特别是要保证赖氨酸、蛋氨酸、胱氨酸、胆碱、维生素E及钙质的需要。在有减蛋综合征的地区和鸡场，为了防止水平传播，鸡场内不同鸡群间也要进行隔离，限制非管理人员入内，管理人员定岗、定位服务。

（4）鸡场内要搞好兽医卫生和消毒工作，不用患病鸡群的种蛋进行孵化。

11.1.3.2　治疗

目前还没有治疗该病的特效药物，在流行期间可给患病鸡群喂抗生素等抗菌药物，以防止混合感染，同时采取辅助措施。疑是该病时，配合使用干扰素、转移因子等广谱抗病毒生物制剂。

11.2　鸡链球菌病

鸡链球菌病是由链球菌感染引起的一种急性、败血性传染病。有时表现为慢性感染。鸡链球菌病在世界各地均有发生。

11.2.1　诊断要点

11.2.1.1　流行病学

鸡、鸭、鹅、火鸡、鸽、家兔、犬等均有易感性，成年鸡一般不发病。雏鸡和鸡胚发病最严重。链球菌病主要通过消化道、呼吸道进行传播，也可通过损伤的皮肤传播。死亡率为1%～50%。

11.2.1.2　临床表现

急性病例主要表现为败血症，病鸡精神萎靡，体温升高达42～43℃，黏膜发绀，下痢，排淡黄色或灰绿色稀便。羽毛粗乱，头部轻微颤抖，鸡冠和肉髯发紫或变苍白。产蛋量下降或停止，有时喉头、肉髯水肿，发病后数小时到1日内死亡。慢性病例表现为闭眼、嗜睡、下痢、逐渐消瘦，个别鸡有结膜炎和角膜炎，腿、翅膀轻度瘫痪，局部感染引起足底皮肤和组织坏死，病鸡跛行，或羽翅坏死。雏鸡发病表现为精神沉郁、运动困难，少数鸡出现转圈、痉挛或头部震颤等神经症状。如果入孵蛋被链球菌污染，可造成胚胎在发育晚期死亡，以及不能破壳的蛋增多。

11.2.1.3　病理剖检变化

急性病例的特征是全身浆膜水肿，出血，脾脏肿大，肝脏肿大，表面可能有红色或黄白色的坏死点，肾肿大，心包内有浆液性出血或纤维素性渗出物，也经常出现腹膜炎。慢性病例的病变包括纤维素性关节炎、腱鞘炎、输卵管炎、心包炎、肝周炎、坏死性心肌炎、心瓣膜炎。心脏瓣膜的疣状增生物一般为黄白色或黄褐色，表面粗糙，附于瓣膜表面，这种病变主要发生于二尖瓣，其次是主动脉瓣或右侧房室瓣。肝、脾、心脏、肺、脑常发生梗死。

11.2.1.4　诊断

根据链球菌病典型的临床症状、病理剖检，以及做涂片、染色进行镜检，可做出初步诊断。确诊需进行病原的分离培养和鉴别试验。

11.2.2　鉴别诊断

本病应注意与禽霍乱、大肠杆菌病、鸡结核病、李氏杆菌病、鸡住白细胞原虫病等鉴别诊断。

（1）禽霍乱

相似点：精神萎靡，冠、髯发紫，腹泻，排绿色粪便。剖检可见肝肿大、呈暗紫色、有坏死点。

不同点：患禽霍乱的病鸡口、鼻流泡沫性黏液。剖检可见鼻腔、皮下组织、肠系膜、浆膜、黏膜均有出血点，肠黏膜充血、出血。肠内容物含有血液或纤维素。

（2）大肠杆菌病

相似点：羽毛松乱，少食或废食，腹泻，排黄白色粪便，可发生卵黄性腹膜炎、关节炎、跛行等临床表现。剖检可见心包、腹腔有纤维素性渗出物，肝肿大、肝周炎。

不同点：大肠杆菌病病鸡离群呆立或聚堆，排含有黏液或血液的稀便。剖检可见肝表面有纤维素性渗出物。

（3）鸡结核病

相似点：精神不振，食欲减退，冠、髯苍白，长期腹泻，产蛋量下降。

不同点：患鸡结核病的病鸡渐进性消瘦。剖检可见肝、脾、肠管、气囊、肠系膜有结核结节。

（4）李氏杆菌病

相似点：精神萎靡，羽毛松乱，冠、髯发紫，头颈弯曲。剖检可见心冠状沟脂肪出血，肝肿大、有淤血斑和坏死灶。

不同点：患鸡李氏杆菌病的病鸡皮肤发紫，翅下垂，腿部阵发性抽搐。剖检可见肝呈土黄色，腹腔有大量血样物。

（5）鸡住白细胞原虫病

相似性：精神萎靡，食欲不振，冠苍白，腹泻，排绿色粪便，产蛋量下降。

不同点：患鸡住白细胞原虫病的病鸡口中流涎，发育受阻。剖检可见全身皮下出血，肌肉有大小不等的出血点，内脏器官有灰白色或淡黄色结节。

11.2.3　防治措施

11.2.3.1　预防

本病在预防上主要是加强饲养管理，减少一切应激因素，增强鸡体的免疫力，加强卫生消毒管理，孵化室消毒，可以大大减少链球菌病的发生。

11.2.3.2　治疗

对于急性和亚急性感染的病鸡可选用青霉素、庆大霉素、四环素、土霉素、林霉素等药物治疗。由于链球菌也会产生耐药性，因此在用药时最好结合药敏试验结果进行。

11.3　鸡绦虫病

鸡绦虫病是由种类繁多的绦虫寄生于鸡小肠而引起的一种鸡的常见寄生虫病，最为常见的鸡绦虫是戴文科的赖利属和戴文属的4种绦虫，即四角赖利绦虫、有轮赖利绦虫、棘沟赖利绦虫和节片戴文绦虫。上述4种绦虫主要寄生于十二指肠内。成年鸡感染后，常表现为贫血、消瘦、下痢、产蛋减少或停止。幼鸡感染表现为生长发育不良，甚至死亡。

绦虫是一种乳白色、扁平呈带状的蠕虫，体长几毫米到几十厘米不等。绦虫的发育需要中间宿主，不同的绦虫其中间宿主也各异，如赖利绦虫的中间宿主是家蝇、蚂蚁或甲虫；戴文绦虫的中间宿主为黑蛞蝓。绦虫成虫寄生于鸡的消化道，不断脱落的孕卵节片随粪便排出体外，崩解后散发出虫卵，被蚂蚁、苍蝇等中间宿主吞食，在其体内发育成似囊尾蚴。鸡啄食含有似囊尾蚴的中间宿主而被感染。中间宿主在鸡的胃肠内被消化后，从其体内逸出的幼虫进入小肠，并附着在小肠壁上，经过2～3周的时间发育为成虫。绦虫可保持其生命力达3年之久。

11.3.1　诊断要点

11.3.1.1　流行病学

大多数绦虫的宿主特异性很强，仅寄生于一种或亲缘关系很近的几种禽类。各种年龄的鸡均可感染本病，以幼鸡的易感性最强。3～6周龄的幼鸡感染后死亡率最高。地面平养和散养的鸡感染绦虫的概率最大。在夏秋季节，场地潮湿，中间宿主增多，本病易多发。饲养管理差、鸡舍阴暗潮湿会促进本病的发生和传播。

11.3.1.2　临床表现

绦虫对鸡的危害是夺取营养、损伤肠壁，以及代谢产物使鸡中毒。病鸡轻度感染时，不表现明显症状。当鸡严重感染时，患鸡食欲降低，渴欲增加，粪便中含有大量黏液，常带有血色，精神萎靡，羽毛蓬乱，两翅下垂，迅速消瘦，贫血，黏膜黄染，重病鸡两腿瘫痪，运动失调，最后极度衰弱而死亡。成年鸡感染后症状轻，一般表现为产蛋减少或停止，消瘦等。

11.3.1.3　病理剖检变化

严重感染的鸡在肠道内可发现大量虫体；肠管肿胀，肠黏膜增厚，充血，有时有出血点，严重时在肠黏膜上形成针尖大至小米粒大的灰白色寄生性结节，结节中央有小凹陷；肠腔内有大量恶臭黏液，大量虫体寄生时可引起肠道阻塞，甚至肠破裂。

11.3.1.4　诊断

依据本病的症状和流行特点、剖检变化及检查粪便中绦虫节片和虫卵，即可确诊。

11.3.2 防治措施

11.3.2.1 预防

预防本病的主要措施是搞好鸡舍的清洁卫生，鸡粪便及时清理，通过生物热杀灭虫体和虫卵；消灭中间宿主，切断传播途径，对鸡舍及运动场保持清洁干燥，防止或减少中间宿主的滋生和隐藏；在本病流行地区，应定期驱虫。

11.3.2.2 治疗

治疗本病可选用：丙硫苯咪唑、氯硝柳胺、硫双二氯酚、氢溴酸槟榔碱、中草药槟榔等。

11.4 鸡前殖吸虫病

前殖吸虫也称输卵管吸虫，本病是由前殖属的多种吸虫寄生于鸡的输卵管和法氏囊中而引起的。它还可寄生于直肠和泄殖腔中。前殖吸虫主要危害鸡，火鸡、鸭、鹅和鸽等也可感染。常引起鸡的输卵管炎，使卵的形成和产卵功能发生紊乱，患鸡产无壳蛋或软壳蛋，有时因继发腹膜炎而死亡。本病常呈地方性流行。我国各地均有发生，各种年龄的鸡均可发生，多发生于春夏两季。

在前殖吸虫中，常见的有以下5种：卵圆前殖吸虫、透明前殖吸虫、楔形前殖吸虫、鲁氏前殖吸虫、家鸭前殖吸虫。成虫呈扁平的卵圆形，体表有小刺，体长3～6mm，宽1～2mm，前端狭小，后端钝圆。新鲜虫体呈鲜红色，固定后为灰白色。有两个吸盘，即口吸盘和腹吸盘。虫卵小呈椭圆形，壳薄，棕褐色，一端有卵盖，一端有小刺，大小为(22～24) μm×13μm。

前殖吸虫在发育过程中需要两个中间宿主。第一中间宿主是豆螺或旋螺，第二中间宿主是蜻蜓的幼虫或稚虫。成虫在鸡的输卵管或法氏囊中产卵，虫卵随粪便或排泄物排出体外，进入水中，被第一中间宿主淡水螺吞食，即在其肠内孵出毛蚴。毛蚴钻入螺的肝内发育为孢蚴，最后在孢蚴体内形成尾蚴，尾蚴成熟后离开螺体进入水中。当遇到第二中间宿主蜻蜓幼虫或稚虫时，钻入其腹肌内，发育成囊蚴。蜻蜓幼虫或稚虫在5～6月初开始聚集在水池旁，爬到植物或水草上蜕化为成虫。这时鸡啄食蜻蜓或其幼虫时就被感染。囊蚴进入鸡消化道后，囊被溶解，游离的童虫经肠道下行，移行到泄殖腔，然后进入法氏囊或输卵管内，经7～14d发育成为成虫。

11.4.1 诊断要点

11.4.1.1 临床症状

鸡发病初期无明显的临床症状。当病原破坏了输卵管的黏膜和分泌蛋白及蛋壳的腺体时，使蛋的形成发生障碍，此时病鸡常产无黄蛋、软壳蛋或无壳蛋等。病情严重时，病鸡消瘦，精神不振，有时从泄殖腔中排出蛋壳的碎片或流出大量浓稠的灰白色液体。有些病鸡腹部膨大，步态不稳，泄殖腔脱出，严重时可引起死亡。

11.4.1.2　病理剖检变化

本病主要病变是输卵管炎，输卵管黏膜充血、增厚，在管壁上可找到虫体，此外尚能引起腹膜炎，在腹腔内有大量黄色混浊的渗出物，有时出现干性腹膜炎。

11.4.1.3　诊断

依据本病的临床症状和病理变化，结合水洗沉淀法检查粪便，若找到虫体即可确诊。

11.4.2　防治措施

11.4.2.1　预防

(1) 可进行预防性驱虫，在前殖吸虫流行的地区，根据本病出现的季节，进行定期驱虫。

(2) 定期观察鸡群，发现患鸡，立即隔离驱虫。

(3) 消灭第一中间宿主淡水螺，鸡场周围的池塘、沼泽地等用药物定期灭螺。

(4) 防止鸡啄食第二中间宿主蜻蜓及其幼虫。

11.4.2.2　治疗

治疗本病可选用六氯乙烷、丙硫苯咪唑、硫双二氯酚等药物。

11.5　磺胺类药物中毒

磺胺类药物是治疗鸡的细菌性疾病和球虫病的常用药物。在用药过程中不合理使用就会造成鸡的急性或慢性中毒。其中毒作用主要是损害肾脏，同时可导致黄疸、过敏、酸中毒和免疫抑制等。

11.5.1　诊断要点

11.5.1.1　病因

引起磺胺类药物中毒主要有以下几种情况：长时间、大剂量地使用磺胺类药物防治疾病；药物搅拌不均匀；饲料中缺乏维生素 K。一般情况下，雏鸡要比成年鸡易感，本病多发生在 2 月龄以下的鸡群。

11.5.1.2　临床表现

鸡急性磺胺类药物中毒的主要症状表现为不食、腹泻、兴奋不安、痉挛和麻痹等。

慢性中毒患鸡表现为精神沉郁，全身虚弱，食欲减少，口渴，腹泻，肉髯、鸡冠苍白，羽毛松乱；生长发育不良；有的病鸡头部肿大呈蓝紫色；成年鸡产蛋量急剧下降，蛋壳变薄且粗糙，褐壳蛋褪色；重病鸡出现贫血，黄疸，血液凝固时间延长。

11.5.1.3　病理剖检变化

剖检可见主要器官均有不同程度的出血。患鸡皮下、冠、眼睑有大小不等的出血斑，尤其胸肌呈弥漫性或涂刷状出血，肌肉苍白或呈淡黄色，大腿内侧肌肉有点状或斑状出血。喉头和气管黏膜也有大小不等的出血点。肝脏淤血、稍肿大，呈紫红色或黄褐色，表面有出血斑点或针尖大的坏死灶，胆囊肿大。脾脏肿大、淤血，表面有灰白色结节或斑点。肾肿胀，呈土黄色，表面有出血斑，输尿管扩张，充满白色尿酸盐结晶。腺胃和肌胃交界处黏膜上有紫红色出血斑或条状出血，肌胃角质层下有出血点。肠道浆膜面有出血点，十二指肠黏膜出血明显，盲肠扁桃体肿胀出血，泄殖腔黏膜弥漫性出血。心内膜出血。肺淤血。

11.5.1.4 诊断

根据用药史、临床症状和病理剖检变化，结合实验室检验：肝或肾中磺胺类药物含量超过 20mg/kg 时，可做出诊断。

11.5.2 防治措施

11.5.2.1 预防

1 月龄以下的雏鸡和产蛋鸡尽量避免使用磺胺类药物；严格掌握用药剂量和用药时间，用量准确计算，防止超量，连续用药时间不超过 1 周；尽量选用毒性小的磺胺类药物，并配合使用增效剂；用药期间应保证供应充足的饮水，补充富含维生素 K 的饲料；治疗肠道疾病，如球虫病等，应选用肠内吸收率较低的磺胺类药，如二甲氧苄氨嘧啶等，这样一方面肠内浓度高，可增进疗效，同时血液中浓度低，毒性较小。

11.5.2.2 治疗

一旦发现中毒症状，应立即停药，供应充足的加 1％～5％ 的小苏打水，每千克饲料中加维生素 C 0.2g、维生素 K 35mg，连用 1～2 周。也可使用碘解磷定，以 0.5％～1％ 的浓度饮水，连用 3～5d。对于中毒不是很严重的鸡都有一定的疗效。

11.6 氟中毒

氟是鸡生长发育所必需的一种微量元素，它主要存在于鸡的骨骼和喙中。氟中毒的主要特征是鸡生长发育受阻，腿畸形，成年鸡产蛋数量和质量均降低。

11.6.1 诊断要点

11.6.1.1 病因

若饮水或饲料中的氟含量超标则可引起氟中毒。导致氟含量超标的原因除鸡直接接触一些氟化物外，目前引起氟中毒的主要原因是使用磷酸氢钙补充钙、磷时，磷酸氢钙中的氟含量过高，当超过 0.8％ 时即可引起中毒。我国高氟地区的石粉或贝壳粉中的氟含量高达 3％～4％，这些地区主要分布于北方干旱、半干旱气候的地区和南方海拔较高的气候湿润地区，如果不经过脱氟处理，很容易造成中毒。

11.6.1.2 临床表现

病鸡表现为精神不振，采食量减少，生长迟缓，羽毛蓬乱无光，消瘦，喙软，腿软无力，病鸡站立不稳，行走时双腿向外叉开，呈"八"字形叉脚，跗关节肿大，僵直，严重的可出现跛行或瘫痪；有的病鸡腹泻、痉挛，最后倒地不起，衰竭而死。成年母鸡产蛋量逐步下降，蛋变小，产薄壳蛋、沙皮蛋和畸形蛋。

11.6.1.3 病理剖检变化

剖检可见鸡消瘦、营养不良；胸骨变形，长骨和肋骨柔软，肋骨与椎骨结合部呈球状突起；肝轻度肿大呈黄褐色；肠黏膜脱落，肺淤血、水肿，气管环出血，血液凝固不良；输尿管充满尿酸盐。

11.6.2 防治措施

11.6.2.1 预防

为了防止氟中毒的发生，应使用含氟低的磷酸钙盐、骨粉和石粉。因此，应选用质量可靠、正规厂家生产的矿物质添加剂。要及时检测饲料、饮水中的氟含量，一旦超标，要迅速更换。

11.6.2.2 治疗

一旦发现鸡群有氟中毒病鸡，应立即停喂含氟高的饲料，更换符合标准的全价配合饲料，并在日粮中添加 0.08% 的硫酸铝，以减轻中毒病。也可在饲料中加入铜制剂或硒制剂。给病鸡饮用 5% 葡萄糖水溶液，同时在饮水中加入维生素 C 和 B 族维生素，以促进康复。补充钙、磷也有助于氟中毒病鸡的康复。

11.7 棉籽饼中毒

棉籽饼中含有多种有毒的棉酚色素等有毒物质，但在棉籽加工过程中，绝大部分棉酚同蛋白质结合而失去毒性，余下 0.02%～0.04% 的游离棉酚具有毒性。棉酚的毒性较低，对于鸡来说，饲料中含有少量并不影响鸡的生长和生产性能。但是如果过量饲喂或含量较高，棉酚在鸡体内排泄很慢，造成蓄积过多，会引起慢性中毒。

11.7.1 诊断要点

11.7.1.1 病因

引起鸡棉籽饼中毒的原因主要有：过量饲喂，如果在鸡的饲料中棉籽饼含量占 10% 以上，且持续饲喂较长时间就可能引起中毒；用棉籽饼榨油的加工方法不当，造成游离棉酚的含量过高；棉籽饼保管不善，发热变质，毒性增大；饲料中维生素 A、钙、铁和蛋白质含量不足，也会促使中毒发生。

11.7.1.2 临床表现

中毒鸡采食量减少，体弱，四肢无力，体重下降，排黑色稀粪，常混有黏液、血液和脱落的肠黏膜，呼吸衰竭，贫血，伴有维生素 A 和钙缺乏的症状。母鸡产蛋减少或停产，种蛋孵化率降低，蛋的品质下降，蛋壳颜色变浅，畸形蛋增多，蛋存放时间稍长，蛋白和蛋黄即出现粉红色或青绿色等异常颜色，煮熟的蛋黄较坚韧且稍有弹性，称之为"橡皮蛋"。公鸡精子活力降低，数量减少。严重中毒的病鸡抽搐，衰竭而死亡。

11.7.1.3 病理剖检变化

剖检可见血液稀薄，血液颜色变淡，呈浅红色；胸腹腔积有淡红色渗出液；心包积液，心肌柔软无力，心外膜有出血点；胃肠黏膜有出血点或出血斑；肝脏充血、肿大，颜色发黄，质地变硬，胆囊萎缩，胆汁浓稠；肾呈紫红色，质地变脆；肺脏充血、水肿。

11. 7. 1. 4 诊断

根据本病特征性的临床症状和病理变化，结合有过量或长期饲喂棉籽饼的病史，即可做出诊断。

11. 7. 2 防治措施

11. 7. 2. 1 预防

预防本病的措施主要有以下几个方面：严格控制饲料中棉籽饼的用量，1 月龄以下的雏鸡不饲喂棉籽饼，青年鸡可适当多喂，18 周龄以后及整个产蛋期少喂，种鸡在产蛋期间不宜使用。棉籽饼在 1 月龄以上的雏鸡饲料中所占比例以 2%～3%为宜，肉鸡和育成鸡不超过 10%；经过去毒处理的不超过 15%。由于棉酚在鸡体内有蓄积作用，最好不要长期饲喂，可采取喂 40d、停 10d 的间歇饲喂方法。

棉籽饼最好经过脱毒处理后再配入饲料内。棉籽饼脱毒的方法有：

（1）铁剂处理　用 0.1%～0.2%的硫酸亚铁溶液浸泡数小时即可；

（2）干热法　将棉籽饼在 80～85℃下干热 2h，可使其毒性降低。

凡是饲料中含有棉籽饼时，在配合饲料时，要供足钙、铁、蛋白质和维生素 A，可增强鸡对棉酚的解毒能力。

11. 7. 2. 2 治疗

对于已中毒的鸡群，应立即停喂可疑的饲料，换成含有 0.5%硫酸亚铁的饲料，连喂 3～5d，同时供给大量的青绿饲料或胡萝卜。大多数病鸡经过半个月后可逐渐康复。

11. 8　菜籽饼中毒

菜籽饼含粗蛋白的量与棉籽饼大体相当，含粗蛋白 33%～37%，所含的蛋氨酸、磷、钙、硒等都高于棉籽饼。在鸡的饲料中适当配合一些菜籽饼有利于营养平衡。但是菜籽饼中含有硫酸糖苷、芥子酸和单宁等有毒成分，鸡如果摄入过量，会造成慢性中毒。

11. 8. 1 诊断要点

11. 8. 1. 1 临床症状

当饲料中含菜籽饼过量时，鸡中毒的症状表现有一个较长的过程。中毒鸡最初的症状表现为食欲减退，采食量减少，生长发育缓慢，粪便干硬或稀薄，混有血液等异常变化。成年母鸡产蛋量减少，蛋重变小，软壳蛋增多，褐色蛋有鱼腥味，种蛋的孵化率下降。

11. 8. 1. 2 病理剖检变化

剖检可见甲状腺肿大，胃肠黏膜充血或出血，肝脏中脂肪含量多，肾肿大。

11. 8. 2 防治措施

11. 8. 2. 1 预防

为了防止菜籽饼中毒，1 月龄以内的雏鸡不宜饲喂菜籽饼，以后菜籽饼在饲料中所占的比例以不超过 5%为宜。只要把握住这个度，即使长期饲喂也没有不良反应，所以菜籽饼一般不进行去毒处理。

11.8.2.2　治疗

对于中毒鸡，没有特效的治疗药物，治疗措施主要是停喂含有菜籽饼的饲料，饮水中加入适量的 5％葡萄糖水溶液，一般数日后，病鸡可缓慢恢复健康。

11.9　鸡维生素 K 缺乏症

本病是由维生素 K 缺乏引起的，以血凝时间延长或出血不止等病症为特征的一种营养代谢性疾病。维生素 K 的主要作用为催化肝脏对凝血酶原及凝血质的合成。通过凝血质的作用使凝血酶原转变为凝血酶，以达到维持正常的凝血时间。维生素 K 是萘醌类衍生物，在自然界中有维生素 K_1 和维生素 K_2 两种类型。维生素 K_1 为黄色油状物，能溶于脂肪和脂肪溶剂，主要存在于青绿饲料中；维生素 K_2 为淡黄色结晶，能溶于脂肪和脂肪溶剂，在动物性蛋白质饲料中含量丰富，也可在肠道内由微生物合成。人工合成的维生素 K 有维生素 K_3、维生素 K_4、维生素 K_5 和维生素 K_7，它们既能溶于水，又能溶于脂肪，作用相同，用于配合饲料。维生素 K 对热稳定，但易被阳光、酸、碱和氧化剂所破坏。

11.9.1　诊断要点

11.9.1.1　病因

因为维生素 K 在动植物饲料中含量较多，而且鸡自身也能够合成，所以在一般情况下不容易出现维生素 K 缺乏症。有以下几种情况时可出现维生素 K 缺乏症。

(1) 鸡肠道合成维生素 K 的数量有限，不能完全满足机体的需要。如果饲料中维生素 K 供给不足，就会出现本病。

(2) 饲料贮存期过长，或饲料中含有与维生素 K 相拮抗的物质，如真菌毒素、水杨酸等，都能抑制维生素 K 的作用。

(3) 饲料中添加某些药物，抑制肠道微生物合成维生素 K。如磺胺类抗球虫药、抗生素等。

(4) 胃、肠、肝脏出现疾病时，导致肠壁吸收障碍，影响维生素 K 的摄入和吸收。

(5) 维生素 K 易被日光破坏，喂给没有避光贮存的饲料易引起缺乏症。

11.9.1.2　临床表现

鸡缺乏维生素 K 后并不马上出现临床症状，而是在 2～3 周后才出现症状。幼鸡较成年鸡多发，病鸡生长发育受阻，精神不佳，蜷缩发抖，扎堆，容易出血，病鸡体躯不同部位如胸部、翅膀、皮下和腹部有大小不等的出血斑点。病鸡冠、肉髯苍白。种鸡的蛋孵化率降低，胚胎死亡率高。鸡的内脏器官发生出血时，可造成短时间内死亡。

11.9.1.3　病理剖检变化

剖检可见胸部、腿部、翅膀和腹腔内有大量出血，肌胃角质层及角质下有出血灶。急性病例常伴有肌胃出血引起的炎症、坏死，有时形成局部性溃疡。

11.9.1.4　诊断

根据本病的临床症状及剖检变化，可做出诊断。测定凝血时间是检测维生素 K 是否缺乏的一个相当好的办法。在25℃条件下，鸡的正常凝血时间为4～5min，维生素K缺乏时，凝血时间明显延长，或不凝固。

11.9.2 防治措施

11.9.2.1 预防

主要是针对本病的病因采取相应的措施，如消除各种导致维生素K摄取、吸收和转运障碍的因素，在饲料中添加充足的维生素K。

（1）维生素K虽然比较稳定，但对日光抵抗力较弱，所以饲料应避光保存，以免维生素K被破坏。

（2）磺胺类和抗生素药物应用时间不宜过长，以免破坏胃肠道微生物合成维生素K。如果饲料和饮水中含有抗菌药物，则每千克饲料中添加维生素K可增至1～2mg。

（3）注意防治胃肠道和肝脏疾病，以改善鸡对维生素K的吸收。

11.9.2.2 治疗

在鸡群中发现有贫血和出血的鸡，应马上挑出，尽快确诊和治疗。在用药时必须注意的是，人工合成的维生素K_3具有一定的刺激性，勿长期使用。

发生本病后，对病鸡可用维生素K_3进行治疗，每千克饲料中添加3～5mg，用药后4～6h，血液凝固即基本恢复正常。但要完全消除贫血症状，则需数天或数周。

11.10 烟酸缺乏症

本病又称糙皮病，是由烟酸缺乏引起的，以口炎、下痢和跗关节肿大等为特征的一种营养代谢性疾病。烟酸又称为尼克酸、维生素PP。烟酸在体内并不直接发挥作用，而是以尼克酰胺的形式参与代谢过程。烟酸在体内是合成辅酶Ⅰ和辅酶Ⅱ的主要成分，它们是多种脱氢酶的辅酶，在生物氧化过程中起传递氢的作用。在鸡体内组织细胞呼吸，糖类、脂肪和蛋白质代谢中起着重要的作用，对维持皮肤和消化器官的正常功能也有重要意义。烟酸在饲料中分布广泛，糠麸、干草和蛋白质饲料中都含有丰富的烟酸，禾本科籽实及乳品加工副产品中含量较少，酵母中含量也很丰富，饲料中的色氨酸也能在鸡体内转变为烟酸。

11.10.1 诊断要点

11.10.1.1 病因

（1）因玉米、高粱中含烟酸较少，鸡长期饲喂以玉米、高粱为主的饲料后，容易引起烟酸的缺乏症。

（2）鸡体内所需的烟酸，既可从饲料中获得，也可由鸡体内的色氨酸转化后获得，转化过程必须有维生素B_2和维生素B_6的参与。因此，当饲料中色氨酸、维生素B_2和维生素B_6缺乏时，影响烟酸的合成，如不及时补充，也会引起烟酸缺乏症。

（3）当饲料中胆碱、蛋氨酸缺乏时，鸡对烟酸的需求量也会增加，导致缺乏。

（4）长期使用抗生素或鸡有消化机能障碍时，也可能导致本病的发生。

11.10.1.2 临床表现

本病主要见于幼鸡。当烟酸缺乏时，口腔、食管黏膜发炎，采食、吞咽困难，下痢，生长发育不良，羽毛稀少，松乱无光，皮肤发炎，干而粗糙，鸡冠出血结痂，脚皮肤皲裂结痂，胫、跗关节肿大，骨粗短，腿骨弯曲，与锰缺乏时引起的滑腱症相似，但本病极少发生腓肠肌腱脱位。成年鸡发生烟酸缺乏时，产蛋鸡引起脱毛，产蛋量及蛋的孵化率降低。

11.10.1.3 病理剖检变化

病理剖检变化为口腔及食管黏膜有纤维素性坏死性炎症，黏膜表面有干酪样渗出物覆盖。胃肠黏膜充血、出血，十二指肠溃疡，有的病鸡盲肠和结肠黏膜上有豆腐渣样附着物，肠壁增厚，弹性降低。

11.10.1.4 诊断

根据本病的主要临床症状如皮肤发炎、口腔、食管黏膜发炎，腿骨短粗等，结合病史调查和饲料化验分析，即可做出诊断。

11.10.2 防治措施

11.10.2.1 预防

预防本病的主要措施是注意饲料的调配，做到全价，避免长期单纯饲喂玉米和高粱，在饲料中添加花生饼、鱼粉、麸皮、酵母等，即可防止本病的发生。

11.10.2.2 治疗

对病鸡可在每千克饲料中加烟酸 15～20mg，连用 1 周，可收到较好的效果。

11.11 维生素 B_{12} 缺乏症

维生素 B_{12} 又称氰钴素、钴胺素。本病是以营养代谢紊乱、恶性贫血为特征的一种营养代谢性疾病。维生素 B_{12} 是一种含钴的化合物，是维生素中唯一含有金属元素的维生素。维生素 B_{12} 在鸡体内参与许多物质的代谢过程，其中最重要的功能是与叶酸协同参与核酸和蛋白质的生物合成，维持造血机能的正常运转。同时还能提高植物性蛋白质的利用率，与血液形成有密切的关系。其他功能还有如提高叶酸的利用率，促进上皮组织的正常新生，加速红细胞的生成、发育与成熟等。一切植物性饲料中均无维生素 B_{12}，在动物性饲料中，如肝脏、肉粉、鱼粉等含量最多，而且容易被鸡所吸收利用。

11.11.1 诊断要点

11.11.1.1 病因

（1）饲料营养不全面，维生素 B_{12} 的供应不充足。如长期饲喂植物性饲料而不添加动物性饲料或添加剂，造成维生素 B_{12} 的缺乏。

（2）长期使用磺胺类药、抗生素等引起肠道菌群失调，鸡体内合成的维生素 B_{12} 减少，引起缺乏。

（3）幼鸡生长发育迅速，对维生素 B_{12} 的需要量大，若补充不足，可导致维生素 B_{12} 的缺乏。

（4）维生素 B_{12} 可由肠道微生物合成，但含量不能满足鸡的需要，且缺钴可使维生素 B_{12} 合成减少。

（5）鸡粪是维生素 B_{12} 的来源之一，所以网上养鸡比平地养鸡容易出现维生素 B_{12} 缺乏症。

11.11.1.2　临床表现

病雏鸡表现症状为食欲减退，精神不振，羽毛稀少，蓬乱无光，生长发育迟缓，饲料利用率降低。贫血为主要症状，如鸡冠、肉髯苍白，血液稀薄等。有时出现骨短粗症。成年母鸡缺乏维生素 B_{12} 时产蛋量下降，蛋变小，孵化率降低。

11.11.1.3　病理剖检变化

皮肤呈弥漫性水肿、出血，肌肉萎缩，心脏扩张，肝脏脂肪变性，骨短粗，卵黄囊、肺脏和心脏广泛出血。

11.11.1.4　诊断

根据病鸡的主要症状，结合病史调查和治疗试验可做出诊断。

11.11.2　防治措施

11.11.2.1　预防

在不同日龄鸡群的饲料中注意增补鱼粉、肝粉和酵母等，或补充多种维生素，都可预防本病的发生。在种鸡饲料中，每吨饲料添加 4mg 维生素 B_{12}，可有效降低鸡胚的死亡率，并使鸡雏在出壳后的数周内不发生缺乏症。

11.11.2.2　治疗

对于发病鸡，可按每吨饲料中添加 10mg 的剂量将维生素 B_{12} 添加于饲料中，连用数日。对于重病鸡，可采用肌内注射的方法，每只成年鸡每日 1 次，每次 $2\mu g$，连用 7d。

11.12　铜缺乏症

铜是鸡所必需的微量元素之一。铜在鸡体内主要分布于肝、脑、肾、心、眼和羽毛中。铜是多种酶的成分和激活剂，如铁氧化酶、酪氨酸酶、过氧化物歧化酶和细胞色素氧化酶等，因此功能很多。红细胞的生成、骨骼的构成、羽毛色素沉着及脑细胞的质化，均需要铜的参与。

11.12.1　诊断要点

11.12.1.1　病因

铜在各种饲料中的含量均较多，特别是鱼粉和豆饼中含量丰富。而鸡对铜的需要量很少，每千克饲料中含 4mg 铜即可满足鸡的需要，所以鸡很少出现铜的缺乏。但植物性饲料中铜的含量与土壤中铜的浓度有关，低铜土壤生长的植物性饲料中含铜量很低，如果不注意补充，就可能发生铜缺乏症。

11.12.1.2　临床表现

鸡缺铜时表现为贫血，骨骼发育异常、畸形，有色鸡品种的羽毛色素沉积不良。产蛋母鸡缺乏铜时产蛋量下降，蛋重量减轻，产薄壳蛋、无壳蛋、畸形蛋和沙皮蛋等，种蛋在孵化过程中胚胎常发生死亡。

11.12.2 防治措施

11.12.2.1 预防

在饲料中补充铜的添加剂，一般为硫酸铜。硫酸铜与碳酸铜、氧化铜相比，其生物学效价最高。

鸡对铜的耐受性较强，当饲料中铜含量超过 350mg/kg 时，才会出现中毒，表现为肌胃糜烂、角质层下出血。但在正常情况下不会发生铜中毒。

11.2.2.2 治疗

当鸡群发现缺铜症状时，应向饲料中添加硫酸铜，剂量是每吨饲料添加 90g，充分搅拌均匀，连用 1~2 周。

11.13 脱肛

脱肛又称泄殖腔脱垂、泄殖腔外翻、肛门脱垂，指鸡的泄殖腔脱出到肛门以外的一种疾病，是鸡的一种常见病。多发生于初产鸡和高产鸡。本病如果不及时处理，易引发其他鸡的啄肛癖，从而被啄死，所以应对本病加以重视。

11.13.1 诊断要点

11.13.1.1 病因

本病常见的原因有以下几种：

（1）高产母鸡因营养水平高，产蛋过多，输卵管内油脂分泌不足，产大蛋和双黄蛋，造成产蛋困难，努责增强，时间一久导致脱肛。

（2）鸡体过肥，耻骨间或下腹部脂肪沉积过多，引起产道狭窄，母鸡产蛋时强烈努责，引起脱肛。

（3）鸡风湿、腹腔肿瘤等引起腹内压升高，引发脱肛。

（4）饲料中维生素 A、维生素 D_3 等缺乏时，泄殖腔黏膜角质化、弹性降低，造成产道不通畅，产蛋时用力努责，诱发脱肛。

（5）母鸡产蛋后在泄殖腔尚未复原时，突然受到惊吓，跳出产箱，影响了泄殖腔的收缩和复原，诱发本病。

（6）由大肠杆菌、沙门氏菌或其他因素等引起输卵管炎和泄殖腔炎，形成慢性刺激，造成异常努责，从而脱肛。

11.13.1.2 临床表现

发病初期，病鸡产蛋停止，肛门周围羽毛湿润，有时流出黄白色黏液，随后即从肛门内脱出 3~4cm 长的一段充血发红的泄殖腔，病鸡疼痛不安，时间稍久后，脱出部分的颜色由枣红色变为暗红色。病鸡神态不安，食欲减少，若不及时处理，很容易引起炎性水肿，溃疡坏死。病鸡往往因被鸡群啄食或因感染而导致败血症，最后死亡。

11. 13. 1. 3　诊断

本病的临床症状明显，根据脱出的泄殖腔即可做出诊断。

11. 13. 2　防治措施

11. 13. 2. 1　预防

为了防止本病的发生，应加强蛋鸡的饲养管理，合理搭配饲料，保证各种维生素的供应，要严格控制光照时间和强度，避免光刺激过强而引发本病；同时鸡要加强运动，多晒太阳，防止鸡群受到惊吓。对开产母鸡注意控制体重，防止过肥。

11. 13. 2. 2　治疗

发现病鸡后要及早隔离，单独饲喂。治疗时先将病鸡泄殖腔周围羽毛剪去，用 0.1%高锰酸钾溶液清洗消毒外翻的泄殖腔，再用手将脱出部分轻轻送入体内，使泄殖腔还原复位。若外翻的泄殖腔已发炎坏死，应将坏死部分清除，涂上龙胆紫溶液并撒上适量的抗生素类药，再轻轻送入体内。对于病情较重的鸡，为防止再次脱出，应在整复后进行局麻，沿肛门括约肌周围做缝合。缝合前，泄殖腔如果有待产蛋应取出，缝合后留孔排粪。将病鸡放于阴暗处休息，只给饮水，1～2d 内不给饲料，3～5d 后拆线。

中药补中益气汤对本病也有一定疗效。

12

鸡的贫血类疾病

鸡常见的贫血类疾病包括：鸡传染性贫血、鸡淋巴细胞白血病、鸡网状内皮组织增殖病、鸡包涵体肝炎、J亚群禽白血病、鸡结核病、鸡弧菌性肝炎、鸡脂肪肝综合征。

12.1 鸡传染性贫血

鸡传染性贫血是由鸡传染性贫血病毒引起的，以贫血、胸腺萎缩、骨髓黄化、造血机能障碍和免疫机能损害为特征的传染病。其主要特征是再生障碍性贫血和全身淋巴组织萎缩。鸡传染性贫血病毒感染鸡群可引起免疫机能障碍，造成免疫抑制，使鸡群对其他病原的易感性增高和某些疫苗的免疫应答能力下降，从而发生继发感染和疫苗的免疫失败，造成重大经济损失。

12.1.1 诊断要点

12.1.1.1 流行病学

鸡是鸡传染性贫血病毒的唯一自然宿主。不同品种和各种龄期的鸡均可感染鸡传染性贫血病毒。病死率一般为 5%～10%，严重时可高达 60% 以上。4 周龄以内的雏鸡更易感，雄雏可能比雌雏易感性更高。本病具有明显的龄期抵抗力，在无其他病原的情况下，随鸡日龄的增长，其易感性、发病率和死亡率逐渐降低。自然情况下，鸡传染性贫血病毒的发病率变化较大，为 20%～60%，人工接种 1 日龄雏鸡最易感，发病率几乎 100%，死亡率可达 50%；1 周龄雏鸡亦可感染，但仅部分出现临床症状，一般不死亡；2 周龄以上鸡接种可分离到病毒，但不表现临床症状；3 周龄以后鸡对本病的易感性迅速下降。白色来航鸡较其他品种的雏鸡更加易感；成年鸡感染鸡传染性贫血病毒后不表现临床症状，但产蛋期的种用母鸡感染鸡传染性贫血病毒时，虽不表现临床症状，其产蛋量、受精率和孵化率均明显下降，孵出的幼雏中有一部分发生血细胞减少症，表现为贫血，并有较明显的发病症状。

一般认为鸡传染性贫血病毒的主要感染途径是消化道，其次是呼吸道。鸡传染性贫血病毒既可水平传播，又可垂直传播，亦有经精子传播的报道。本病的垂直传播具有重要的临床意义，种鸡感染后，可经卵巢垂直传播，引起新生雏鸡发生典型的贫血病。实验室感染条件下，垂直传播仅发生于感染母鸡后的 8d。

感染鸡传染性贫血病毒的鸡及其排泄物，被污染的器具、饲料、饮水等都可作为本病的传染源。感染鸡传染性贫血病毒不表现临床症状的育成鸡、成年鸡及种鸡具有重要的传染源。在某些情况下，被鸡传染性贫血病毒污染的疫苗也能造成本病的传播。

12.1.1.2　临床表现

本病的唯一特征性症状是贫血。一般在感染后10d发病，14～16d达到高峰。病鸡表现为精神沉郁，虚弱，行动迟缓，羽毛松乱，喙、肉髯、面部皮肤和可视黏膜苍白，生长不良，体重下降；临死前还可见到排稀便。

12.1.1.3　病理剖检变化

单纯的鸡传染性贫血最特征性的剖检病变是骨髓萎缩。大腿骨的骨髓呈脂肪色、淡黄色或粉红色；胸腺萎缩、充血，严重时可导致完全退化，随病鸡日龄的增加，胸腺萎缩比骨髓的病变更容易观察到，法氏囊萎缩不明显，常呈一过性，有时重量降低，体积变小，而大多数病鸡法氏囊的外观呈半透明状态。病情严重者，可见肝、肾肿大，变黄质脆。有时可见到腺胃黏膜出血和皮下与肌肉出血。

组织病理学检查可见骨髓中红细胞、血小板、粒细胞和它们的前体细胞减少，取而代之的是脂肪组织。胸腺萎缩是皮质和髓质淋巴细胞减少的结果，法氏囊和脾脏淋巴细胞亦减少，但程度和持续时间均没有胸腺严重。

12.1.1.4　诊断

本病根据流行病学特点、症状和病理变化可做出初步诊断，血常规检查有助于诊断，但最终的确诊需要做病原学和血清学等方面的工作。骨髓等均可作为分离病毒用的病料。初次接种病料的细胞看不到细胞病变，一般须经过5～6次盲传后，可见感染细胞肿胀、边缘破裂，死亡细胞逐渐增多，最后细胞大部分死亡，表明有鸡传染性贫血病毒感染。

12.1.2　鉴别诊断

本病应与鸡传染性法氏囊病、鸡包涵体肝炎、鸡葡萄球菌病、鸡弓形虫病、鸡棉籽饼中毒、鸡磺胺类药物中毒等病进行鉴别诊断。

（1）鸡传染性法氏囊病

相似点：二者均有法氏囊萎缩、腺胃黏膜出血等病变。

不同点：患鸡传染性法氏囊病的病鸡病态严重，法氏囊呈现肿胀到萎缩的过程。肝、脾、肾无明显病变。

（2）鸡包涵体肝炎

相似点：精神萎靡，生长不良，冠、髯、头部皮肤苍白。

不同点：鸡包涵体肝炎死亡率较高。剖检可见肝肿大、色浅、质脆，肝和肌肉有出血斑，气管有卡他性炎和大量的黏液性分泌物。

（3）鸡葡萄球菌病

相似点：精神萎靡，生长不良，贫血。剖检可见骨骼肌和消化道黏膜出血。

不同点：鸡葡萄球菌病病鸡具有关节炎症状和趾瘤等病变，用抗生素类药物有一定疗效。

（4）鸡弓形虫病

相似点：消瘦，腹泻，冠、髯苍白。

不同点：患鸡弓形虫病的病鸡排白色稀便，共济失调，角弓反张，歪头，失明。剖检可见心包膜有圆形结节，小肠有明显结节，肝有坏死灶。

（5）鸡棉籽饼中毒

相似点：精神萎靡，食欲减退，冠、髯苍白，消瘦，贫血，腹泻。

不同点：患鸡棉籽饼中毒的病鸡产蛋量下降，蛋黄呈茶青色，蛋清发红。剖检可见卵巢和输卵管萎缩。

（6）鸡磺胺类药物中毒

相似点：精神萎靡，食欲减退，消瘦，贫血，冠、髯苍白。剖检可见骨骼肌、消化道黏膜出血。

不同点：患鸡磺胺类药物中毒的病鸡消化道出血严重，有明显的神经症状。

12.1.3　防治措施

12.1.3.1　预防

预防本病应加强和重视鸡群的日常饲养管理和兽医卫生措施，防止由环境因素及其他传染病导致的免疫抑制，及时接种鸡传染性法氏囊病疫苗和马立克氏病疫苗。引进种鸡时，应加强检疫和监测，防止从外界引入带毒鸡而将本病传给健康鸡群。在 SPF 鸡场应及时进行检疫，剔出并淘汰阳性感染鸡。

采取免疫接种，以防止通过种蛋传播病毒，可通过肌内、皮下或翅下注射对种鸡进行接种，能产生良好的免疫保护效果。如果后备种鸡群血清学呈阳性，则不宜进行接种。

12.1.3.2　治疗

本病目前尚无特异的治疗方法。对发病鸡群，可使用广谱抗生素控制与鸡传染性贫血相关的细菌性继发感染。

12.2　鸡淋巴细胞白血病

本病是由鸡白血病病毒引起的一种慢性、传染性疾病，俗称大肝病。

12.2.1　诊断要点

12.2.1.1　流行病学

本病一年四季均可发生，以秋、冬、春季多发。潜伏期 2~3 个月，自然感染条件下，本病发生于鸡，不同品种、品系鸡的易感性有一些差异，一般母鸡比公鸡易感，发病年龄多集中在 6~18 月龄，4 月龄以下很少发生，18 月龄以上也很少发生。本病也感染雉、鹧鸪和鹌鹑。

病鸡和带毒鸡可以通过唾液和粪便向外排毒。母鸡生殖系统均有病毒繁殖，尤以输卵管的分泌物病毒浓度最高。在自然条件下，垂直传播是主要传播方式，也可水平传播，但传播较慢。饲料中维生素缺乏、内分泌失调、球虫的发生都可诱发本病。

12.2.1.2　临床表现

本病的病状不是特异的。病鸡表现鸡冠、肉髯苍白，皱缩，偶尔发绀，经常表现食欲废绝、消瘦和虚弱，羽毛有时被尿酸盐和胆色素沾污。腹部膨大，可摸到肿大的肝脏。

12.2.1.3　病理剖检变化

剖检病鸡可见在肝、脾及法氏囊等器官上形成肿瘤，其中肝和脾脏发生率最高。肿瘤外观平滑有光泽，呈灰白色或灰黄色，质地柔软，切面均匀，很少有坏死灶，肝脏有的有多量粟粒大结节，均匀分布于器官实质中（彩图14A）。有的呈小豆或鸡蛋大，以单个或多量分布在器官实质中或突起于器官表面。有的瘤组织呈均匀弥漫性分布，使器官体积显著增大，色泽灰白，质地脆弱。脾脏体积增大，呈棕灰色，表面和切面有灰白色肿瘤结节，法氏囊肿大，质地较硬，切面皱褶增厚并有结节状肿瘤（彩图14C、F）。在肺脏、肾脏、肠、卵巢和睾丸等器官上有时见有肿瘤病灶（彩图14B、D、E-1、E-2）。

12.2.1.4　诊断

根据本病的流行特点、临床症状，可做出初步诊断。要确诊必须进行实验室诊断。

12.2.2　鉴别诊断

本病应注意与鸡马立克氏病、传染性法氏囊病、弧菌性肝炎、网状内皮组织增殖病、鸡球虫病、鸡弓形虫病、鸡叶酸缺乏症等病鉴别诊断。

（1）鸡马立克氏病

相似点：冠、髯苍白，食欲减退，精神不振，消瘦。剖检可见内脏出现大小不等的肿块。

不同点：患鸡马立克氏病的病鸡出现麻痹、"灰眼"的症状。剖检可见法氏囊萎缩，不出现肿瘤。

（2）传染性法氏囊病

相似点：精神不振，食欲减退，腹泻。剖检可见法氏囊肿大。

不同点：患鸡法氏囊病的鸡头、翅下垂，有冷感，微震颤。剖检可见肠黏膜、腺胃、肌胃浆膜有暗红色的出血点或出血斑，胸肌、腿肌有出血条纹。

（3）弧菌性肝炎

相似点：食欲不振，冠、髯苍白，消瘦，产蛋停止。剖检可见肝肿大。

不同点：患鸡弧菌性肝炎的病鸡，剖检可见肝充血、坏死、呈红黄色或黄褐色，切面和表面有粟粒大至黄豆大的坏死灶。

（4）网状内皮组织增殖病

相似点：精神不振，食欲减退。剖检可见肝、脾、胸腺、法氏囊有结节性增生。

不同点：患鸡网状内皮组织增殖病的病鸡生长停滞。剖检可见胸腺萎缩、充血、水肿，肝、脾、胸腺、法氏囊、腺胃发生网状细胞弥散性和结节性增生。

（5）鸡球虫病

相似点：精神萎靡，嗜睡，食欲不振，冠、髯苍白，贫血，腹泻，渐进性消瘦。

不同点：鸡球虫病多发于3～4周龄的雏鸡，排含血的稀便。剖检可见小肠发炎、肿胀、有小血块，盲肠肿胀、肥厚、呈棕红或暗红色，内容物为血液、凝血块或黄白色干酪样物。

（6）鸡弓形虫病

相似点：二者均具有食欲不振，消瘦，冠、髯苍白，腹泻等临床表现。

不同点：患鸡弓形虫病的病鸡表现共济失调，歪头转圈，角弓反张，失明。剖检可见心包有圆形结节，心包积液，小肠壁有明显的结节，肝、脾有坏死灶。

（7）鸡叶酸缺乏症

相似点：二者均具有生长迟缓、贫血、产蛋停止等临床表现。

不同点：患鸡叶酸缺乏症的病鸡羽毛生长不良、色素缺乏，死亡的鸡胚胫骨弯曲，肝、脾贫血，胃有出血点，肠黏膜有出血性炎症。

12.2.3　防治措施

本病主要经卵传播，代代相传，控制和消灭本病是非常困难的，既无药物治疗，亦无疫苗预防，建议采用以下预防措施。

（1）种鸡场要严格检疫，发现阳性病鸡坚决淘汰。

（2）养鸡场和养殖（户）要做好消毒工作。

（3）做好流行病学调查，不从疫区引鸡。由于鸡白血病可通过蛋垂直传播，因此种鸡、种蛋必须来自无禽白血病的鸡场。

（4）雏鸡易感此病，成年鸡和雏鸡应隔离饲养。

12.3　鸡网状内皮组织增殖病

鸡网状内皮组织增殖病是由网状内皮组织增殖症病毒群的反转录病毒引起的一种慢性肿瘤性疾病，并引起鸡发育不良和贫血等多种症状。

12.3.1　诊断要点

12.3.1.1　流行病学

本病一年四季均可发生。鸡，主要是雏鸡，成年鸡带毒。因注射了混有网状内皮组织增殖病病毒的弱毒疫苗及马立克氏病疫苗等所致。未发现自然感染。经检测，我国有90％以上的鸡群感染过该病毒。传播的方式主要是垂直感染。

12.3.1.2　临床表现

急性发病的病鸡几日内死亡，慢性的出现一般临床症状，表现为精神沉郁、垂头、闭目、羽翼下垂。耐过鸡则出现与同日龄鸡体重相差甚大的现象。典型的临床症状为羽翼的中间部分羽毛脱落，空隙变大，此种羽毛异常为本病的特征。

12.3.1.3　病理剖检变化

剖检可见法氏囊和胸腺或其他淋巴器官萎缩。肝、脾肿大且有大小不等的肿瘤结节（彩图15），肿瘤结节也可发生于不同组织器官中，有的坐骨神经特别肿大。

12.3.1.4　诊断

根据本病的流行特点、临床症状，可做出初步诊断。要确诊必须进行实验室诊断。本病很难与鸡马立克氏病、鸡淋巴细胞白血病相区别。

12.3.2　鉴别诊断

本病应注意与鸡淋巴细胞白血病、鸡马立克氏病鉴别诊断。

（1）鸡淋巴细胞白血病

相似点：二者均具有食欲不振、精神萎靡、鸡体消瘦等临床表现。

不同点：鸡淋巴细胞白血病发病率比较高，不出现神经症状，法氏囊出现结节性肿瘤。

（2）鸡马立克氏病

相似点：食欲不振，精神萎靡。剖检可见内脏结节性增生，法氏囊萎缩。

不同点：鸡马立克氏病发病率较高，病鸡出现明显的神经症状，表现出"大劈叉"的姿势。

12.3.3　防治措施

本病无有效的治疗方法，预防要使用安全可靠的弱毒疫苗。

12.4　鸡包涵体肝炎

鸡包涵体肝炎是由腺病毒引起的，以鸡肝脏脂肪变性与灶性坏死及肝细胞内出现包涵体，再生障碍性贫血，呼吸道感染，皮下、胸肌、大腿肌出血，出血性肠炎和产蛋量减少为特征的病毒性传染病。

12.4.1　诊断要点

12.4.1.1　流行病学

本病主要发生于肉鸡，多见于 3～9 周龄，以 5 周龄左右最多见。通过蛋传给雏鸡，通过病鸡的粪便和其他分泌物污染饲料、饮水和环境，主呼吸道、消化道及眼结膜等感染健康鸡群。

12.4.1.2　临床表现

多发于 3～7 周龄的鸡，全群鸡不表现症状，但持续出现个别病鸡，食欲减退，翅膀下垂，嗜睡，双脚麻痹，消瘦贫血，临死前发出鸣叫声，有的无症状死亡；病轻的也可以恢复，但死亡率很低；有的病鸡有神经症状，头向前伸，站立不稳，甚至角弓反张。

急性者见不到任何症状而死亡。有的病鸡在死亡前几小时出现精神沉郁，冠和肉髯及面部皮肤苍白、黄疸、下痢。在发病 3～4d 后出现死亡高峰，持续 3～5d。死亡率可达 10%。本病经过较为迅速（无论是死亡或康复），病程 2～3 周。

12.4.1.3　病理剖检变化

剖检可见皮肤苍白或黄染，有出血点，特别是胸部和腿部肌肉褪色，呈黄白色或黄疸外观，并有大小不等的出血点。肝脏肿大，脆弱，脂肪变性，呈黄色到棕色，表面有条索状出血斑点，严重的病例可出现肝破裂，胆囊肿大，充满深绿色浓稠胆汁。脾脏肿胀，斑状褪色。肾脏轻度肿大，褪色，被膜下有出血点。法氏囊萎缩。心包积液。肠黏膜有出血点。骨膜下有出血点。骨髓苍白发黄，血液稀薄如水。

12.4.1.4　诊断

（1）主要发生于2～8周龄的鸡，嗜睡、消瘦，贫血。

（2）肝脏肿大，严重的肝破裂，肾脏肿大。当肉用幼鸡群的死亡率突然增加而又无明显临诊症状，病理剖检如上述变化，可做出初步诊断。如有条件，可通过检查肝细胞核内包涵体以确诊。

12.4.2　鉴别诊断

本病应注意与鸡减蛋综合征、传染性法氏囊病、鸡传染性贫血、鸡脂肪肝综合征、鸡球虫病、叶酸缺乏症、磺胺类药物中毒鉴别诊断。

（1）鸡减蛋综合征

相似点：二者发病初期症状不明显，均有产蛋量下降的表现。

不同点：鸡减蛋综合征患病鸡产蛋量下降幅度较大，软壳蛋、畸形蛋明显增多。剖检看不到明显病变。

（2）鸡传染性法氏囊病

相似点：鸡法氏囊萎缩，胸、腿肌肉出血。

不同点：鸡传染性法氏囊病是全群鸡都发病，呈严重病态，法氏囊呈现由肿胀到萎缩的过程。

（3）鸡传染性贫血

相似点：精神不振，羽毛松乱，生长不良，冠、髯、头部皮肤苍白。

不同点：患鸡传染性贫血的病鸡腹泻，血液稀薄。剖检可见肌肉和内脏器官苍白，肝、肾肿大、褪色或呈淡黄色，胸腺萎缩，呈深红褐色。

（4）鸡脂肪肝综合征

相似点：精神不振，生长不良。剖检可见肝脏色浅、肿大、质脆。

不同点：患鸡脂肪肝综合征的病鸡羽毛生长不良，足趾干裂。剖检可见肝苍白，肾肿大，心肌苍白，心肌脂肪呈淡红色。

（5）鸡球虫病

相似点：精神萎靡，嗜睡，食欲不振，冠、髯苍白，贫血，腹泻，渐进性消瘦。

不同点：鸡球虫病多发于3～4周龄的雏鸡，病鸡排含血的稀便。剖检可见小肠发炎、肿胀、有小血块，盲肠肿胀、肥厚、呈棕红或暗红色，内容物为血液、凝血块或黄白色干酪样物。

（6）鸡叶酸缺乏症

相似点：二者均具有生长迟缓、贫血、产蛋停止等临床表现。

不同点：患鸡叶酸缺乏症的病鸡羽毛生长不良、色素缺乏，死亡的鸡胚胫骨弯曲，肝、脾贫血，胃有出血点，肠黏膜有出血性炎症。

（7）鸡磺胺类药物中毒

相似点：精神萎靡，食欲减退，消瘦，贫血，冠、髯苍白。剖检可见骨骼肌、消化道黏膜出血。

不同点：患鸡磺胺类药物中毒的病鸡消化道出血严重，有明显的神经症状。

12.4.3　防治措施

12.4.3.1　预防

从包涵体肝炎阳性种鸡群中培育的雏鸡，应与其他鸡隔离饲养。注意搞好卫生，消除应激因素，如寒冷、过热、贼风及断喙过度等。本病的预防主要还是应加强饲养管理、控制诱因。由于病毒类型很多，使用疫苗的效果并不很理想。

12.4.3.2　治疗

碘制剂和次氯酸钠对腺病毒有较好的消毒效果。

给病鸡群喂抗生素并结合使用维生素 C 和维生素 K，能使损失降到最低限度。

有包涵体肝炎可疑鸡所产蛋孵出的雏鸡，应在其可能暴发本病之前 2～3d 喂治疗药物，连续喂 4～5d。在抗生素治疗结束后，可接着喂 3～5d 的微量元素铁、铜和钴的合剂，这样可以加速贫血的恢复。

12.5　J 亚群禽白血病

英国学者从患本病的肉用种鸡群中分离出一种新型的禽白血病病毒，感染的病毒即为 J 亚群禽白血病。本病能引起鸡骨髓细胞瘤病，主要发生于肉鸡群。

12.5.1　诊断要点

12.5.1.1　流行病学

本病一年四季可发，主要是肉鸡（个别蛋鸡也有）感染。潜伏期 10～30d。目前，本病在肉鸡业发达国家感染率为 50%，已成为世界五大肉鸡育种公司高度重视的新病种。本病可经垂直和水平传播。任何肉用型鸡均易感，来航鸡对该病毒感染性较强。

12.5.1.2　临床表现

病鸡表现为嗜睡、鸡冠苍白、厌食、消瘦和腹泻。显著脱水，头部、胸骨异常隆起，在肋骨和肋软骨连接处、胸骨后部、下颌骨，以及鼻腔的软骨上，肿瘤很特别地突出于骨的表面。

12.5.1.3　病理剖检变化

各器官都有肿瘤，肿瘤呈淡黄色、质地脆弱，或呈干酪状，或呈弥散或结节状，较典型的剖检变化为肋骨和软肋骨结合处和肋骨内侧有奶油状肿瘤。

12.5.1.4　诊断

根据本病的流行特点、临床症状，可做出初步诊断。要确诊必须进行实验室诊断。

12.5.2　防治措施

本病无有效疫苗，因为对本病的预防只有通过对曾祖代鸡群进行净化，建立无白血病鸡群，并逐渐扩群才能从根本上控制。此病的发生与鸡场中存在着某些疾病和管理条件，以及应激有关，针对本病的特点应注意以下几方面。

（1）本病的发生常见于鸡马立克氏病免疫失败的鸡群，从而诱发本病。因此，建议使用有效的马立克氏病疫苗或疫苗组合，同时做好消毒，防止其他疾病的发生。

（2）防止其他免疫抑制因素，如传染性法氏囊病、传染性贫血、中毒等相关因素。

（3）鸡群的密度和饲养空间要适合。

（4）在饲养过程中要减少应激因素。

12.6　鸡结核病

鸡结核病是由禽结核杆菌引起的一种慢性传染病。其特点是病程缓慢、病鸡逐渐消瘦、生长不良、产蛋下降和最终死亡。

12.6.1　诊断要点

12.6.1.1　流行病学

禽结核病在世界各地广泛分布。多种禽类都有易感性，在鸡群中以成年鸡多发，且较严重。传染途径主要经消化道，其次是呼吸道和经蛋传播。传染源有病鸡和带菌鸡、饲养员、野鸡等。

12.6.1.2　临床表现

鸡结核病的潜伏期为 2～12 个月。发病初期，病鸡没有症状。病程到一定程度时，病鸡开始出现精神不振，食欲基本正常，但体重逐渐减轻，胸部肌肉萎缩，胸骨突出，并可能变形。随着病情的逐渐发展，病鸡出现贫血，鸡冠、肉髯苍白、羽毛松乱、食欲减少。体温一般正常。根据结核病发生的部位不同，病鸡表现跛行，或两翅下垂，或严重下痢，蛋鸡产蛋停止。病程持续 2～3 个月，有时长达 1 年。病鸡最终因极度衰竭、肝病变或脾的破裂出血而突然死亡。

12.6.1.3　病理剖检变化

病变最常见于眼睑、脾脏、肠道和骨髓，而心脏、生殖系统、皮肤很少感染。鸡结核病的特征性病变是在肝、脾和肠管上形成不规则的、灰黄色或灰白色大小不等的结节，结节较硬，但易切开，在横切面上可见到有数量不等的黄色小病灶或含有一个黄白色干酪样物质的中心区，外面被一层纤维组织性膜包裹，其连续性常被小而界限明显的坏死灶所隔断。大结节常有不规则的瘤样轮廓，表面常有较小的颗粒或结节。以肝脏和脾脏表面的结节最多，肝脏和脾脏的体积也明显增大。此结节突出于表面，容易从其相邻的组织中摘除。在肠壁、腹膜和胸腺等处也可见到结核结节，上述结节一般没有矿物质沉积。

12.6.1.4　诊断

通过现场诊断，一般可做出初步诊断。进一步确诊需要采取肝、脾等病料进行涂片，用齐-尼二氏抗酸染色法染色，镜检。有必要时还要进行病原分离和鉴定。

12.6.2　鉴别诊断

本病应注意与鸡伤寒、鸡副伤寒、鸡大肠杆菌病、鸡链球菌病、鸡弧菌性肝炎、鸡曲霉菌病及禽霍乱鉴别诊断。

（1）鸡伤寒

相似点：精神萎靡，羽毛松乱，冠、髯苍白，贫血，腹泻。剖检可见肝、肺有坏死灶。

不同点：鸡伤寒病鸡体温升高，发生卵黄性腹膜炎时如企鹅站立。剖检可见肝呈棕绿色或古铜色，肌胃也有灰色坏死灶。

（2）鸡副伤寒

相似点：精神萎靡，食欲不振，腹泻，消瘦，关节炎，产蛋下降。剖检可见有肝、脾肿大。

不同点：患鸡副伤寒的病鸡剖检可见出血性、坏死性肠炎，心包炎，腹膜炎，输卵管坏死性、增生性病变。

（3）鸡大肠杆菌病

相似点：病鸡具有食欲不振、精神萎靡、腹泻、关节炎等临床表现。剖检可见肝、脾有结节块。

不同点：鸡大肠杆菌病病鸡排黄白色带血稀便。剖检可见心包、肝、腹膜纤维素性炎，有大量纤维素。

（4）鸡链球菌病

相似点：精神萎靡，食欲不振，腹泻，消瘦，关节炎，产蛋量下降。

不同点：患鸡链球菌病的病鸡冠、髯发紫。剖检可见皮下、浆膜肌肉水肿，心包、腹腔浆膜有出血性、纤维素性渗出物。

（5）鸡弧菌性肝炎

相似点：精神委顿，冠、髯苍白，羽毛松乱，消瘦，腹泻，产蛋量下降。剖检可见肝肿大、呈黄褐色、有灰白色坏死灶。

不同点：患鸡弧菌性肝炎的病鸡粪便先呈黄褐色面糊状，后呈水样。剖检可见肝、脾均有出血点和坏死点。

（6）鸡曲霉菌病

相似点：精神不振，呆立，羽毛松乱，逐渐消瘦，贫血，产蛋下降。剖检可见肺、气囊有结节，切开呈干酪样。

不同点：患鸡曲霉菌病的病鸡呼吸困难，摇头甩鼻。剖检可见肺有霉菌结节，色呈灰白、黄白、淡黄，周围有红色浸润，气囊有烟绿色或深褐色的霉菌结节。

（7）禽霍乱

相似点：精神不振，食欲减退，关节炎，腹泻，产蛋下降。

不同点：患禽霍乱的病鸡冠、髯黑紫色，有热痛，剧烈腹泻，排灰黄色或灰绿色粪便。剖检可见皮下组织、肠系膜、黏膜、浆膜有出血点，胸腔、气囊、肠浆膜有纤维素性或干酪样渗出物。

12.6.3　防治措施

12.6.3.1　预防

在预防方面主要是采取综合防疫措施，防止疾病传入，净化污染鸡群。具体方法是新引进的鸡要隔离检疫 60d，并用禽结核菌素进行检验。定期用结核菌素试验或全血凝集试验检疫鸡群，发现阳性鸡，立即淘汰，焚烧阳性鸡的尸体。同时要搞好环境卫生，加强饲养管理工作，及时淘汰老的鸡群，加强消毒工作，每年进行多次预防消毒。

12.6.3.2　治疗

可联合使用抗结核病药物进行治疗，有一定的治疗效果。但药物治疗一般无实用价值。

12.7　鸡弧菌性肝炎

弧菌性肝炎是由肝炎弧菌引起的一种急性或慢性传染病，主要发生于产蛋鸡群或后备鸡群。其特征病变为肝脏弥散性坏死或硬化、萎缩等。

12.7.1　诊断要点

12.7.1.1　流行病学

在自然感染的情况下，各种日龄的鸡均有易感性，人工感染可使1日龄雏鸡发病。自然感染的情况下以开产初期或已产蛋数月的鸡最易感，雏鸡很少发病。该病发病率高，死亡率低，一般为2%～5%，高时可达25%以上。

病鸡和带菌鸡为主要传染源，病菌通过粪便排出体外，污染饲料、饮水和用具等，经消化道感染。

12.7.1.2　临床表现

急性病鸡常无明显的前期症状，突然死于严重的肝炎。病鸡死前产蛋正常，营养状况良好。慢性病鸡初期无明显症状，逐渐出现采食量下降，逐渐消瘦，精神不振，鸡冠可见鳞片状皱缩，并发白有皮屑，产蛋量下降，育成鸡则开产期推迟。仔鸡发育缓慢或生长停止，腹围增大，出现贫血和黄疸。

12.7.1.3　病理剖检变化

鸡弧菌性肝炎的主要病理变化表现在肝脏上。病情严重的鸡肝脏肿大，质地变脆，肝被膜下有出血点或血肿。肝表面散布有许多黄白色坏死灶，使肝表面呈斑驳状，或出现较大的菜花样坏死区，肝内有脓状物。最急性型的病鸡肝肿大，充血、坏死，有时见有出血斑。慢性病鸡肝脏萎缩、硬化、伴有不同程度的腹水。脾、肾肿大；卵巢中卵泡萎缩，退化成豌豆大的团粒状，心包积液。

12.7.1.4　诊断

根据鸡弧菌性肝炎的流行特点、典型的剖检变化可做出初步诊断。确诊必须进行实验室检验，进行病原分离和鸡胚接种。

12.7.2　鉴别诊断

本病应注意与鸡白痢、禽霍乱、鸡伤寒、鸡副伤寒、鸡淋巴细胞白血病、鸡结核病鉴别诊断。

（1）鸡白痢

相似点：二者均具有冠、髯苍白，羽毛蓬乱，排白色稀便，呼吸困难等临床表现。

不同点：鸡白痢主要感染雏鸡。剖检可见肝脏肿大、充血、呈黄绿色、质脆、有灰白色坏死灶和出血条纹。

（2）禽霍乱

相似点：精神不振，食欲减退，关节炎，腹泻，产蛋下降。

不同点：患禽霍乱的病鸡冠、髯黑紫色，有热痛，剧烈腹泻，排灰黄色或灰绿色粪便。剖检可见皮下组织、肠系膜、黏膜、浆膜有出血点，胸腔、气囊、肠浆膜有纤维素性或干酪样渗出物。

（3）鸡伤寒

相似点：精神萎靡，羽毛松乱，冠、髯苍白，贫血，腹泻。剖检可见肝、肺有坏死灶。

不同点：鸡伤寒体温升高，发生卵黄性腹膜炎时如企鹅站立。剖检可见肝棕绿色或古铜色，肝、肺、肌胃有灰色坏死灶。

（4）鸡副伤寒

相似点：精神萎靡，食欲不振，腹泻，消瘦，关节炎，产蛋下降。剖检可见肝、脾肿大。

不同点：患鸡副伤寒的病鸡剖检可见出血性、坏死性肠炎，心包炎，腹膜炎，输卵管坏死性、增生性病变。

（5）鸡淋巴细胞白血病

相似点：二者均具有食欲不振、精神萎靡、鸡体消瘦等临床表现。

不同点：鸡淋巴细胞白血病发病率比较高，不出现神经症状。剖检可见法氏囊出现结节性肿瘤。

（6）鸡结核病

相似点：精神萎靡，消瘦，虚弱，冠、髯苍白。剖检可见肝肿大、呈黄褐色、有灰白色坏死灶。

不同点：鸡结核病病程较长，病鸡呈单侧跛行和特异性痉挛，表现跳跃步态。剖检在脾、肾、肠管、气囊、骨骼、卵巢、睾丸、胸腺及腹膜可见到结核结节。

12.7.3　防治措施

12.7.3.1　预防

在预防上主要采取综合性的预防措施，如采取"全进全出"的饲养管理制度；定期消毒；加强饲养管理；采取预防性投药，如在饲料中添加 0.04% 土霉素纯粉等。目前尚无商品化的疫苗可供使用。

12.7.3.2　治疗

对于已发病的鸡要及时确诊，及早投药。药物可选用 0.1% 土霉素纯粉、链霉素等。对控制该病都有较好的作用。

12.8　鸡脂肪肝综合征

鸡脂肪肝综合征是由于脂肪代谢障碍引起的一种代谢障碍病。其特征是鸡体肥胖，产蛋减少，常因肝破裂大量出血而突然死亡。本病多见于笼养的高产鸡群或产蛋高峰期。我国目前在各地均有发生。

12.8.1　诊断要点

12.8.1.1　病因

（1）长期饲喂高能量、低蛋白的饲料，如饲料中玉米或其他谷物等碳水化合物过多，而动物性蛋白质饲料，以及胆碱、B族维生素和维生素E含量不足，可造成脂肪在肝脏中蓄积，引起脂肪肝综合征。

（2）饲料中蛋白质含量过高时，过剩的蛋白质可转化为脂肪，引起本病。

（3）饲养因素，如环境高温、光照、饮水不足等应激因素，缺乏运动等都能促使本病的发生。

（4）鸡发生黄曲霉毒素中毒时，也会引起肝脏脂肪变性。

12.8.1.2　临床表现

本病多发生于笼养产蛋母鸡，且多数肥胖，体重比正常水平高出25％左右，病初无明显临床症状，精神、食欲无异常。产蛋率突然下降10％～40％，病鸡喜卧，腹大下垂，冠、肉髯苍白，贫血。多在夜间、午后突然死亡，特别是出现应激时死亡率增高。一般从出现症状到死亡1～2d，有的甚至数小时或突然死亡。死亡率高的可达20％。

12.8.1.3　病理剖检变化

剖检病变是在死亡鸡皮下及腹腔内有大量脂肪沉积，肝脏明显肿大，呈浅黄褐色，质地松软易碎，表面有出血点和坏死灶，有时可见到肝包膜破裂而引起内出血，腹腔内有大量凝血块。其他器官一般无明显变化。显微镜下，可看到肝细胞索紊乱，肝细胞肿大，细胞质内有大小不等的脂肪滴，胞核位于中央或被挤于一侧，有的肝细胞坏死，间质内也充满脂肪组织。

12.8.1.4　诊断

根据本病的临床表现和病理剖检特征，结合饲料成分分析，可做出诊断。

12.8.2　防治措施

12.8.2.1　预防

本病的主要预防措施是科学配合饲料，防止饲料能量水平过高；在饲料中适量添加胆碱、蛋氨酸、维生素E和维生素B_{12}等对本病的预防均有一定的作用。育成鸡应严格控制体重，防止过肥。鸡开产后，加强饲养管理，控制光照时间，保持鸡舍内环境安静，温度适宜，不喂发霉变质的饲料，尽量减少噪声等一切应激因素，对鸡脂肪肝综合征也有一定的作用。饲料要妥善保存，防止发霉变质。

12.8.2.2　治疗

对于发病鸡群，积极寻找病因，并加以消除，如果是饲料的问题，应调整饲料配方，降低能量饲料的含量，增加蛋白质1％～2％，并于每100kg饲料中添加氯化胆碱100g、维生素E 1 000IU、维生素B_{12} 1.2mg、肌醇100g，连用2～3周。

参 考 文 献

邓同炜，王宝英，2010. 禽病防治 [M]. 2 版. 北京：高等教育出版社.

刁有祥，2012. 鸡病诊治彩色图谱 [M]. 北京：化学工业出版社.

谷风柱，李玉保，刁有江，2014. 肉鸡疾病诊治彩色图谱 [M]. 北京：机械工业出版社.

李健，司丽芳，魏刚才，2014. 鸡解剖组织彩色图谱 [M]. 北京：化学工业出版社.

李连任，2014. 常见肉鸡病诊治图谱 [M]. 北京：中国农业科学技术出版社.

刘建柱，牛绪东，2015. 图说鸡病诊治 [M]. 北京：机械工业出版社.

秦华，2012. 畜禽传染病 [M]. 北京：科学出版社.

塞弗，2005. 禽病学 [M]. 11 版. 苏敬良，高福，索勋，译. 北京：中国农业出版社.

孙东波，2013. 兽医临床诊断学 [M]. 哈尔滨：东北林业大学出版社.

孙卫东，2016. 鸡病鉴别诊断图谱与安全用药 [M]. 北京：机械工业出版社.

谭斌奎，2022. 鸡新城疫的诊断与防治 [J]. 国外畜牧学（猪与禽），42（6）：30-32.

王少锋，2011. 鸡病剖检诊断图解 [M]. 北京：中国农业大学出版社.

王玉田，李毅，贾亚雄，2014. 鸡病实用诊断技术 [M]. 北京：中国农业科学技术出版社.

王泽岩，高发辉，高小鹏，等，2012. 养鸡场的兽医工作 [J]. 兽医导刊（12）：25-28，33.

吴营霞，胡欢鑫，刘怡宁，2022. 不同地区临床样本中副鸡禽杆菌的分离鉴定及致病性试验 [J]. 中国兽医科学，52（4）：450-457.

武现军，2014. 鸡常见病诊治彩色图谱 [M]. 北京：化学工业出版社.

席克奇，2014. 鸡病诊治一本通 [M]. 北京：金盾出版社.

夏风竹，张蕾，2014. 鸡病防治实用手册 [M]. 石家庄：河北科学技术出版社.

薛俊龙，2012. 图说鸡病防治新技术 [M]. 北京：中国农业科学技术出版社.

左菲菲，王永德，2022. 鸡养殖中易发疾病及综合防治措施 [J]. 乡村科技，13（18）：91-93.

ChaidezIbarra Miguel Angel，Velazquez Diana Zuleika，Enriquez-Verdugo Idalia，et al.，2021. Pooled molecular occurrence of Mycoplasma gallisepticum and Mycoplasma synoviae in poultry：A systematic review and meta-analysis [J]. Transboundary and emerging diseases，69（5）.

El-Saadony Mohamed T.，Salem Heba M.，EL-Tahan Amira M.，et al.，2022. The control of poultry salmonellosis using organic agents：an updated overview [J]. Poultry Science，101（4）.

Kanaujia Rimjhim，Bora Ishani，Ratho Radha Kanta，et al.，2022. Avian influenza revisited：concerns and constraints [J]. Virusdisease，33（4）.

Mao Qian，Ma Shengming，Schrickel Philip Luke，et al.，2022. Review detection of Newcastle disease virus [J]. Frontiers in Veterinary Science，9.

Swelum Ayman A.，Elbestawy Ahmed R.，El-Saadony Mohamed T.，et al.，2021. Ways to minimize bacterial infections，with special reference to Escherichia coli，to cope with the first-week mortality in chicks：an updated overview [J]. Poultry Science，100（5）.

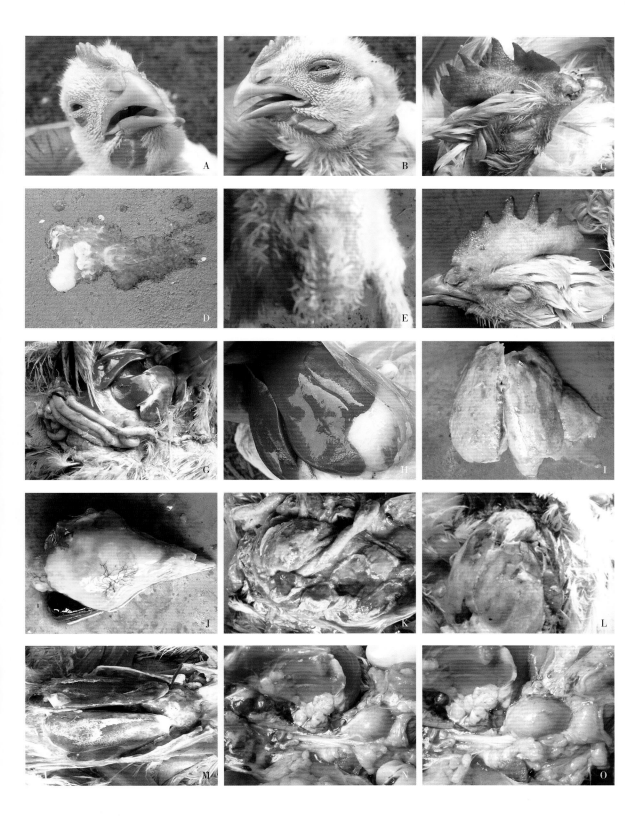

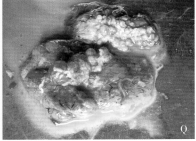

彩图1　鸡大肠杆菌病

A、B.病鸡张口呼吸　C.肉髯发紫　D.粪便颜色呈黄白色，发绿　E.病鸡肛门处被黄绿色粪便沾污　F.鸡冠肉髯苍白，边缘发紫　G.肝周炎　H.肝脏有坏死灶　I～M.典型三炎变化，纤维素心包炎、纤维素肝周炎和纤维素性腹膜炎　N、O.盲肠扁桃体出血，脾脏，肾脏充血，法氏囊肿大，胸腺肿大充血　P.腹腔的干酪样物　Q.卵泡充血、变性、萎缩　R.卵黄未吸收完全

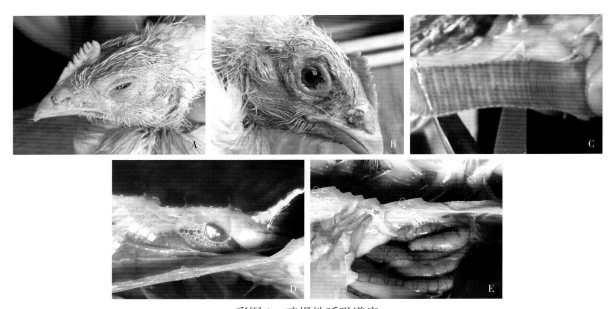

彩图2　鸡慢性呼吸道病

A、B.面部肿胀，眼睛流泪、带泡沫的分泌物增多　C.气管充血，出血　D、E.腹腔有泡沫

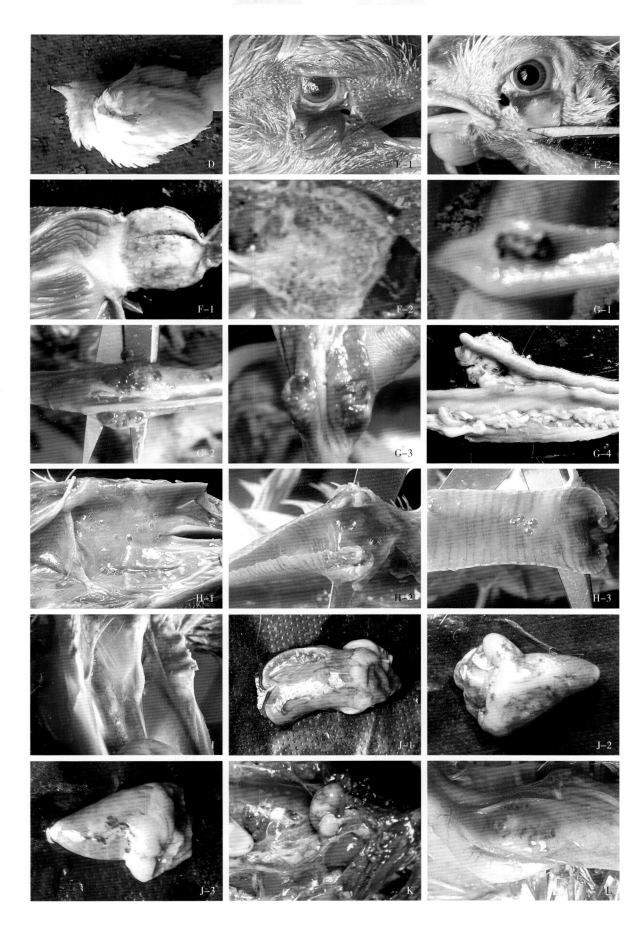

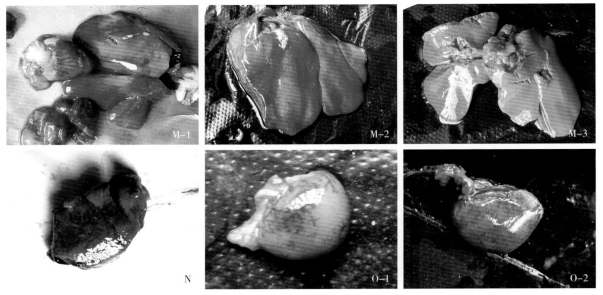

彩图3　鸡新城疫

　　A.病鸡精神沉郁　B.鸡冠出血，呈紫红色　C.病鸡排出黄绿色粪便　D.病鸡出现典型观星状　E-1、E-2.眼结膜出血　F-1、F-2.腺胃、肌胃乳头出血　G-1至G-4.直肠出血严重　H-1至H-3.病鸡口腔有黏液，病鸡喉头出血，气管有黏液　I.心包积液　J-1至J-3.心脏出血　K.卵泡充血严重　L.扁桃体肿大出血　M-1至M-3.肝脏变性，心脏与肺脏出血　N.肺脏水肿出血　O-1、O-2.脾脏肿大，变性，出血

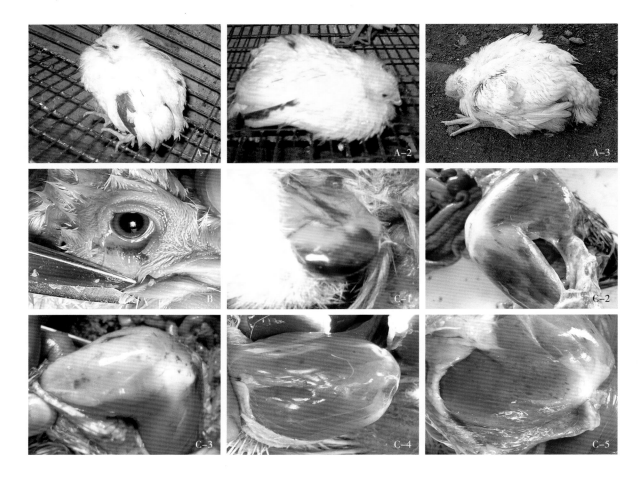

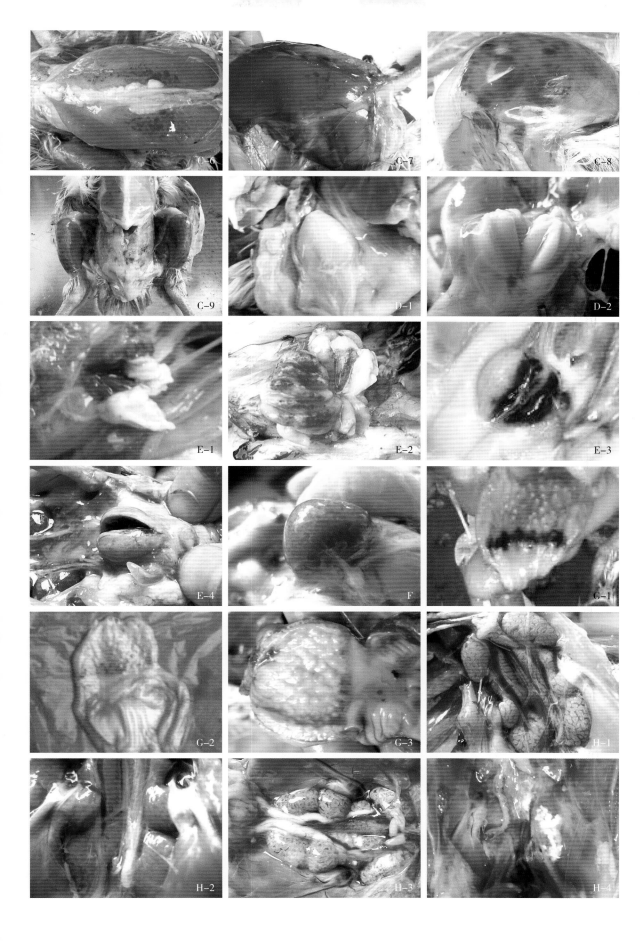

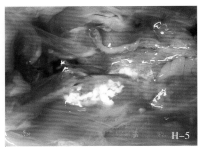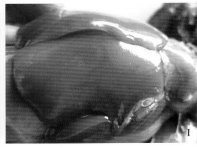

彩图 4　鸡传染性法氏囊病

A-1 至 A-3.病鸡高度精神沉郁　B.眼结膜出血　C-1 至 C-9.病鸡腿肌严重出血　D-1、D-2.法氏囊肿大，切面外翻　E-1 至 E-4.法氏囊肿大出血，法氏囊呈紫葡萄样，切面有干酪样物　F.脾脏肿大出血　G-1 至 G-3.腺胃与食管交界出血，腺胃乳头出血　H-1 至 H-5.肾脏肿大，输尿管充满尿酸盐　I、J肝脏发黄，肿大

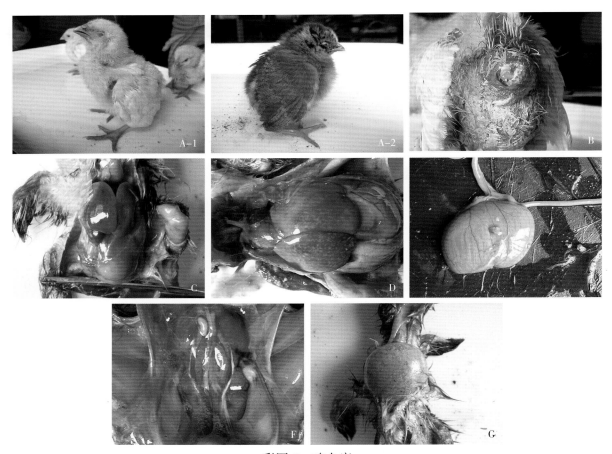

彩图 5　鸡白痢

A-1、A-2.病鸡精神沉郁　B.病鸡粪便堵住肛门　C.肝脏肿大，出血　D.肝脏发黄，表面有坏死灶　E.卵黄吸收不良　F.肾小管和输尿管扩张，充满尿酸盐　G.嗉囊积食

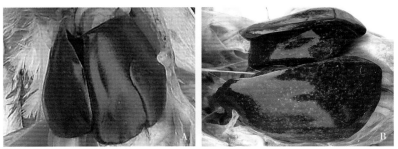

彩图 6　鸡伤寒

A.肝脏呈青铜色　B.肝脏肿大、充血，表面有粟粒大小的坏死点

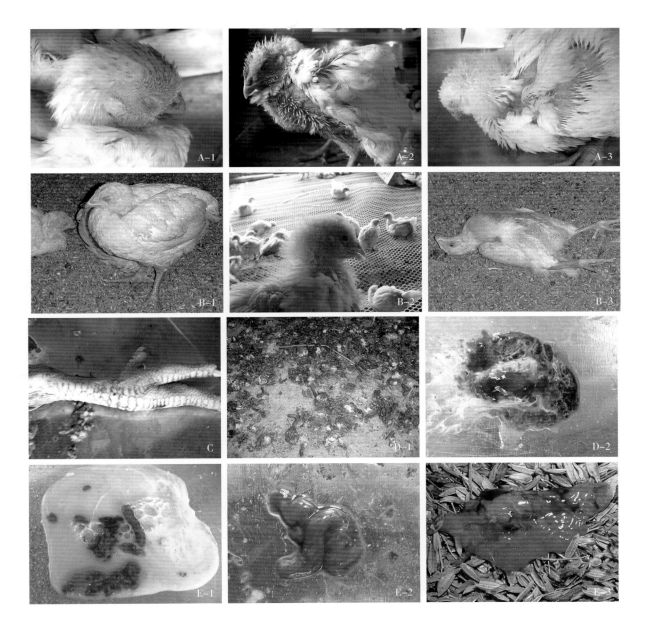

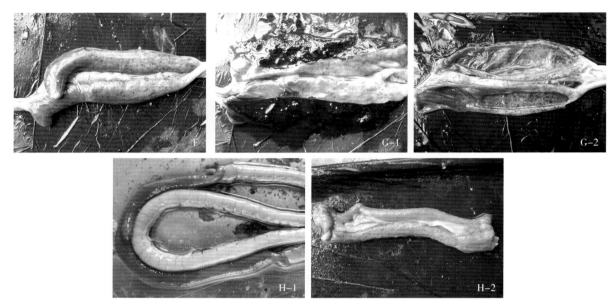

彩图 7　鸡球虫病

　　A-1 至 A-3.病鸡羽毛耸立，缩头　B-1 至 B-3.病鸡呆立，胸骨呈刀削状　C.病鸡腹泻造成严重贫血
D-1、D-2.粪便过料　E-1 至 E-3.粪便呈棕红色　F.盲肠外观呈淡红色　G-1、G-2.盲肠出血严重，内
含大量血液　H-1、H-2.十二指肠增厚，出血

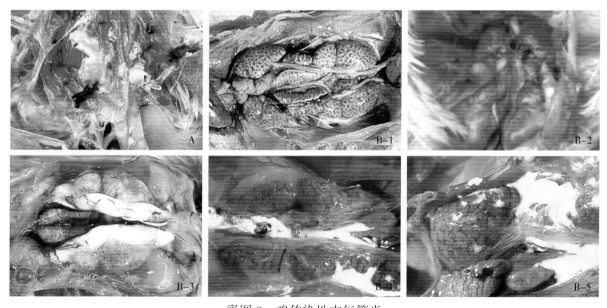

彩图 8　鸡传染性支气管炎

　　A.支气管叉处有白色黏稠液　B-1 至 B-5.肾呈大理石样，肾小管和输卵管扩张，充满白色尿酸盐

彩图 9　一氧化碳中毒

A-1、A-2.雏鸡昏睡，死亡　B.血液呈樱桃红色

彩图 10　鸡葡萄球菌病

A.翅腹面出血　B.脚垫溃烂，呈紫黑色

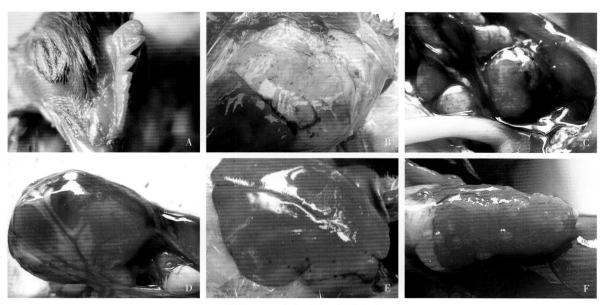

彩图 11　鸡住白细胞原虫病

A.鸡冠苍白　B.皮下脂肪出血　C.肾脏肿大出血　D.肌胃出血　E.肝脏表面有出血　F.心脏表面有粟粒大黄白色结节

彩图 12　痛风

A.肾脏肿大充血，呈花斑样　B-1、B-2.胸腔脏器壁内有大量尿酸盐

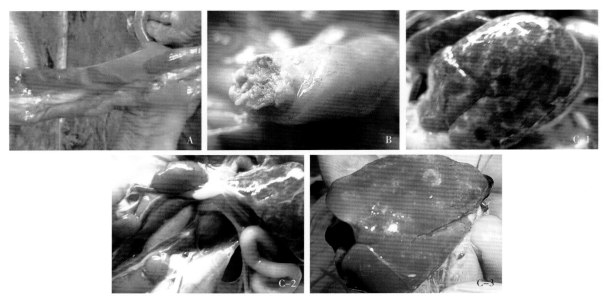

彩图 13　鸡组织滴虫病

A.盲肠肿胀，充气　B.盲肠芯　C-1 至 C-3.肝脏肿大，表面出现坏死灶

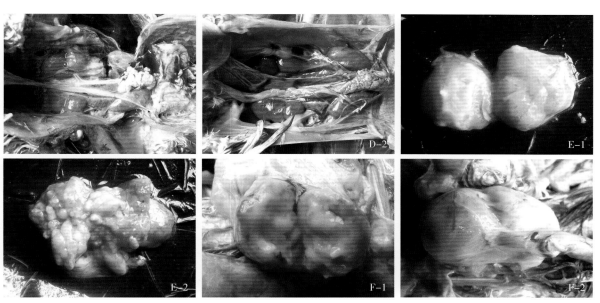

彩图 14　鸡淋巴细胞性白血病

A-1、A-2/B-1、B-2.肝脏、肺脏有多量粟粒大结节　C-1、C-2.脾脏肿大，有多量粟粒大结节　D-1、D-2.肾脏肿大，表面有肿瘤病灶　E-1、E-2.卵泡变性，有肿瘤病灶　F-1、F-2.法氏囊肿大，有肿瘤病灶

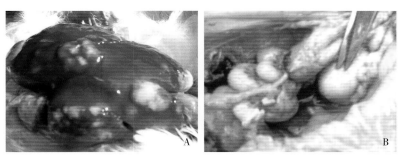

彩图 15　鸡网状内皮组织增殖病

A.肝肿大，有大小不等的肿瘤结节　B.法氏囊萎缩